U0210246

食品安全风险分析技术丛书

生物标志物与食品安全风险评估

Biomarkers and Food Safety Risk Assessment

王 慧　宋海云　贾旭东　李国君　主编

· 北京 ·

内 容 提 要

《生物标志物与食品安全风险评估》由中国科学院上海营养与健康研究所、上海交通大学公共卫生学院、国家食品安全风险评估中心和北京市疾病预防控制中心的十几位教授、研究员及其研究团队负责撰写。本书依次介绍了生物标志物的基本概念，食品安全风险评估概述，生物标志物的基本检测技术，食品安全风险评估中的暴露生物标志物、效应生物标志物和易感性生物标志物。本书汇总了食品安全风险评估涉及的生物标志物的经典研究结果，还精选了国际上最新的相关研究进展，相关专业术语解释精准，语言通俗易懂。

本书可作为生物标志物或食品安全风险评估相关研究人员的专业参考书，也可以作为食品安全监管人员乃至关注食品安全问题的非专业人员深入了解风险评估的专著。

图书在版编目(CIP)数据

生物标志物与食品安全风险评估/王慧等主编．—北京：化学工业出版社，2020.6
（食品安全风险分析技术丛书）
ISBN 978-7-122-36531-6

Ⅰ.①生…　Ⅱ.①王…　Ⅲ.①生物标志化合物②食品安全-风险管理　Ⅳ.①P593②TS201.6

中国版本图书馆 CIP 数据核字（2020）第 052538 号

责任编辑：傅四周　　装帧设计：王晓宇
责任校对：刘曦阳

出版发行：化学工业出版社（北京市东城区青年湖南街 13 号　邮政编码 100011）
印　　装：凯德印刷（天津）有限公司
787mm×1092mm　1/16　印张 15½　字数 329 千字　2020 年 9 月北京第 1 版第 1 次印刷

购书咨询：010-64518888　　售后服务：010-64518899
网　　址：http://www.cip.com.cn
凡购买本书，如有缺损质量问题，本社销售中心负责调换。

定　　价：99.00 元

编者名单

主　　编　王　慧　宋海云　贾旭东　李国君

副 主 编　尹慧勇　乐颖影　应　浩

编写人员　（按姓名汉语拼音排序）

陈　群　中国科学院上海营养与健康研究所

褚倩倩　中国科学院上海营养与健康研究所

冯　英　中国科学院上海营养与健康研究所

冯晓燕　中国科学院上海营养与健康研究所

高　珊　北京市疾病预防控制中心

郭婧妤　中国科学院上海营养与健康研究所

何立伟　北京市疾病预防控制中心

黄　萍　中国科学院上海营养与健康研究所

贾旭东　国家食品安全风险评估中心

乐颖影　中国科学院上海营养与健康研究所

李国君　北京市疾病预防控制中心

李晓娇　中国科学院上海营养与健康研究所

李子南　北京市疾病预防控制中心

宋海云　上海交通大学公共卫生学院

隋海霞　国家食品安全风险评估中心

孙金丽　上海交通大学公共卫生学院

王　慧　上海交通大学公共卫生学院

王　滔　中国科学院上海营养与健康研究所

王永兵　中国科学院上海营养与健康研究所

魏　宁　中国科学院上海营养与健康研究所

武爱波　中国科学院上海营养与健康研究所

夏　林　中国科学院上海营养与健康研究所

肖梦晴　中国科学院上海营养与健康研究所

薛新丽　中国科学院上海营养与健康研究所

杨云霞　中国科学院上海营养与健康研究所

姚　旋　中国科学院上海营养与健康研究所

叶小丽　中国科学院上海营养与健康研究所

尹慧勇　中国科学院上海营养与健康研究所

应　浩　中国科学院上海营养与健康研究所

詹丽杏　中国科学院上海营养与健康研究所

张　焱　中国科学院上海营养与健康研究所

赵亚男　中国科学院上海营养与健康研究所

仲珊珊　中国科学院上海营养与健康研究所

朱明江　中国科学院上海营养与健康研究所

序 Foreword

食品安全问题社会高度关注，是民生工程，也是民心工程。提高食品安全水平，预防和应对食品安全事件必须遵循风险分析框架，这是国内外的共识。在这个风险分析框架的三个组成部分中，风险评估是风险管理科学决策的依据，也是风险交流的重要信息来源。此外，风险评估还在确定食品安全优先问题、评价食品安全监管成效等方面具有重要作用。因此，从一个国家的风险评估工作水平，就可以看出其食品安全管理水平。

随着风险评估技术的不断提高和发展，当今在国际上已在单纯的膳食暴露评估基础上，增加了基于生物标志物的内暴露评估和效应评估，使风险评估能更好地反映食源性危害对消费者健康的影响，从而为风险管理决策提供更强的科学依据。

为了在国内普及生物标志物的知识，推动生物标志物在食品安全风险评估中的应用，四十几位长期从事食品安全前沿研究的中国学者编写了《生物标志物与食品安全风险评估》一书。该书不仅汇总了食品安全风险评估涉及的生物标志物的经典研究结果，还精选了国际上最新的相关研究进展，相关专业术语解释精准，语言通俗易懂。因此，这本书既可以作为生物标志物或食品安全风险评估相关研究人员的专业参考书，又可以作为食品安全监管人员，乃至关注食品安全问题的非专业人员深入了解风险评估的读物。

我衷心希望该书的出版能有助于促进我国食品安全风险评估水平的不断提高，从而为提升我国食品安全水平发挥作用。

中国工程院院士

国家食品安全风险评估中心技术总顾问

2020 年 3 月

前言 Preface

俗话说，“民以食为天，食以安为先”。食品安全问题是在保障国民健康和社会稳定发展的过程中必须解决的关键问题之一。目前，国际通行的食品安全隐患的防控方式是食品安全风险评估。食品安全风险评估，指对食品、食品添加剂中生物性、化学性和物理性危害因素对人体健康可能造成的不良影响所进行的科学评估，它是国际食品法典委员会（CAC）和各国政府制定食品安全法律法规、标准等的主要科学依据。通过开展食品安全风险评估工作，有助于加强相关决策的科学性，提高食品安全监管水平。在食品安全问题上，依法治理是解决问题的最大保障。为了把食品安全风险评估纳入法制化的轨道，我国颁布了《中华人民共和国食品安全法》《国务院关于加强食品等产品安全监督管理的特别规定》等相关法律法规，国务院卫生行政等部门负责组织食品安全风险评估工作，以法律为依据保障人民群众的食品安全。需要指出的是，上述法律法规的执行必须以科学手段为依托。只有通过简单实用、高效快速的科学方法鉴定食品安全问题，将食品安全风险评估落到实处，才能有力打击相关违法犯罪行为，切实保障食品安全。

目前，研究食品安全风险评估相关的生物标志物，开发相关的快速检测技术和提高检测灵敏度，正逐渐在食品安全风险评估和风险管理过程中发挥关键作用。生物标志物是一系列可以用来客观评价正常生理过程、疾病产生过程或干预治疗的反应指标，主要包括暴露生物标志物、效应生物标志物和易感性生物标志物等。生物标志物也是生物体受到损害时的重要预警指标，涉及细胞分子结果和功能的变化，生化代谢过程的变化，生理活动的异常表现及个体、群体或整个生态系统的异常变化等，可用来评价人体中是否累积有毒有害物质及其健康效应。许多研究表明，食物中污染物、有害添加物（包括潜在致癌物）等的暴露与人群中特定疾病的发病率有关。近年来，研究者们基于生物标志物与暴露途径、暴露来源以及结局的关系，提出了生物标志物框架途径以支持风险评估。化学协会国际理事会（ICCA）和欧洲化学物质生态毒理学与毒理学中心（ECETOC）已经制定出生物监测数据解释导则和化学性风险评估中整合生物监测数据的框架。生物标志物的相关研究成果与制定食品中病原体、农药、兽药和化学污染的含量标准，以及制定添加剂使用量有直接联系。鉴于此，各国各地区纷纷出台相应的支持政策，促进知识的积累与共享，建立生物标志物共享数据库，如美国的 BMDB 数据库、英国的 UK-Biobank 数据库、印度的 GOBIOM 数据库等。我国食品安全领域的风险评估起步较晚，生物标志物在食品安全风险评估中的应用与国外相关应用相比较为薄弱。本书系统介绍了生物标志物相关基础知识，总结国内外生物标志物在食品安全风险评估方面应用研究现状，对推动我国食品安全风险评估和风险管理工作有重要意义。

本书由中国科学院上海营养与健康研究所、上海交通大学公共卫生学院、国家食品安全风险评估中心和北京市疾病预防控制中心的十几位教授、研究员及其研究团队负责撰写。本书共分六章。第一章，宋海云教授等人介绍了生物标志物的基本概念；第二章，王慧教授、隋海霞研究员和贾旭东研究员等人着重介绍了食品安全风险评估的内容；第三章，尹慧勇教授等人详细描述了生物标志物的基本检测技术；第四章，乐颖影教授和张焱教授等人详细介绍了食品安全风险评估中的暴露生物标志物；第五章，由六位教授（詹丽杏、武爱波、乐颖影、应浩、王滔、冯英）及助手对食品安全风险评估中的效应生物标志物进行了专业而易懂的描述；第六章，李国君研究员等人详细阐述了食品安全风险评估中的易感性生物标志物。

在本书的撰写过程中，孙金丽、黄萍、李晓娇、王永兵、叶小丽、赵亚男、姚旋、郭婧妤、魏宁、冯晓燕、杨云霞、薛新丽、朱明江、肖梦晴、夏林、仲珊珊、褚倩倩、陈群、何立伟、李子南、高珊等人参与了编写工作，并负责参考文献的收集和整理，在此表示衷心的感谢。同时，由于编写人员知识水平有限，书中难免有错误和不妥之处，还请各位专家批评指正！

编者

2020 年 3 月

目录 Contents

Chapter 01

第一章 生物标志物概述

第一节　生物标志物的概念、筛选和验证

一、生物标志物的概念

（一）何谓生物标志物

生物标志物（biomarker），是指在生物学介质中可以检测到的细胞、生物化学和分子变化的生化指标。生物学介质包括各种体液（如血液）、粪便、组织、细胞、头发、呼出的气体等[1]。2001 年，美国国家卫生研究院（NIH）对生物标志物的定义是：一个可以客观地评价正常生理过程、疾病产生过程或干预治疗的药理反应指标[2]。因此，作为生物标志物，必须具有以下几个特点。

① 高度的敏感性和特异性；

② 稳定，样本容易获取；

③ 能密切反映体内生物学变化；

④ 伴随干预或治疗而发生改变；

⑤ 在性别和种族方面具有一致性，重复性好，个体差异较小；

⑥ 能从研究转化为临床应用。

（二）生物标志物的类别

通常，研究者根据其功能不同，将生物标志物分为三大类：暴露生物标志物（biomarker of exposure）、效应生物标志物（biomarker of effect）和易感性生物标志物（biomarker of susceptibility）[3-5]。

1. 暴露生物标志物

暴露生物标志物是在机体中检测到的暴露物质及代谢产物，或者该物质与生物分子相互作用形成的产物[6]。其中，通过测定体液或组织中暴露物质或其代谢物的浓度来指示机体的暴露发生，该物质或其代谢物称为体内剂量生物标志物（biomarkers of internal dose）。例如，在体液中检测到尼古丁的主要代谢物可替宁（cotinine），能指示机体暴露于香烟中的尼古丁[7]。而通过测定暴露物质与机体相互作用形成的加合物（adduct）来指示该物质对机体的毒效程度，该加合物则称为有效剂量生物标志物（biomarkers of effective dose）。例如，在机体中检测出 *N*-7-胍基-黄曲霉素 B_1 加合物（*N*-7-guanyl aflatoxin B_1 adduct），可以指示机体黄曲霉素 B_1 暴露的水平[8]。

2. 效应生物标志物

效应生物标志物是机体内能反映生化、生理或其他方面改变的物质[9]。机体内能反映早期生化、生理或其他方面改变的物质称为早期生物学效应生物标志物。例如，体重的改变，标志着机体的代谢发生了变化。当外源性物质引起细胞结构或功能改变时，称为细胞结构和功能改变的生物标志物。例如，有机磷农药中毒时能检测到胆碱酯酶活性被抑制。能反映外源性物质机体毒性的物质叫做毒性生物标志物。例如，在血浆中检测出乙酰胆碱小分子的含量降低，标志着机体暴露在有机磷杀虫剂中[10]。

3. 易感性生物标志物

易感性生物标志物指反映机体遗传或获得性的对外源性物质产生反应能力的指标[11]。易感性本身不引起疾病，但是可影响暴露引发疾病的概率。例如，血清中 α-1-抗胰蛋白酶缺乏者，在接触了呼吸道刺激后，易发生肺气肿[12]。

二、生物标志物的筛选和验证

（一）生物标志物的筛选和验证标准

通过对生物标志物的检测，能够获知机体所处的生物学状态，有助于疾病的鉴定、早期诊断、预防及治疗过程的监控。因此，寻找和发现有价值的生物标志物早已在众多领域成为热点。如何有效地筛选出最有效的生物标志物，正是研究中重要的第一步。根据生物标志物的特点，研究人员对生物标志物的筛选标准进一步细化，包括以下方面[3-5]。

① 具有高度的敏感性，保证在样品的低剂量及微量下就可以测出。同一类的生物标志物敏感性越高就越符合要求。

② 具有高度的特异性，特异性高才能避免假阳性，才能保证检测结果具有预警性。

③ 具有高度的可重复性，检测的重复性好并且个体差异在一定范围内，不影响最终的结论。

④ 具有反应的时间效应，反应要快速，而且反应时间要稳定。

⑤ 如果是不同层面的效应标志物，各级水平的效应应该有因果关系。

⑥ 样品的选取对受试生物损害较小，易于接受。选取的技术简单易行，易于掌握。

⑦ 具有足够的稳定性，在样品的保存、运输及检测过程中能稳定存在，有野外应用的价值。

基于以上原则，研究人员可以用各种方法对候选分子进行筛选，然后再验证它们是否符合生物标志物的标准。

（二）生物标志物的筛选和验证的注意事项

由于生物标志物的筛选及验证主要运用实验室测试和流行病学的方法，因此，在筛选和验证生物标志物时，主要从以下两方面考虑。

1. 生物标志物自身的性质和特点产生的影响[4, 13]

（1）样本在采集、运输和储存过程中的稳定性

首先，需要考虑生物标志物在体内的存在方式和代谢时间，这一因素直接影响样品是否容易获得。然后，要考虑到在采集过程中不应受到外部污染。同时，要考虑化学降解作用、蒸发作用、生物学作用以及样本与容器或其他化合物的相互作用，是否影响到分析之前的样本的稳定性。

（2）生物标志物自身灵敏性和特异性

例如，甲醛与人血清白蛋白（human serum albumin，HSA）能形成甲醛-血清白蛋白加合物（formaldehyde-human serum albumin，F-HSA）。甲醛也可以促使 DNA-蛋白质交联（DNA-protein crosslink，DPC）的产生。但是，氯丁橡胶、羟基基团等物质也可以促使机体产生 DPC。因此，将 F-HSA 作为甲醛暴露接触的生物标志物比 DPC 更合适。

2. 筛选方法或实验室外部条件的影响

（1）分析方法本身的可行性、准确性和可重复性

例如，尿液中苯巯基尿酸（SPMA）可作为低浓度苯接触的特异性生物标志物。以氢同位素标记的 SPMA 为内标，应用 HPLC-MS/MS 检测 SPMA，其检测限可达 0.05μg /L，灵敏度十分高。但是，由于这些方法中尿样的预处理方法比较复杂，仪器设备过于昂贵，限制了其在实际工作中的广泛应用。其后，科研人员发展了竞争性 ELISA 定量检测尿中 SPMA，其可靠性得到 GC-MS 的验证，相关系数 $r=0.92$，尽管检测范围为 10～924μg/L，但可以满足 10mg/L（1ppm＝1mg/L）以下苯接触人群生物监测的需要，而且批次内与批次间精密度分别为 5.0％和 7.9％，不受尿代谢物中相关化学物结构的影响。这些数据说明该方法可行性强、灵敏度高、检测限低、重复性好，特别适合意外苯暴露的及时监测，以及制鞋和箱包工业中职业人群的定期生物监测[14,15]。

（2）实验室外部条件的影响

实验室外部条件主要指实验试剂的稳定性、实验设备的运行状态及实验操作的规范性，还包括实验操作人员的主观因素等。因此，进行生物标志物筛选和验证的实验室需

要选用稳定性高的试剂和运行良好的仪器，操作人员要有良好的实验习惯和规范的操作技术来保证测试结果的客观性。

（3）流行病学方法的影响[16]

主要指流行病学筛选方法的设计的合理性和分析的准确性，也包括样品收集的时间、频率，样品处理和储存方法等。

目前生物标志物的研究在实验室研究阶段居多，缺乏大样本量的流行病学的研究证据，大大限制了生物标志物在实际生活和工作中的应用。因此，这一点更值得研究人员加以重视。

第二节　生物标志物的研究和应用

一、生物标志物的研究概况

生物学领域覆盖的范围很广，囊括了从分子水平的生化反应到生态系统的结构和功能改变，因此，有国内学者曾提出能反映以上方面变化的效应分子都可称为生物标志物。然而，由于种群与群落结构和生态系统功能变化也可由生物学因素之外的物理、化学因素引起，因此将它们作为生物标志物的看法并不为众多学者所接受。

随着分子生物学理论和检测技术的发展，人们发现的生物标志物的种类越来越多。但是，目前发现的大多数生物标志物缺乏可靠而有效的验证。如前所述，生物标志物的种类越来越多，在各个领域中发挥着巨大作用。筛选方法随着技术进步和科学发展也日新月异，已经由基础的化学法、薄层色谱法，发展到现在的气相色谱-质谱（GC-MS）联用技术、高效液相色谱-质谱（HPLC-MS）联用技术、聚合酶链式反应（PCR）技术、单细胞凝胶电泳技术、荧光原位杂交技术等，甚至可以结合计算机模拟技术。后者用计算机模拟外源性化合物在体内的代谢过程，并拟合出相应的数学模型，来预测生物标志物在体内的动态变化。因为筛选生物标志物往往涉及生物化学、分子生物学、病理学、肿瘤学、药理学、毒理学、环境医学、分析化学、有机化学、临床医学和流行病学等领域，新的生物标志物经常是经过各个专业的科学家共同攻关而确定的。而且，随着高通量基因组学、蛋白质组学等的不断进展，生物标志物包括的种类也越来越多，例如单核苷酸多态性（single nucleotide polymorphism，SNP）、微小 RNA（microRNA，miRNA）等都被列入生物标志物的行列[17-19]。

难能可贵的是，目前世界上各个国家不但积极推进相关的科学研究，还对知识共享做出支持，因为生物标志物的一大特征就是在性别和种族方面具有一致性。与此同时，各国政府在根据生物标志物制定管理措施时，要考虑到不同国家的饮食结构及政治、经济发展状况的差别，因而采取了不同标准。因此，在各方的推动下，生物标志物基础研究的成果产出得到了快速的增长。

从 2000 年至 2012 年发表的论文统计显示，有关生物标志物的研究论文在十几年中增长了 10 倍以上（图 1-1）。中国在发表论文的总量方面，属于该研究领域的“五强”。但是从发表论文的整体数量来分析，仍然是美国的实力最强，大大超过德国、中国、英国和日本等国家（图 1-2）。如果以各个研究机构为单位进行统计，发表相关论文最多的六家机构中，美国的研究机构独占了四家，英国和加拿大的机构各有一家（图 1-3）[20]。

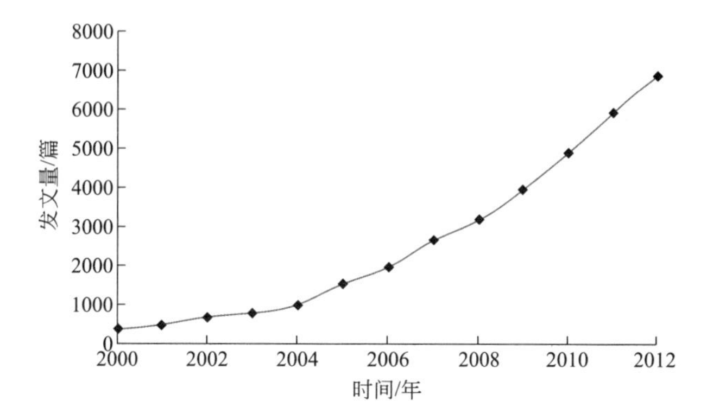

图 1-1　2000 年至 2012 年 SCI-E 收录生物标志物在医药领域的发文量

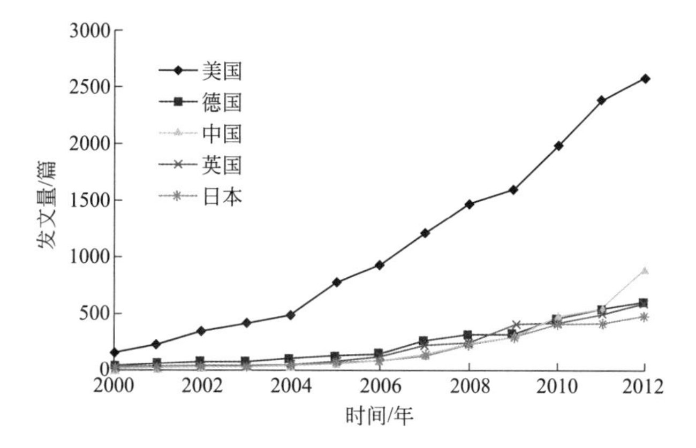

图 1-2　2000 年至 2012 年生物标志物研究论文发文量前 5 位国家年度分布

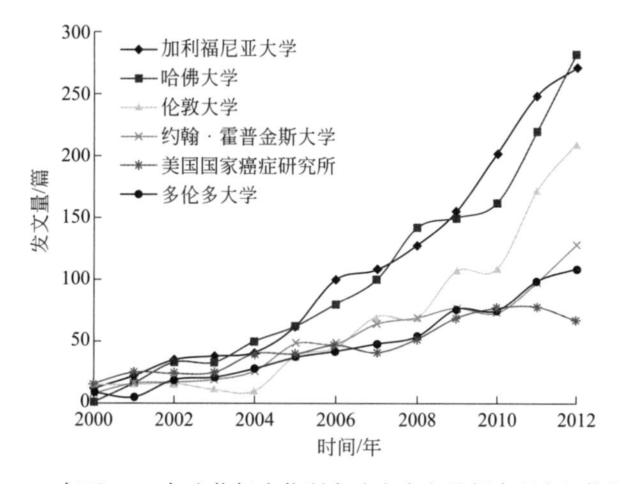

图 1-3　2000 年至 2012 年生物标志物研究论文发文量领先研究机构年度分布

二、生物标志物的应用

生物标志物的应用极其广泛，在这里主要简述一下它们在环境监控、医学诊断等方面的应用。

（一）生物标志物在环境监控中的应用

1. 生物标志物在环境监控中应用的优势

传统的环境监控主要是对环境中化学成分的存在量进行检测。这种手段固然可以直观地了解环境中各化学成分的具体含量及其变化，但却不能直接反映它们对生物所造成的毒害作用。而以检测生物标志物为主的生物监测正好弥补了这些不足。

应用在环境监控中的生物标志物，要能敏感地反映出生物体发生严重损伤之前的生物变化，准确地评估出生物体所处的环境污染状态及其潜在危害，为环境污染提供早期警报。生物标志物反映的是环境污染物的暴露及产生其效应的生物反应。因此，一个理想的用于环境监控的生物标志物，除了要具有特异性、敏感性、易鉴定、低费用等特征，还要与环境样品中的污染物有量的相关性。因此，生物标志物在环境监控中的应用有以下几个优势[21,22]。

① 能够了解污染物质在时间和空间上的累积的生物效应，因此，不会因为天气状况的异常或工厂间歇性排放而产生监测结果的不确定性。

② 利用生物反应的特异性，可以确定环境污染物与暴露和风险的对应关系，在处理环境事件时有利于确定当事者的法律责任。

③ 不同监测水平的生物标志物不尽相同，揭示污染物的暴露途径也不同，通过对比有利于确定监测方案的优先次序，为采取各种干预和补救措施提供科学依据。

④ 生物标志物的实验室数据可以用于推测野外的条件，如化学形态、吸附/吸收、污染物在食物链上的富集以及毒性作用的亚致死效应等，可以在短期试验中测定。

⑤ 生物标志物能同时指示母体化合物和代谢产物，有利于监测在环境中易代谢或去除的污染物的暴露和毒性效应。

⑥ 对于生物标志物的短期监测不但可以指示各种污染物之间相互作用的累积效应，还能预测污染物的长期生态效应。

2. 常用的监控环境污染的生物标志物

（1）重金属的生物标志物[23,24]

① 金属硫蛋白　金属硫蛋白是由微生物和动植物产生的金属结合蛋白，分子量较小，结构高度保守，由于富含半胱氨酸，对多种重金属有高度亲和性。与其结合的金属主要是镉、铜和锌，广泛地存在于各种生物中。因此，可以将它们作为重金属污染暴露及效应的生物标志物。

② 抗氧化酶类　重金属离子污染会造成生物体内细胞的呼吸链断裂、酶促反应异常

等，导致活性氧自由基增加，进而诱导抗氧化酶类活性增加。因此，抗氧化酶类也被用作重金属污染的生物标志物。这类生物标志物主要有超氧化物歧化酶、过氧化氢酶、抗坏血酸过氧化物酶、谷胱甘肽还原酶等。

③ 还原型谷胱甘肽　重金属离子进入生物体内，除了抗氧化酶类被诱导表达外，还原型谷胱甘肽的含量也会发生变化。尤其是在植物体内，谷胱甘肽还可形成（γ-谷氨酰-L-半胱氨肽）$_n$-甘氨酸（$n=2\sim7$）结构，铜、锌、铅、镉等金属可促进其合成，是植物重金属暴露的重要生物标志物。

④ 其他非特异性生物标志物　外周血清转氨酶是重金属污染的非特异性生物标志物。动物的肝脏细胞受到损伤时，会释放转氨酶进入血液，从而会检测到外周血清中转氨酶活性的升高。但是，有机污染物也会引起外周血清转氨酶活性的升高。

不少重金属，尤其是生命非必需的元素如镉、铅、汞的暴露均抑制动物免疫功能，而免疫功能被抑制和生物体抵抗力的下降之间有很好的相关性。与此同时，重金属也具有免疫刺激作用，从而产生自体免疫响应或自体免疫疾病。例如，镉和汞的慢性暴露可以引起免疫功能介导的肾小球性肾炎。因此，重金属的免疫学生物标志物目前只作为非特异性标志物，其他功能还需进一步研究完善。

（2）有机磷农药的生物标志物[25,26]

① 胆碱酯酶　胆碱酯酶是一类糖蛋白，以多种同工酶形式存在于体内，但在运动神经终板突触后膜的皱褶中聚集最多，主要参与突触的信息传递。目前被广泛用作有机磷农药急性接触的效应生物标志物。

② 对氧磷酶　血清中的对氧磷酶能够催化磷酸酯键水解，降解有机磷酸酯、芳香羧酸酯和氨基甲酸酯，这是对氧磷酶对有机磷化合物中毒保护作用的分子基础。对氧磷酶是有机磷农药生物检测的易感性生物标志物。

③ 烷基磷酸酯　大多数有机磷农药可在体内代谢成为一种或一种以上的二烷基磷酸酯。这些产物通常可在接触后24～48h内在尿中出现，可作为有机磷农药的生物检测的暴露标志物。它们的缺点是形态复杂，难以快速检测。

④ 其他标志物　脊柱、脊索等组织的病理变化一般不受生物体自身状态以及正常环境影响，而大多与污染物或不良环境条件有关。因此，一些动物对不良环境暴露呈现的脊柱的发育异常也可以作为有机磷农药的生物标志物。

（3）多环芳烃、多氯联苯等的生物标志物[27,28]

① 各类酶　其包括多功能氧化酶、谷胱甘肽转移酶、超氧化物歧化酶和谷胱甘肽过氧化酶等。因为多环芳烃和多氯联苯类的化学污染物在生物体内进行转化会激活或诱导这些酶，因此，它们可以作为这些有机物污染物的生物标志物。

② DNA 加合物　多环芳烃、芳基胺等经代谢而产生亲电活性的中间产物，与 DNA 链特异位点形成共价加合物。因此，DNA 加合物指示了环境中污染物对遗传物质的影响，是一种重要的生物标志物。

③ 代谢产物　污染物的代谢产物作为暴露生物标志物敏感度高，但是对分析检测的要求较高，并未被广泛应用。

（二）生物标志物在肿瘤检测和治疗中的应用

1. 肿瘤标志物的定义

肿瘤标志物是指在肿瘤细胞中特定表达的，或受肿瘤细胞刺激后宿主细胞产生的一类特异的可在体液中定量检测的物质。多数肿瘤标志物在肿瘤患者体内的含量超过正常人体内的含量，由肿瘤细胞或宿主细胞分泌到体液。通过测定这些标志物的存在或含量，可以辅助肿瘤诊断、分析病程、监测预后。

2. 肿瘤标志物的类型[29, 30]

① 诊断性生物标志物　用于辅助检测肿瘤的发生和发展程度，常常是癌症诊断的第一步筛查目标。

② 预后性生物标志物　用于预测癌症发展的自然病程，指导病人是否接受治疗或者采取何种治疗策略。例如，参考乳腺癌相关的癌基因表达谱，可以帮助预测乳腺癌手术切除后复发的可能性。

③ 预测性生物标志物　用于评价病人对某些治疗的获益程度，往往通过基因型分析获得。

④ 药效学生物标志物　用于检测近期药物治疗肿瘤的效果，以指导抗癌药物在临床治疗中的早期使用剂量。

3. 实体瘤生物标志物的研究

因为检测生物标志物的肿瘤组织很难获得，相关实验主要在晚期肿瘤患者中进行，无法进行常规的肿瘤组织活检，而且这些方法是与治疗同时进行的，所以严重限制了预测性和药效学生物标志物在实体瘤临床试验的研究。

目前，常采取的手段是通过血液样品跟踪肿瘤的发展，即通过血液观察血清蛋白的变化，间接分析肿瘤的分子组分特征。除了癌症相关癌胚抗原外，还包括几种具有肿瘤特异性的血清蛋白。例如，前列腺癌特异抗原对应前列腺肿瘤、CA125 对应卵巢癌、α-胎球蛋白对应肝癌或睾丸癌。但是目前已知的生物标志物很少，大多数是由相关器官特异表达的，而不是由肿瘤特异表达的，所以该技术的应用还处于比较初期的阶段。

4. 预测性生物标志物的研究

预测性生物标志物的研究主要包括基因表达谱分析、肿瘤 DNA 基因分型和寻找特异性靶分子等。

基因表达谱分析对样品量的要求大、组织选取要求高，目前仍缺少有效的应用手段。

肿瘤 DNA 基因分型不但包括标志物分子在基因上的突变，还包括 DNA 拷贝数的改变。但是，由于药物抗性等位基因只存在于少量的初始癌细胞中，要求检测手段高度灵敏，而且检测成本随着测序基因数量的增加而上升。目前，相关研究主要利用现有技术平台对已知的癌症基因突变患者进行基因分型。

通过寻找肿瘤发生时信号通路中产生变化的特异性靶分子，有助于筛选相关的抑制剂或激活剂，并进一步开发成临床使用的抗癌药物。目前，这方面的发展比较迅速。

第三节　食品安全风险评估中的生物标志物

一、生物标志物和食品安全风险评估的研究概况

通过对食品安全风险评估的分析，不难看出食品安全风险评估是一项技术性很强的工作，但又与风险管理和风险交流密切相关。风险评估基本模式按危害物的性质可分为化学危害物风险评估、生物危害物风险评估和物理危害物风险评估三类，通过使用毒理数据、污染物残留数据分析、统计手段、接触量及相关参数的评估等系统科学的步骤，对影响食品安全卫生质量的各种化学、物理和生物危害物进行评估，定性或定量地描述风险的特征，提出安全限值。尽管对不同类型危害所采用的风险评估方法不尽相同，但生物标志物的作用毋庸置疑。

许多研究表明，食物中的污染物暴露与人群某一特定疾病的发病率有关。但是，对食物安全的风险评估需要考虑人群暴露水平、生物效应与个体易感性，因此，发展特异的生物标志物对正确评价机体暴露水平和探讨生物效应与个体易感性具有重要意义。发展食品安全生物标志物要了解其在体内的代谢过程、与机体交互作用后形成的产物及作用机制，并在动物实验和人群实验中验证其有效性。

二、食品相关的生物标志物

利用检测生物标志物来阐明食品污染物与人类健康的关系，是食品安全重要的研究内容。随着分子生物学突飞猛进的发展，食品安全研究也进入了分子水平。许多研究表明，食物中污染物、有害添加物和致癌物的暴露与人群中特定疾病的发病率有关。

（一）植物性食品的污染物

植物性食品的污染物，主要指霉菌毒素类的污染物，常见的有黄曲霉毒素和伏马菌素等[31,32]。相关的生物标志物主要是指霉菌在其所污染的食品中产生的有毒代谢产物。后者可通过食品或饲料进入人和动物体内，引起人和动物的急性或慢性中毒，损害机体的肝脏、肾脏、神经组织、造血组织及皮肤组织等。

1. 黄曲霉毒素

黄曲霉毒素是一类化学结构类似的化合物，均为二氢呋喃香豆素的衍生物，是由黄曲霉或寄生曲霉产生的次生代谢产物。人群对黄曲霉毒素的主要暴露来源是被黄曲霉毒

素污染的食物，不同的人群暴露水平可相差1000倍。在湿热地区，食品和饲料中出现黄曲霉毒素的概率最高。黄曲霉毒素大多存在于土壤以及各种坚果中，特别是花生和核桃中。在大豆、稻谷、玉米、通心粉、调味品、牛奶、奶制品、食用油等粮食和制品中也经常发现黄曲霉毒素。1993年黄曲霉毒素被世界卫生组织的癌症研究机构划定为Ⅰ类致癌物，是一种毒性极强的剧毒物质。黄曲霉毒素的危害性在于对人及动物肝脏组织有破坏作用，严重时可导致肝癌甚至死亡。在天然污染的食品中以黄曲霉毒素 B_1（aflatoxin B_1，AFB_1）最为多见，其毒性和致癌性也最强，经常在玉米、花生、棉花种子和一些干果中检测到。家庭自制发酵食品中也能检出黄曲霉毒素，尤其是高温、高湿地区的粮油及制品中检出率更高。黄曲霉毒素致癌范围广，能诱发鱼类、禽类、各种实验动物、家畜及灵长类等多种动物的实验肿瘤；致癌强度大，仅次于肉毒毒素；可诱发多种癌症，主要诱发肝癌，还可诱发胃癌、肾癌、泪腺癌、直肠癌、乳腺癌、卵巢及小肠等部位的肿瘤；也可导致畸胎。

研究发现，黄曲霉毒素的作用机制主要是由细胞色素代谢酶激活，形成致癌物 AFB_1-8,9环氧化物后，与组织细胞DNA在鸟嘌呤环N的7位点形成大分子加合物，导致基因突变，诱发癌症。因此，黄曲霉毒素是一种遗传性致癌物。

流行病学调查的结果也支持了上述理论。例如，在我国某地的肝癌发病高发区，对该地区30名男性和12名女性进行了一周的黄曲霉毒素 B_1 暴露量监测，其主要污染源是玉米。男性每天平均摄入黄曲霉毒素 B_1 剂量为48μg，女性则是92.4μg。而在24h尿中对黄曲霉毒素B-N7-鸟嘌呤加合物、黄曲霉毒素M、黄曲霉毒素P和黄曲霉毒素 B_1 的含量与摄入量进行相关性分析，相关系数分别为0.65、0.55、0.02和0.10。在上海进行的肝癌病例对照研究发现，在尿中检出黄曲霉毒素B-N7-鸟嘌呤的个体，其患肝癌的概率增高。黄曲霉毒素暴露量与尿中黄曲霉毒素B-N7-鸟嘌呤加合物的量呈显著性相关。这些结果表明，黄曲霉毒素B-N7-鸟嘌呤加合物是比较理想的黄曲霉毒素暴露标志物。

2. 伏马菌素

伏马菌素是一种真菌毒素，是由串珠镰刀菌等产生的水溶性代谢产物，是一类由不同的多氢醇和丙三羧酸组成的结构类似的双酯化合物。主要污染玉米等粮食及其制品，并对某些家畜产生急性毒性及潜在的致癌性，已成为继黄曲霉毒素之后的又一研究热点。

伏马菌素的作用机制主要是抑制神经鞘氨醇 *N*-乙酰转移酶，从而抑制神经鞘氨醇的合成，引起二氢神经鞘氨醇和神经鞘氨醇的比值上升。动物实验发现，大鼠暴露于伏马菌素污染的饲料或对其灌胃伏马菌素，尿中二氢神经鞘氨醇和神经鞘氨醇的比值上升。在我国河南省进行的28名健康成年志愿者研究中发现，摄入该地区被伏马菌素污染的玉米一个月后，血液中的二氢神经鞘氨醇和神经鞘氨醇的比值上升。

这些研究表明，二氢神经鞘氨醇和神经鞘氨醇的比值可以作为评估伏马菌素暴露水平的生物标志物。

3. 丙烯酰胺

丙烯酰胺主要在高糖类（碳水化合物）、低蛋白质的植物性食物加热（120℃以上）烹调过程中形成。140～180℃为生成的最佳温度，而在食品加工前检测不到丙烯酰胺。在加工温度较低，如用水煮时，丙烯酰胺的水平相当低。水含量也是影响其形成的重要因素，特别是烘烤、油炸食品最后阶段水分减少、表面温度升高后，其丙烯酰胺形成量更高。但咖啡是一个例外，在焙烤后期丙烯酰胺形成量反而下降。丙烯酰胺的主要前体物质为游离天冬氨酸（土豆和谷类中的代表性氨基酸）与还原糖，二者发生美拉德（Maillard）反应生成丙烯酰胺。食品中形成的丙烯酰胺比较稳定，但在咖啡中，随着储存时间延长，丙烯酰胺含量会降低。

丙烯酰胺具有中度毒性，对职业接触人群的流行病学观察表明，长期低剂量接触丙烯酰胺会出现嗜睡、情绪和记忆改变、幻觉和震颤等症状，伴随末梢神经病。

丙烯酰胺的毒性作用机制在于，它的分子量小、水溶性高，易通过各种生物膜。而且丙烯酰胺的α,β-不饱和羰基易与分子中的羟基、氨基及其他小分子亲核基团发生美拉德加成反应，生成各种衍生物。动物实验表明，通过静脉、管饲和食物添加丙烯酰胺后，很快就分布在小鼠的各个组织器官中，而以肝脏中的环氧丙酰胺-DNA加合物的含量升高最为显著。在肝脏中的丙烯酰胺转化为环氧丙酰胺的过程中，细胞色素CYP2E1发挥了重要的作用。

目前，表征丙烯酰胺的生物标志物比较多，如巯基尿酸、血红蛋白、DNA加合物、钙离子、细胞骨架蛋白、能量代谢相关酶等。

（二）动物性食品的污染物

动物性食品的污染物，主要指动物性食品在加工或烹饪过程中形成的致癌物，如多环芳烃、亚硝酸盐、杂环胺等[6]。

1. 多环芳烃

多环芳烃是有机物质不完全燃烧，热解、热聚而形成的一类致癌物。因此，在油炸、烧烤、烟熏等烹饪过程中极易产生，包括苯并芘和苯并菲等。

多环芳烃的作用机制主要是在体内经细胞色素P450IA1或P450IA2激活发生环氧化，形成致癌物7,8-二氧二醇-9,10环氧化物，再与DNA结合形成加合物，导致基因突变，诱发癌症发生。

临床研究发现，志愿者进食炭烤羊排7天后，在血和尿液中分别检出了多环芳烃-DNA加合物和代谢产物尿-羟基芘（1-hydroxypyrene，1-OHP），与炭烤羊排摄入量呈正相关。其中，多环芳烃-DNA加合物在停止摄入后长时间内仍能检出，因此可以作为多环芳烃的长期暴露生物标志物。代谢产物1-羟基芘-葡萄糖醛酸含量则在停止摄入后很快下降，因此可以作为多环芳烃的短期暴露生物标志物。

2. 亚硝酸盐

食物中的亚硝酸盐来源与生活密切相关，十分容易引起中毒或诱发其他疾病的产生。其主要来源包括：食物中的发色剂或防腐剂；腌制食物中添加的硝酸盐或不新鲜菜肴中的硝酸盐被硝酸盐还原菌（大肠杆菌、沙门氏菌、产气杆菌等）还原为亚硝酸盐；某些地区的井水中也含有较多的硝酸盐及亚硝酸盐（俗称“苦井水”）。

亚硝酸盐的致病机制和危害各不相同。首先，亚硝酸盐能透过胎盘进入胎儿体内，可能造成婴儿先天畸形。其次，亚硝酸盐能与肉中的胺反应，生成亚硝基化合物，或在肠道中的酸性环境下转化为亚硝胺。亚硝胺的亚硝基能与DNA结合，影响正常的复制与转录，属于致癌物。此外，亚硝酸盐能将血液中的亚铁血红蛋白氧化成高铁血红蛋白，阻止了其携带氧的功能，造成中毒。亚硝酸盐的中毒量为0.3～0.5g，致死量为3g。

3. 杂环胺

杂环胺是动物性食品在煎、炸、烤等烹调过程中（如烤鱼、煎牛肉）由于蛋白质热解而形成的一类致突变、致癌物。一般而言，蛋白质含量较高的食物产生的杂环胺较多，而蛋白质的氨基酸构成则直接影响所产生杂环胺的种类。肌酸或肌酐是杂环胺中的*α*-氨基-3-甲基咪唑部分的主要来源，所以含有肌肉组织的食品能产生大量杂环胺类物质。目前从此类食物中已经分离出20多种杂环胺类化合物，又可分为氨基咔啉类和氨基咪唑氮杂芳烃类。

杂环胺的作用机制主要是通过Ⅰ相代谢酶细胞色素P450（cytochrome P450，CYP450）催化产生*N*-羟基衍生物，可直接与DNA或其他细胞大分子结合。氧化的氨基可进一步被乙酰转移酶、磺基转移酶、氨酰转运RNA合成酶或磷酸激酶酯化，形成高度亲电子活性的终产物*N*-乙酰氧基-2-氨基-1-甲基-6-苯基咪唑并［4,5-*b*］吡啶（*N*-乙酰氧基-PhIP）。*N*-乙酰氧基-PhIP与DNA形成的加合物能导致基因突变，诱发癌症。*N*-乙酰氧基-PhIP在Ⅱ相代谢酶如葡萄糖苷转移酶的作用下，会与葡萄糖苷酸结合并被排出体外。因此，2-氨基-1-甲基-6-苯基咪唑并［4,5-*b*］吡啶（PhIP）是杂环胺的暴露标志物。动物实验表明PhIP可以诱发多种器官的癌变，但主要的靶器官是肝脏。另外，PhIP可以在心肌形成高水平的DNA加合物，因此对心血管系统也会造成重大伤害。

研究还发现，PhIP在体内代谢的关键酶，CYP450IA2和乙酰转移酶具有基因多态性，机体肝脏表达CYP450IA2的个体差异能达到40倍，乙酰转移酶的基因型也包括快速乙酰化和慢速乙酰化两种类型。因此，CYP450IA2和乙酰转移酶是杂环胺的易感性生物标志物。

（三）环境导致的食物污染物

环境中最容易导致食物污染的是二噁英（dioxins），即一类氯代含氧三环芳烃类化合物（2,3,7,8-TCDD）[37,38]。大气环境中的二噁英90%来源于城市和工业垃圾焚烧，但一般人群直接通过呼吸途径暴露的二噁英量是很少的，人体接触二噁英大部分是通过膳食间接地暴露，即摄入动物性食物。因为二噁英是脂溶性的，且不易代谢，会通过食物链在动物体内富集。进入人体后，会在人体脂肪或乳汁中蓄积。因此，测定血液、乳汁或脂肪组织中的TCDD，可以了解机体的暴露量。

二噁英危害十分严重，主要表现在以下几个方面。

① TCDD是机体内分泌的干扰剂。二噁英能引起雌性动物卵巢功能障碍，抑制雌激素的作用，使雌性动物不孕、胎儿数量减少、流产等。二噁英也会导致雄性动物出现精细胞减少、成熟精子退化、雄性动物雌性化等症状。流行病学研究发现，在生产中接触2,3,7,8-TCDD的男性工人血清睾酮水平降低、促卵泡激素和黄体激素增加，提示它可能有抗雄激素（antiandrogen）和使男性雌性化的作用。

② 二噁英有明显的免疫毒性，可引起动物胸腺萎缩、细胞免疫与体液免疫功能降低等。

③ 二噁英还能引起皮肤损害。在暴露的实验动物和人群可观察到皮肤过度角化、色素沉着以及氯痤疮等的发生。

④ 受二噁英污染的动物可能出现肝脏肿大和实质细胞增生与肥大，严重时发生细胞变性和坏死。

⑤ 二噁英是动物的强致癌剂。动物实验发现二噁英能诱发实验小鼠出现多个部位的肿瘤。流行病学研究表明，二噁英暴露可增加人群患癌症的危险度。根据动物实验与流行病学研究的结果，1997年国际癌症研究机构（IARC）将2,3,7,8-TCDD确定为Ⅰ类人类致癌物。

二噁英的作用机制主要由芳烃（AhR）介导。芳烃作为细胞质中的信使蛋白质，与固醇类激素受体相似，激活相关信号通路，从而使细胞的增殖和分化发生异常改变，导致毒性与致癌性的发生。二噁英通过AhR的活化诱导细胞内CYP450IA1活性增强，表达水平增高。

因此，机体中T细胞亚群分布、精子动力、激素水平、白细胞中CYP450IA1的表达量等都可以作为二噁英暴露的生物标志物。

（四）生产工艺中产生的食品污染物

生产工艺中产生的食品污染物，主要指植物蛋白质在酸水解过程中产生的污染物，以氯丙醇为代表。如果不采取特殊的生产工艺，凡是以酸水解植物蛋白质为原料的食物中都会存在不同水平的氯丙醇[39]，包括酱油、醋、调味品或以酸水解为原料的保健食品。

氯丙醇是丙三醇上的羟基被氯取代所产生的一类化合物，包括单氯丙二醇［3-氯-1,2-丙二醇(3-氯丙醇,3-MCPD)、2-氯-1,3-丙二醇(2-MCPD)］和双氯丙醇［1,3-二氯-2-丙醇(1,3-DCP)、2,3-二氯-1-丙醇(2,3-DCP)］。在氯丙醇系列化合物中，污染食品的主要成分是3-MCPD，次要成分是1,3-DCP，二者的含量比是20∶1。

氯丙醇的生物毒性很早就有报道，但对其危险性评估的生物标志物研究不多。氯丙醇的危害表现在致癌性、肾毒性和生殖毒性。因此，最近有学者提出将肾小管增生作为评价 3-MCPD 最敏感的毒性终点，提出 3-MCPD 每天摄入最大耐受量是 2μg/kg。

三、展望

事实上，食品安全问题一直存在于人类文明的发展过程中。然而，随着现代化进程的全球化，食品安全的问题更加复杂，波及面也前所未有。因此，食品安全是人们对食品的第一要求，即人类摄入的食品不含有可能引起食源性疾病的污染物，要无毒、无害，并能提供人体所需要的基本营养元素。世界卫生组织在 1984 年对食品安全的定义是："生产、加工、储存、分配和制作过程中确保食品安全可靠，有益于健康并且适合人消费的种种必要条件和措施"。1996 年又补充为"对食品按其原定用途进行制作和（或）食用时不会使消费者的健康受到损害的一种担保"。近年来，疯牛病、口蹄疫、禽流感等重大食品安全问题的爆发，更是对食品安全的管理提出了极高的要求。因为食品安全不存在"零风险"，更重要的是发现问题、解决问题。要达到这一要求，需要良好的追踪体系，进行食品安全风险评估和管理。在这一过程中，生物标志物起到了核心作用。食品在进入人体后，会经过消化、吸收、代谢等过程，用生物标志物监测这些过程，了解机体对有害物质的暴露水平和效应，对食品进行安全风险评估，才能有效地进行食品安全风险管理。可见，只有发展出更多特异性高、灵敏度强、监测手段简单易推广的生物标志物，才能为食品安全风险评估、风险管理和风险信息交流提供有力的支持。

（孙金丽、黄萍、李晓娇、宋海云）

参考文献

［1］ Fowler B A. Biomarkers in toxicology and risk assessment. Exs，2012，101：459-470.

［2］ The Committee on Biological Markers of the National Research Council. Biological markers in environmental health research. Environmental Health Perspectives，1987，74：3-9.

［3］ 王敢峰，叶能权．职业接触的生物监测及展望．职业医学，1992，19（6）：359-361.

［4］ 吴晓薇，黄国城．生物标志物的研究进展．广东畜牧兽医科技，2008（2）：14-18.

［5］ 邵华．生物标志物的研究进展．职业与健康，2002，18（9）：7-9.

［6］ Baker M G，Simpson C D，Stover B，et al. Blood manganese as an exposure biomarker：state of the evidence. J Occup Environ Hyg，2014，11（4）：210-217.

［7］ Chadwick C A，Keevil B. Measurement of cotinine in urine by liquid chromatography tandem mass spectrometry. Ann Clin Biochem，2007，44（Pt5）：455-462.

［8］ Gross-Steinmeyer K，Eaton D L. Dietary modulation of the biotransformation and genotoxicity of aflatoxin B-1. Toxicology，2012，299（2-3）：69-79.

［9］ Biggs M L，Kalman D A，Moore L E，et al. Relationship of urinary arsenic to intake estimates and a biomarker of effect，bladder cell micronuclei. Mutat Res-Rev Mutat，1997，386（3）：185-195.

［10］ 孙运光，周志俊，顾祖维．有机磷农药生物标志物的研究进展．劳动医学，2000，17（1）：58-60.

［11］ Zhang J，Yin L H，Liang G Y，et al. Detection of CYP2E1，a genetic biomarker of susceptibility to benzene metabolism toxicity in immortal human lymphocytes derived from the han chinese population. Biomed Environ Sci, 2011, 24 (3): 300-309.

[12] De Serres F J. Alpha-1 antitrypsin deficiency is not a rare disease but a disease that is rarely diagnosed. Environmental Health Perspectives, 2003, 111 (16): 1851-1854.

[13] 吕丽艳，张海婧，刘辉，等．肿瘤生物标志物筛选策略的思考．基础医学与临床，2007，27（6）：714-718.

[14] Tranfo G, Paci E, Fustinoni S, et al. Methodological aspects in environmental and biological monitoring of exposure to low doses of benzene: problems and possible solutions. Giornale Italiano di Medicina del Lavoro ed Ergonomia, 2013, 35 (4): 256-258.

[15] Fustinoni S, Campo L, Mercadante R, et al. Methodological issues in the biological monitoring of urinary benzene and S-phenylmercapturic acid at low exposure levels. J Chromatogr B, 2010, 878 (27): 2534-2540.

[16] 杨学斌，金泰廙．生物标志物在职业流行病学中的应用．劳动医学，2000，17（1）：55-57.

[17] 李林蔚，丁德馨，李广悦，等．蛋白质组学技术在筛选生物标志物方面的应用研究进展．中南医学科学杂志，2015，43（3）：322-325.

[18] Sung H, Yang H H, Hu N, et al. Functional annotation of high-quality SNP biomarkers of gastric cancer susceptibility: the Yin Yang of *PSCA* rs2294008. Gut, 2016, 65 (2): 361-364.

[19] Obuchowski N A, Reeves A P, Huang E P, et al. Quantitative imaging biomarkers: a review of statistical methods for computer algorithm comparisons. Stat Methods Med Res, 2015, 24 (1): 68-106.

[20] 范月蕾，陈大明，于建荣．生物标志物研究进展与应用趋势．生命的化学，2013，33（3）：344-351.

[21] Godfrey K M, Costello P M, Lillycrop K A. The developmental environment, epigenetic biomarkers and long-term health. J Dev Orig Hlth Dis, 2015, 6 (5): 399-406.

[22] 姜元臻．生物标志物监测环境污染研究新进展．广东化工，2010，37（4）：150-152+154.

[23] Pan L Q, Zhang H X. Metallothionein, antioxidant enzymes and DNA strand breaks as biomarkers of Cd exposure in a marine crab, *Charybdis japonica*. Comp Biochem Phys C, 2006, 144 (1): 67-75.

[24] Jemec A, Drobne D, Tisler T, et al. Biochemical biomarkers in environmental studies-lessons learnt from enzymes catalase, glutathione S-transferase and cholinesterase in two crustacean species. Environ Sci Pollut R, 2010, 17 (3): 571-581.

[25] Gulla K C, Gouda M D, Thakur M S, et al. Reactivation of immobilized acetyl cholinesterase in an amperometric biosensor for organophosphorus pesticide. Bba-Protein Struct M, 2002, 1597 (1): 133-139.

[26] 郭瑞娟，卢中秋．对氧磷酶1在急性有机磷中毒中的作用及意义．中华劳动卫生职业病杂志，2015，33（7）：552-555.

[27] Liu L Y, Wang J Z, Wei G L, et al. Polycyclic aromatic hydrocarbons (PAHs) in continental shelf sediment of China: implications for anthropogenic influences on coastal marine environment. Environ Pollut, 2012, 167: 155-162.

[28] Carvalho F P, Villeneuve J P, Cattini C, et al. Polychlorinated biphenyl congeners in the aquatic environment of the Mekong River, South of Vietnam. B Environ Contam Tox, 2009, 83 (6): 892-898.

[29] Ballard-Barbash R, Friedenreich C M, Courneya K S, et al. Physical activity, biomarkers, and disease outcomes in cancer survivors: a systematic review. Jnci-J Natl Cancer I, 2012, 104 (11): 815-840.

[30] Hung K E, Yu K H. Proteomic approaches to cancer biomarkers. Gastroenterology, 2010, 138 (1): 46-51.

[31] Voss K A, Riley R T, Norred W P, et al. An overview of rodent toxicities: liver and kidney effects of fumonisins and *Fusarium moniliforme*. Environmental Health Perspectives, 2001, 109 (Suppl 2): 259-266.

[32] Villers P. Aflatoxins and safe storage. Front Microbiol, 2014, 5: 158.

[33] Cunningham E. Dietary nitrates and nitrites-harmful? Helpful? Or paradox? Journal of the Academy of Nutrition and Dietetics, 2013, 113 (9): 1268.

[34] Harris K L, Banks L D, Mantey J A, et al. Bioaccessibility of polycyclic aromatic hydrocarbons: relevance to toxicity and carcinogenesis. Expert Opin Drug Met, 2013, 9 (11): 1465-1480.

[35] LoPachin R M，Gavin T. Molecular mechanism of acrylamide neurotoxicity：lessons learned from organic chemistry. Environmental Health Perspectives，2012，120 (12)：1650-1657.

[36] Turesky R J，Le Marchand L. Metabolism and biomarkers of heterocyclic aromatic amines in molecular epidemiology studies：lessons learned from aromatic amines. Chemical Research in Toxicology，2011，24 (8)：1169-1214.

[37] Jongbloet P H，Roeleveld N，Groenewoud H M. Where the boys aren't：dioxin and the sex ratio. Environmental Health Perspectives，2002，110 (1)：1-3.

[38] Van den Berg M，Birnbaum L S，Denison M，et al. The 2005 World Health Organization reevaluation of human and Mammalian toxic equivalency factors for dioxins and dioxin-like compounds. Toxicol Sci，2006，93 (2)：223-241.

[39] Rahn A K，Yaylayan V A. Isotope labeling studies on the electron impact mass spectral fragmentation patterns of chloropropanol acetates. Journal of Agricultural and Food Chemistry，2013，61 (37)：8743-8751.

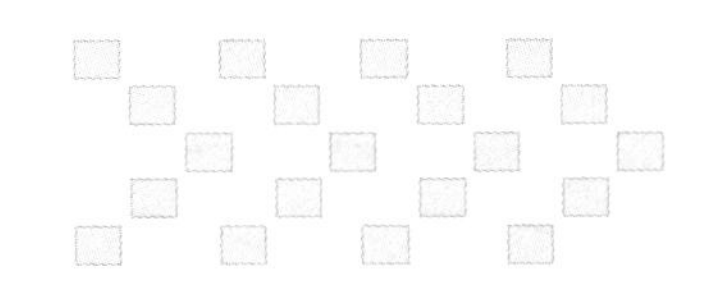

第二章 食品安全风险评估概述

第一节　风险评估的基本概念和步骤

一、食品安全风险评估

众所周知，食品安全（food safety）作为公共卫生的一部分，是一个全球关注的问题。无论在哪个国家，民众都希望获得的食品无毒、无害，而且符合应有的营养要求。因此，食品安全也是一门专门探讨在食品加工、贮藏、销售等过程中确保食品对人体健康不造成任何急性、亚急性或者慢性危害，保障食品的卫生和安全，降低疾病隐患，防范食物中毒的综合学科。食品安全的目标是把风险控制在“可接受的”（acceptable）水平，避免极端现象，即放任或误解的发生。

目前国际通行的食品安全防范方式就是食品安全风险评估（the food safety risk assessment）[1]。食品安全风险评估，指对食品、食品添加剂中生物性、化学性和物理性危害对人体健康可能造成的不良影响所进行的科学评估，包括危害识别、危害特征描述、暴露评估、风险特征描述等。由于食品安全不存在“零风险”，因此及时发现问题、解决问题显得尤为重要。为此，需要重点了解一下几个概念。

（1）危害

危害（hazard）是指食品中或食品本身对健康可能产生不良作用的因素，这些因素可能是生物性、化学性或物理性的。来源包括有意加入、无意污染或自然界中天然存在的因素。

（2）风险

风险（risk）指由食品危害产生不良作用的可能性及其强度。

（3）风险分析

风险分析（risk analysis）由三个紧密相关又高度统一的部分组成：风险评估、风险管理和风险交流[2]（图 2-1）。在典型的食品安全风险分析过程中，风险交流的特征是管理者和评估者的沟通和互动，所以当上述三个组成部分在风险管理者的领导下成功整合时，风险分析最为有效。国际食品法典委员会对这三部分的定义如下[3]。

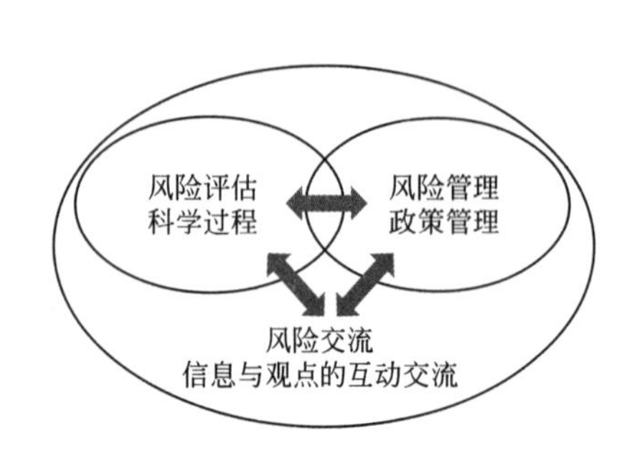

图 2-1 食品安全风险分析框架

① 风险评估（risk assessment）指对人体接触食源性危害而产生的对健康已知或潜在的不良作用进行科学评价。步骤包括危害识别（hazard identification）、危害特征描述（hazard characterization）、暴露评估（尤其是摄入量评估）（exposure assessment）、风险特征描述（risk characterization）四个部分。评估的结果包括定量的危险性（以数量表示的危险性）、定性的危险性和存在的不确定性。风险评估是一个由科学家或科学团队独立完成的纯科学技术过程，不受其他因素的影响。风险评估的任务是得出各种危害对健康不良作用的性质以及最大安全暴露量，评估结果适用于全世界各种人群。

② 风险管理（risk management）根据专家的风险评估结果权衡可接受的、减少的或降低的风险，并选择和实施适当措施的管理过程，包括制定和实施国家法律、法规、标准以及相关监管措施。这属于政府立法或监督部门的工作，因此，必然受各国的政治、文化、经济发展水平、生活习惯、贸易中地位（进口或出口）的影响。

③ 风险交流（risk communication）所有的评估信息和管理信息，无论是专家的风险评估结果，还是政府的风险管理决策，都应该通过媒体或政府渠道向所有与风险相关的集团和个人进行通报，而与风险相关的集团和个人也可以并且应该向专家或政府部门提出他们所关心的食品安全问题和反馈意见，这个过程就是风险交流。交流的信息应该是科学的，而交流的方式应该是公开和透明的。交流的主要内容包括危害的性质、风险的大小、风险的可接受性以及应对措施。

在风险分析中，风险评估是风险分析的科学基础，是构成风险分析的核心部分。食品安全风险评估是国际食品法典委员会（CAC）和各国政府制定食品安全法律法规、标准等的主要工作基础，也是《中华人民共和国食品安全法》（以下简称食品安全法）的亮点之一，是食品安全法确定的食品安全风险监测、风险预警、风险交流、标准制定公布和事故处置等多项制度的核心，是将大量风险监测数据转化成科学结论，并为风险预警、风险交流、标准制定、事故处置和危机处理提供技术依据的关键环节，具有基础、导向和承上启下的重要作用。

根据国际食品法典委员会的描述，食品安全风险评估由四个分析步骤组成（图 2-2），分别为：危害识别、危害特征描述、暴露评估和风险特征描述。

（一）危害识别

危害识别是风险评估中的一个关键步骤，也是开展风险评估的第一步，是确定一种危害因素能引起生物、系统或（亚）人群发生不良作用的类型和属性的过程。该过程要求根据流行病学、动物实验、体外实验、结构-活性关系等的科学数据和文献信息，确

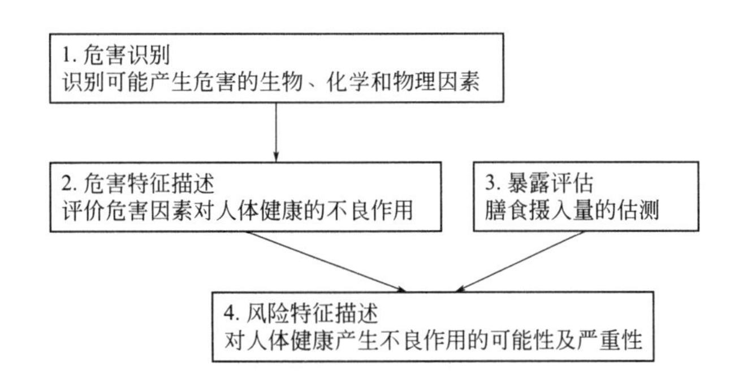

图 2-2　食品安全风险评估的组成

定人体暴露于某种危害后是否会对健康造成不良影响、造成不良影响的可能性以及可能处于风险之中的人群和范围[3]。危害识别注重对科学数据的综合分析，研究数据既可以来源于对人类和家畜的观察性研究或动物实验研究，也可以来源于实验室体外研究以及结构-活性关系分析。根据现有毒性和作用模式数据的评估结果，对不良健康效应的证据权重进行评价，以期发现任何可能引起人体健康危害的毒性或可能出现某种明确毒性的条件。危害识别的结论是国际通用的。

（二）危害特征描述

危害特征描述是风险评估的第二步，是对一种危害因素引起潜在不良作用的特性进行定性或者定量（可能时）描述，在可能的情况下应包括剂量-反应评估及其伴随的不确定性[3]。危害特征描述可利用与危害识别过程相同的信息，包括来源于对人群的观察性研究、动物实验研究、实验室体外研究以及结构-活性关系分析的数据，确定关键效应（即随着剂量增加首先观察到的不良效应）、危害与各种不良健康效应之间的剂量-反应关系、作用机制等。其中，剂量-反应关系是危害特征描述的重要组成部分，而对于毒性作用有阈值的危害，应建立人体安全摄入量水平，确定健康指导值（HBGV）。健康指导值是一个在既定时间内（如终生或 24h）摄入某一化学物质而不会引起可见的不良健康效应的剂量[3]。

对已有健康指导值的物质，则综述相关国际组织及各国风险评估机构如 IPCS（国际化学品安全规划署）、JECFA（粮农组织/世界卫生组织食品添加剂联合专家委员会）、JMPR（粮农组织/世界卫生组织农药残留专家联席会议）、JEMRA（粮农组织/世界卫生组织微生物风险评估专家联席会议）、EFSA（欧洲食品安全局）、BfR（德国联邦风险评估研究所）、FDA（美国食品药品监督管理局）、EPA（美国环保署）、FSANZ（澳新食品标准局）等的结果，选用或推导出适合本次评估用的健康指导值，如 ADI（每日允许摄入量）、TDI（每日耐受摄入量）等。

对于在食品中含量很低，且化学结构已知、毒性数据很少或未知的化学物，可以采用毒理学关注阈值（TTC）的方法进行筛选评估[4-6]。

目前共有 5 类不同的 TTC 值。具有警示性结构的遗传毒性物质（排除高潜能致癌物）

的 TTC 值为 0.15μg/d。Cramer Ⅰ、Ⅱ和Ⅲ类化学物的 TTC 值分别为 1800μg/d、540μg/d和 90μg/d。有机磷和氨基甲酸酯类化学物的 TTC 值为 18μg/d。为便于将 TTC 方法适用于包括婴儿和儿童在内的整个人群，考虑到婴儿和儿童的体重对暴露量的影响，故不同类别化学物的 TTC 值采用千克为单位表示[5-6]。

不适用于 TTC 评估方法的物质：高潜能致癌物（黄曲霉毒素样化学物、氧偶氮类化学物、*N*-亚硝基化学物、联苯胺、肼）、无机物、金属及有机金属化合物、蛋白质、类固醇、已知或预知具有生物蓄积性的物质、纳米材料、放射性物质、具有未知化学结构的混合物[5-6]。

（三）暴露评估

暴露评估是风险评估的第三步，该过程对通过食品或其他相关来源摄入的危害因素进行定性和（或）定量的评估，描述危害进入人体的途径，估算不同人群摄入危害的水平[3]。暴露量受两个因素影响，膳食消费量和膳食中危害物的含量。前者的数据可通过食物平衡表、模式膳食、推荐食用量、膳食调查、科学文献查阅等方式获得；而后者的数据主要来源于最大使用水平/残留限量、总膳食研究、食物成分表、企业数据、监测数据、科学文献等。通常情况下，暴露评估将得出一系列（如针对一般消费者和高端消费者）摄入量或暴露量估计值，也可以根据人群（如婴儿、儿童、成人）分组分别进行估计。根据待评估化学物是否具有急性毒性，评估可分为急性暴露评估或慢性暴露评估。根据数据类型的不同，暴露评估可分为点评估、简单分布和概率评估。

（四）风险特征描述

风险特征描述整合危害识别、危害特征描述和暴露评估的结果，在此基础上综合分析危害对人群健康产生不良作用的风险及其程度，同时解释风险评估过程中的不确定性[3]。风险特征描述需整合毒性程度、蓄积性、多种危害因素的联合作用以及健康指导值等危害评估的结果和暴露水平、暴露频率、暴露时间等暴露评估的结果，并引入不确定性分析和敏感度分析，对危害的风险进行专业判断。对于有阈值的物质的风险特征描述是将估计的或计算出的人体暴露值与健康指导值进行比较。鉴于健康指导值本身已经考虑了安全系数或不确定系数，因此少量或偶尔的膳食暴露超过根据亚慢性或慢性研究得到的健康指导值，并不意味着一定会对人体健康产生副作用。

对于既有遗传毒性又有致癌性的物质，通常认为不适合作为食品添加剂、农药或兽药。风险特征描述可采取不同的形式[7]：①计算在引起较低但确定的肿瘤发生率（通常来自动物实验）的剂量与人体估计暴露量之间的 MOE（有效性量度）；②用超出动物实验观测剂量范围的剂量-反应分析来计算理论上与人体估计暴露值相关的肿瘤发生率或与预定的肿瘤发生率（如一生中癌症风险增加百万分之一）有关的暴露量；③由 POD（过氧化物酶）如 BMDL（基准剂量下限值）进行的线性低剂量外推。目前 MOE 和由 POD 进行的线性低剂量外推是最实用和有效的。JECFA 已经决定，对于既有遗传毒性又有致癌性化合物的相关建议应以估计的 MOE 为基础提出。在给风险管理者提供建议时，应同时指出用于计算 MOE 数据所固有的优缺点，并附有针对 MOE 解释的建议。

综上所述，风险评估、风险管理和风险交流三者在解决一个具体食品安全问题上，具有非常密切的相互关系，是一个整体。

二、我国的食品安全风险评估

我国食品安全领域的风险评估起步较晚，在 2006 年 11 月 1 日起施行的《中华人民共和国农产品质量安全法》中对农产品质量安全风险评估作了明文规定，要求国务院农业行政主管部门应当设立由有关方面专家组成的农产品质量安全风险评估专家委员会，对可能影响农产品质量安全的潜在危害进行风险分析和评估。国务院农业行政主管部门应当根据农产品质量安全风险评估结果采取相应的管理措施，并将农产品质量安全风险评估结果及时通报国务院有关部门。这从法律层面为农业行政主管部门实施的农产品质量安全管理工作奠定了科学的基础。

2018 年 12 月 29 日第十三届全国人民代表大会常务委员会第七次会议《关于修改〈中华人民共和国产品质量法〉等五部法律的决定》修正了《中华人民共和国食品安全法》，对食品安全风险评估及其结果利用作出了明确规定。在食品安全法的第二章专门阐述了食品安全风险监测与评估，规定：国家建立食品安全风险评估制度，运用科学方法，根据食品安全风险监测信息、科学数据及有关信息对食品、食品添加剂、食品相关产品中生物性、化学性和物理性危害进行风险评估。同时，规定：国务院卫生行政部门负责组织食品安全风险评估工作，成立由医学、农业、食品、营养、生物、环境等方面的专家组成的食品安全风险评估专家委员会进行食品安全风险评估。从法律上要求建立专业团队，把风险评估工作开展起来。

此外，《中华人民共和国食品安全法》还规定：国务院食品安全监督管理、农业行政等部门在监督管理工作中发现需要进行食品安全评估的，应当向国务院卫生行政部门提出食品安全风险评估的建议，并提供风险来源、相关检验数据和结论等信息、资料，以及国务院卫生行政部门应当及时进行食品安全风险评估，并向国务院有关部门通报评估结果。这些规定直接要求有关部门做好食品安全风险管理和风险信息交流工作。

总的来看，《中华人民共和国农产品质量安全法》和《中华人民共和国食品安全法》的颁布实施，表明我国已经把食品安全的风险评估纳入法制轨道，开始用法律的形式来保证风险评估的实施[8,9]。

三、风险评估的基本原则

原则上，膳食中所有确定要进行风险评估的化学物都需要进行膳食暴露评估。污染物、农药和兽药残留、食品添加剂（包括香料）、加工助剂及食品中的其他化学物均可采用类似的方法进行评估。

推荐采用分级评估的方法。首先采用资源需求最少的筛选方法，可在短时间内将食品中那些没有安全问题的化学物从众多的化学物中筛选出来。筛选出的化学物不需要再进行精确的评估。在接下来进行的精确膳食暴露评估方案设计时，应当保证潜在的高暴露情况不会被低估。

如果使用筛选法进行评估，需要对食物消费数据和食品中化学物浓度数据进行保守假设食物消费，高估高消费者的暴露食物消费。筛选法不应使用未经验证的膳食来估计消费量，而应该考虑消费者的生理学极限。

在设计进一步的精确膳食暴露评估时，应确保不会低估某化学物潜在的高膳食暴露情形。所用的方法学应该考虑非普通个体，如对某些食物消费量大的人群，或某化学物含量最高的食品或某品牌食品的忠实消费者，或是偶然食用含高浓度化学物的食品的个体。

膳食暴露评估应当覆盖一般人群和重点人群。重点人群是指那些对化学物造成的危害更敏感的人群或与一般人群的暴露水平有显著差别的人群，如婴儿、儿童、孕妇、老年人和素食者。

第二节　生物标志物在风险评估中应用的挑战

一、膳食暴露评估

生物标志物主要包括暴露生物标志物、效应生物标志物和易感性生物标志物。后文将详细阐述这三类标志物在食品安全风险评估中的应用，本节仅以暴露生物标志物为例概述生物标志物在食品安全风险评估的应用中所面临的不确定性和挑战。

如上所述，膳食中所有确定要进行风险评估的化学物都需要进行膳食暴露评估，而暴露评估可以分为内暴露和外暴露两种方法。外暴露通常可以通过检测环境（食品、水、空气、土壤、玩具等）中目标化学物的浓度，结合人体行为调查数据，例如食物消费量、接触玩具的时间等计算所有暴露途径的总和；内暴露是通过测定血液、尿液等样品中的生物标志物的浓度进行机体的生物学暴露评价，比外暴露更能直接反映机体对目标物的实际负荷水平[10,11]。若能够包括所有相关的暴露途径，以及准确检测相关的环境中的浓度，则外暴露可以较为准确地估计人体实际暴露量。同理，若能够很好地描述毒物代谢动力学，也可以较为准确地通过检测尿液中标志物的浓度来推测机体总暴露量。

基于生物标志物的内暴露不依赖于食物消费量和食物中某种物质的浓度数据，与健康效应的关系更加密切，基于生物标志物的内暴露可能比传统的用估计的膳食暴露或者摄入量得到的暴露值更加真实，采用生物标志物可以有效地评价某种控制措施是否有效地改变了某个人群的暴露水平，或者将某个消费人群与另一个不暴露的亚人群进行比较。

目前，外暴露和基于生物标志物的内暴露两种方法均具有一定的不确定性。比如，不可能包括所有的暴露途径及各种途径涉及的物质的浓度；另外，个体内及个体间的毒物代谢动力学差异较大；而且，无论是在平台期或高峰期采集的尿液，在计算内暴露时均是假定平稳的代谢水平。最后，生物标志物的使用，目前还存在一些挑战[12]。

二、暴露生物标志物所面临的挑战

采用暴露生物标志物面临的最大挑战是很难描述生物标志物水平与健康风险之间的关系，这是因为毒理学研究和暴露评估很少采用相同的生物标志物[13]。生物标志物的选择主要取决于化学物毒理学资料，不同的生物标志物数据在风险评估中扮演的角色也不同[14]。首先，生物标志物（化学物本身、代谢产物）可以以多种形式存在于人体的多种组织中，如血液和尿液。如果在不恰当的组织中测定生物标志物的浓度，那么所得到的结果完全是无用的，并且可能会产生误导。例如，尿液中苯酚的含量很难估算人体对苯的实际暴露量，因为苯酚仅在苯高暴露水平才有可能从尿液排出，相比之下，检测尿液中苯硫含量则更为可靠。其次，体内其他代谢也能产生苯酚，生物标志物所获得的苯酚水平难以解释是内源性还是外源性暴露。

应用生物标志物的第二个挑战是如何将生物标志物的水平与暴露来源相关联。因为生物标志物计算的是所有来源的总暴露，不能区分暴露的来源和暴露途径[15]。因此无法采取有效的风险管理措施。例如，血液中二噁英水平可以反映过去 20～25 年内人体的暴露，但是无法区分究竟二噁英是从过去几个月鱼、肉或乳制品摄入的，还是居住在工业区慢性暴露所致。

生物标志物浓度变化与暴露水平变化之间的复杂关系是应用生物标志物的第三个挑战[12]。以未经代谢变化的化学物作为测量指标时（例如血液中的苯或铅，头发或者血液中的汞），结果的特异性是准确的。但是，以代谢产物作为标志物时，有些特异性是相对的（例如在对二甲苯暴露评估中的甲基马尿酸），还有一些代谢产物的特异性是有局限的。例如尿液中苯甲酸或者马尿酸的浓度可以分别作为个体暴露于苯或者甲苯的标志物，但是这些代谢产物也可能是暴露于其他化学物而产生的。

生物标志物在体内的半衰期对其应用也提出了挑战[12]。生物标志物的数据往往只能反映个体某个时间点的状态。不同生物标志物的半衰期和时间稳定性不同，有些生物标志物（例如血液中二噁英）的半衰期可以长达数年，但是其他标志物（如血液中重金属、挥发性有机污染物）的半衰期通常要短很多。在这种情况下，要确定个体的暴露水平，就需要在目标物被排出前采集到所需的生物样本，但是，往往很难在正确的时间采集到这些样本。对于半衰期很长的化学物，测量得到的生物标志物可能是该物质进入人体后的最大值，也可能是稳态值，这样推算得到的暴露量也会不同。

最后，即使某种生物标志物具有很长的半衰期，但是对于风险评估来说，也不一定是测量暴露的最相关指标。例如，一些急性毒性效应主要取决于峰值暴露的程度和频率。在这种情况下，具有较长半衰期的生物标志物的浓度可能会导致对风险的错误描述。

总之，采用暴露生物标志物，比传统的采用食物消费量和食物浓度表示的暴露评估具有一定的优势。生物标志物将一段时间内所有来源的暴露整合起来，而且，可以通过直接测量生物标志物来估计暴露水平，因此不依赖于通过多个假设建立起来的数学模型，因此也不存在不确定性。生物标志物数据可以准确地反映各种来源和途径的人体总体暴露水平，在掌握毒物代谢动力学和化学物不同生物标志物的情况下，生物标志物数据也能体现出短期暴露水平和长期暴露后人体内的累积剂量。此外，生物标志物数据也可用于了解人体低剂量暴露水平下化学物的代谢途径和最终的代谢产物，为掌握人体内毒物代谢动力学提供依据。在病因研究方面，它们也比其他类型的暴露评估更“接近于”不良健康效应。但是从另一方面来说，对生物标志物的解释比较复杂，因为它通常不能将毒理学终点与生物标志物的不同浓度联系起来。此外，由于生物标志物整合了所有的暴露，因此很难将其浓度的改变归因于某种特定的暴露来源，甚至在某些特定情况下不能归因于某一特定物质的暴露。最后，如果生物标志物的半衰期很短，其应用将会变得非常复杂。可喜的是，现在已经有越来越多的研究关注生物标志物与暴露途径、暴露来源和结局的关系，并提出了生物标志物框架途径以支持暴露和风险评估[16-18]。化学协会国际理事会（ICCA）和欧洲化学物质生态毒理学与毒理学中心（ECETOC）已经制定了生物监测数据解释导则和化学性风险评估中整合生物监测数据的框架[19,20]。

（隋海霞、王慧、贾旭东）

参考文献

［1］ Selgrade M K，Bowman C C，Ladics G S，et al. Safety assessment of biotechnology products for potential risk of food allergy：implications of new research. Toxicol Sci，2009，110（1）：31-39.

［2］ Geneva，World Health Organization. IPCS risk assessment terminology. Harmonization Project Document No. 1，2004.

［3］ 刘兆平，李凤琴，贾旭东．食品中化学物风险评估原则和方法．北京：人民卫生出版社，2012.

［4］ Kroes R，Kleiner J，Renwick A. The threshold of toxicological concern concept in risk assessment. Toxicol Sci，2005，86（2）：226-230.

［5］ EFSA. Scientific opinion on exploring options for providing advice about possible human health risks based on the concept of Threshold of Toxicological Concern（TTC）. EFSA Journal，2012，10（7）：2750.

［6］ EFSA，WHO. Review of the Threshold of Toxicological Concern（TTC）approach and development of new TTC decision tree. EFSA Supporting Publication. 2016，13（3）.

［7］ 肖潇，隋海霞．食品中遗传毒性致癌物风险评估方法研究．中国食品卫生杂志，2018，30（4）：425-429.

［8］ 陈君石．食品安全风险评估概述．中国食品卫生杂志，2011，23（1）：4-7.

［9］ 余健．《食品安全法》对我国食品安全风险评估技术发展的推动作用．食品研究与开发，2010，31（8）：196-198.

［10］ Schulte P A，Waters M. Using molecular epidemiology in assessing exposure for risk assessment. Ann N Y Acad Sci，1999，895：101-111.

［11］ Lauwerys R R，Bernard A，Roels H，et al. Health risk assessment of long-term exposure to non-genotoxic chemicals：application of biological indices. Toxicol Lett，1995，77（1-3）：39-44.

［12］ Paustenbach D，Galbraith D. Biomonitoring and biomarkers：exposure assessment will never be the same. Environ Health Perspect，2006，114（8）：1143-1149.

［13］ 吴春峰，Kreutzer R A，刘弘．生物监测在化学危害物风险评估中的应用．环境与职业医学，2011，28（2）：117-122.

[14] Aitio A, Kallio A. Exposure and effect monitoring: a critical appraisal of their practical application. Toxicol Lett, 1999, 108 (2-3): 137-147.

[15] Albertini R, Bird M, Doerrer N, et al. The use of biomonitoring data in exposure and human health risk assessments. Environ Health Perspect, 2006, 114 (11): 1755-1762.

[16] Sobus J R, Tan Y M, Pleil J D, et al. A biomonitoring framework to support exposure and risk assessments. Sci Total Environ, 2011, 409 (22): 4875-4884.

[17] Boogaard P J, Aylward L L, Hays S M. Application of human biomonitoring (HBM) of chemical exposure in the characterisation of health risks under REACH. Int J Hyg Environ Health, 2012, 215 (2): 238-241.

[18] Hays S M, Aylward L L. Interpreting human biomonitoring data in a public health risk context using Biomonitoring Equivalents. Int J Hyg Environ Health, 2012, 215 (2): 145-148.

[19] European Center for Ecotoxicology and Toxicology of Chemicals. Framework for the interpretation of human and animal data in chemical risk assessment. ECETOC, 2009.

[20] European Center for Ecotoxicology and Toxicology of Chemicals. Guidance for the interpretation of biomonitoring data. ECETOC, 2005.

第三章 生物标志物基本检测技术

生物标志物的检测是食品安全风险评估中极为重要的部分。随着科学技术的进步，生物标志物检测技术的发展十分迅速，如质谱检测技术。根据标志物种类及性质的不同，选择合适的方法进行检测，不仅缩短检测时间，减少误差，也大大提高了检测的灵敏度和精确度。本章主要从生化分析、光谱分析、免疫分析、流式细胞分析及质谱分析几个方面对生物标志物的基本检测技术做相关概述。

第一节 生化分析

一、初级分离

分离技术是生化分析中十分重要的一项技术，在样品前处理、样品分析检测等方面应用十分广泛。分离即指将待检测的样品从复杂的混合物中提取出来进行后续的检测。初级分离是指从生物原料中初步提取目标待测组分，使待测组分从细胞培养液、组织等原料中得到浓缩和初步分离，从而进行后续检测分析的过程。一般初级分离杂质含量高，待分离样品体积较大，因此初级分离采用的方法应具有操作成本低、适合大规模生产的特点。初级分离主要的技术有沉淀、萃取、色谱分离等。

（一）沉淀

沉淀（precipitation）是溶液中的溶质由液相变成固相析出的过程，即物理环境变化引起溶质的溶解度降低，生成无定形固态凝聚物的过程。沉淀分离技术是指通过物理沉淀的原理，使样品或样品中杂质沉淀从而达到把样品从混合物中分离的目的。

利用沉淀原理分离蛋白质是传统的分离技术之一，对于蛋白质的回收、浓缩、纯化具有重要作用。蛋白质沉淀常用的方法有盐析沉淀、等电点沉淀、有机溶剂沉淀。

盐析沉淀（salting-out precipitation）是蛋白质在高离子强度的溶液中溶解度降低发

生沉淀的现象。一般认为，向蛋白质的水溶液中逐渐加入电解质时，蛋白质会吸附盐离子，使带电的蛋白质分子间相互排斥，蛋白质分子与水分子之间的相互作用加强，所以蛋白质溶解度增大，这一过程称为盐溶。随着离子强度逐渐增大，蛋白质表面的双电层厚度降低，静电排斥作用减弱；同时，由于盐离子的水化作用使蛋白质表面疏水区附近的水化层脱离蛋白质，疏水区域暴露，蛋白质疏水作用增加，从而容易发生聚集形成沉淀。

等电点沉淀（isoelectric precipitation）是利用蛋白质在等电点时溶解度最低的原理进行分离的方法。蛋白质分子在等电点（isoelectric point，pI）时，以两性离子形式存在，其分子净电荷为零，此时由于蛋白质分子颗粒在溶液中没有相同电荷的相互排斥，分子相互之间的作用力减弱，其颗粒极易发生碰撞、凝聚而形成沉淀，所以蛋白质在等电点时，其溶解度最小，最易形成沉淀物。等电点时蛋白质的许多物理性质如黏度、膨胀性、渗透压等都变小，从而有利于蛋白质的分离。

有机溶剂沉淀（organic solvent precipitation）指向蛋白质溶液中加入水溶性有机溶剂，水对蛋白质分子表面电荷基团或亲水基团的水化程度降低，溶液的介电常数下降，蛋白质分子间的静电引力增大，从而发生沉淀。常用的有机溶剂有甲醇、乙醇、丙酮等。有机溶剂沉淀的优势在于：有机溶剂密度较低，易于分离，沉淀产品不需脱盐处理。但是有机溶剂沉淀容易引起蛋白质变性，必须在低温下进行。

（二）超临界流体沉淀技术

超临界流体沉淀（supercritical fluid precipitation，SFP）技术是利用超临界流体所具有的特性对固体溶质进行结晶沉淀的技术。超临界流体（SF）指温度、压力处在临界点以上状态的流体。SF 密度与液体相近，黏度与气体相近，自扩散系数比液体大近 100 倍，表面张力接近零。SF 的温度、压力稍有变化，其密度会显著变化，致使溶质在 SF 中的溶解度发生明显改变。SFP 技术利用了 SF 所具有的特性，在一定的条件下可使溶液达到极高的过饱和度与过饱和速率，从而可沉淀出比常规方法得到的粒子尺寸更小的微粒。

超临界流体快速膨胀（rapid expansion of supercritical solution，RESS）和超临界流体抗溶剂（supercritical fluid anti-solvent，SAS），是 SFP 技术中最基本的两种方法。

RESS 是利用超临界流体的溶解能力随压力变化这一特性，使以 SF 为溶剂的溶液高速喷入沉淀设备内的方法，SF 在设备内降压膨胀成气态，对溶质的溶解能力大大降低，溶液由于过饱和而使溶质沉淀出来。但是，当物质在 SF 中难溶或不溶时，RESS 将受到限制，这时可采用 SAS 来克服 RESS 的局限性。SAS 是利用 SF 的特性脱溶析出溶液中的溶质，使之形成微粒。也就是当物质不溶于 SF 时，可选择一种能溶解 SF 的溶剂溶解该物质。当作为抗溶剂的 SF 与该溶液充分接触时，SF 迅速扩散到溶液中，溶液体积膨胀、密度下降、溶解能力下降，溶液过饱和而成核析出溶质微粒。SAS 的提出及应用大大拓宽了 RESS 的研究领域，使 SFP 技术呈现出更大的发展和应用前景。

目前 SFP 技术涉及的研究领域有无机、有机、高分子材料及药物等的超细化，药物的微球化、微胶囊化，纳米悬浮液的制备，易爆物质的粉碎，膜制备及粒子涂层等。由于 SFP 产品具有粒度小、粒度分布窄以及容易控制产品形态、粒度及粒度分布等优点而成为重要的超细微粒制备方法。由于 SFP 技术可在接近环境的温度下操作并方便地除去产品中残留的痕量级有机溶剂而制得清洁的超细微粒，在医药研究领域得到了广泛应用。

（三）萃取

1. 原理

萃取（extraction）即利用待测组分在互不相溶的两相之间分配系数不同而使其纯化或浓缩的方法。萃取是一种初级分离纯化的技术，萃取法根据两相状态的不同有多种分类，如液-固萃取、液-液萃取、固相萃取、双水相萃取、超临界流体萃取等。萃取技术一般设备简单、操作迅速、分离效果好，但用于成批样品分析时工作量大，有一定毒性。

萃取是利用液体或超临界流体为溶剂从而将待测样品分离纯化的操作，其中用于提取待测样品的溶剂称为萃取剂（extractant）。关于萃取剂的选择要注意几个问题，首先萃取剂应和原溶液中的溶剂互不相溶，对待分离纯化的样品的溶解度要高于原溶剂，其次萃取剂要不易挥发，且不能与原溶液的溶剂反应。常见的萃取剂主要有水、苯、四氯化碳、酒精、煤油、汽油等。

（1）固相萃取法

固相萃取法（solid-phase extraction，SPE）是基于液相色谱分离的原理，以固定相作为载体，用合适的溶剂将杂质洗脱出来，保留待分离的物质，然后再用另一不同极性溶剂将被测组分洗脱下来，进行收集浓缩。固相萃取法省时简便，成本低，有机溶剂用量少，可分离净化，富集效果好，接触毒物少，可以很好地提纯物质，从基质中消除干扰物，在进入色谱柱检测前保证样品的纯度，有效地保护色谱柱。但这种萃取方法是一次性的，不能重复利用。

（2）基质固相分散萃取法

基质固相分散萃取法（matrix solid-phase dispersion extraction，MSPDE）是将试样直接与适量的填料研磨，混合制成半固态装柱淋洗的方法。将样品匀化、提取、萃取、净化合为一体，减少有机溶剂用量，简化操作步骤，缩短分析时间，提高分析的准确度。MSPDE 的原理是将吸附填料与样品一起放入研钵中研磨，得到半干状态的混合物，装入柱中压实，然后用溶剂淋洗柱子，将各种待测物洗脱下来。将洗脱下来的溶剂收集，进行浓缩或进一步净化，然后进行仪器分析。另外，也可以将净化用的填料放入柱底部，使萃取和净化一步完成。MSPDE 的优点是不需要进行组织匀浆、沉淀、离心、pH 值调节和样品转移等操作步骤。

（3）超临界流体萃取法

超临界流体萃取法（supercritical fluid extraction，SFE）是近代出现的先进物理萃取技术。超临界流体的溶解能力与其密度相关，通过改变温度或压力可使超临界流体的密度发生改变。在超临界状态下，将超临界流体与待分离的物质接触，使其有选择性地依次把极性大小、沸点高低和相对分子质量大小不同的成分萃取出来。

超临界流体处于临界温度和临界压力之上，是非液非气的流体，具有气体较强的穿透能力和液体较大的密度及溶解度，有较大的吸附能力，流动性好。可作为超临界流体的物质有很多，如二氧化碳、一氧化亚氮、乙烷、氨等。其中使用最广泛的是二氧化碳，二氧化碳是无色、无味、无毒、不易燃的廉价气体，临界温度接近常温，易制成高纯度气体。利用二氧化碳进行超临界流体萃取对物质没有变解作用，易达到临界压力和临界温度，化学稳定性好，安全、无污染，萃取时间短，费用低，适用于热敏感样品，防氧化和可抑菌。

（4）双水相萃取法

双水相是利用聚合物的不相溶性形成的，当两种亲水性聚合物之间存在相互排斥作用，并达到平衡时，即形成分别富含不同聚合物的两相。可形成双水相的双聚合物体系很多，如聚乙二醇（PEG）/葡聚糖（Dx），聚丙二醇/聚乙二醇，羧甲基纤维素钠/葡聚糖。双水相萃取中采用的常见双聚合物系统是 PEG/Dx，该双水相的上相富含 PEG，下相富含 Dx。除双聚合物系统外，聚合物与无机盐的混合溶液也可形成双水相，如 PEG/磷酸钾、PEG/磷酸铵、PEG/硫酸钠等常用于双水相萃取。PEG/无机盐系统的上相富含 PEG，下相富含无机盐。

双水相萃取利用物质在不相溶的两相间分配系数的差异进行萃取，分配系数的差异构成了双水相萃取分离物质的基础。生物分子的分配系数取决于溶质与双水相系统间的相互作用，主要包括静电作用、疏水作用、生物亲和作用。一般而言，亲水性大的蛋白质会出现在下层盐相，而疏水性较大的蛋白质则在上层聚合物相。目前双水相萃取技术多用于胞内酶的提取和精制。

（5）液膜萃取法

液膜萃取法以膜两侧的溶质化学浓度差为传质动力，利用选择透过性原理使料液中待分离溶质在膜内相富集浓缩，从而分离待分离物质。分离机理还利用了滴内化学反应、膜相化学反应、膜相吸附等。液膜萃取系统中含有被分离组分的料液通常作为连续相，称为外相；接受被分离组分的液体，称为内相；成膜的液体处于两者之间，称为膜相。在分离过程中，被分离组分从外相进入膜相，再转入内相，聚集于内相。

液膜通常由溶剂（水或有机溶剂）、表面活性剂和添加剂组成。溶剂是构成液膜的基体，表面活性剂的亲水亲油基团在溶剂中定向排列是成膜的关键，添加剂的主要作用是确保膜的强度和提高膜的渗透性。液膜通常分为两类：乳化膜和支撑膜。乳化膜的制作是先将内相溶液以微液滴形式分散在膜相溶液中形成乳液，再将乳液以液滴形式分散在外相溶液中，就形成乳化膜系统，液膜的有效厚度为 1～10μm。支撑液膜是微孔薄膜以膜相溶液浸渍后形成的由固相支撑的液膜，较乳化膜厚，且膜内通道弯曲，传质阻力较大，但操作方便。

2. 应用

萃取操作简便，节省能量，广泛应用于化学、冶金、食品和原子能等工业，如已应用于石油馏分的分离和精制，铀、钍、钚的提取和纯化，有色金属、稀有金属、贵重金属的提取和分离，抗生素、有机酸、生物碱的提取，以及废水处理等。

（四）色谱分离技术

1903年，俄国植物化学家茨维特（Tswett）首次建立了利用吸附原理分离植物色素的方法，该方法是现代色谱的雏形。色谱法的基本原理是不同组分与固定相的结合力（吸附、分配、离子吸引、排阻、亲和）大小不同、强弱不一，当流动相带着组分经过固定相时，不同溶质滞留时间不一样，以此达到分离目的。

1. 色谱分离的基本原理

色谱法（chromatography）又名层析法或色层法，已广泛应用于多种领域，是分离多组分最重要的分离分析方法，主要原理是利用混合物中的各组分不同的溶解能力、吸附能力、带电电荷、亲和力和立体化学结构等，经过吸附-洗脱-再吸附-再洗脱多次不断作用，从而使各组分按照一定次序随流动相流出。它通常和一定的检测器连用，利用分析仪器，检测到各组分流出的时间和浓度，根据已知的标准品利用色谱图中的保留时间和浓度进行定性分析和定量分析。色谱法对粗提取的物质可以进行更精细分离，并且和检测器连用，自动化分析程度高，大大提高了分离和检测的效率。色谱法分离物质的核心是色谱柱，对于不同的物质所需要的色谱柱是不同的，色谱柱上的填充材料也是不同的。填充在色谱柱中的是固定相，它可以是固体或者液体；推动待分离物质朝着一定方向移动的是流动相，一般为液体、气体或者电流等。选择色谱法分离物质，首先要看它的分离度（resolution）即色谱图中相邻两峰的保留时间之差和平均峰宽的比值，分离度大于等于1，两物质被认为分离；其次要看其分配系数（distribution coefficient）即一定温度下化合物在两相中达到平衡时，该化合物在固定相中的浓度与在流动相中的浓度比值，主要评判化合物和固定相的相互作用力的强弱，分配系数越高，则该化合物与固定相结合力越强，保留时间长。

2. 色谱分离的特点及种类

色谱法的特点：分离效率高，可在很短的时间内分离多达二三百个组分的复杂物质；检测能力强，可以检测出10^{-15}～10^{-11}g级的痕量，能满足环境检测、农药残留等大量日常检测分析的需要；样品用量少，样品用量一般为微升级，少的可达纳克级；适用范围广，几乎所有与化学有关的领域都有应用。

根据流动相的相态不同分为气相色谱（gas chromatography）、液相色谱（liquid chromatography）和超临界流体色谱（supercritical fluid chromatography）。根据固定相的不同又可分为纸色谱（paper chromatography）、薄层色谱（thin layer chromatography）和柱色谱（column chromatography）。

（1）气相色谱

气相色谱法是以惰性气体（载气）为流动相，利用待测物在气相和固定相之间的吸附-脱附（气-固色谱）和分配（气-液色谱）来实现分离的。根据固定相的不同可分为气-固色谱（gas-solid chromatography，GSC）和气-液色谱（gas-liquid chromatography，GLC）。

气相色谱是发展早期的色谱，针对易挥发的小分子有机物具有分离效率高、应用范围广、分析速度快、样品用量少、灵敏度高、分离和测定一次完成、自动化程度高的优点，但是它不适用于高沸点（>450℃）、有生物活性的物质的分离测定，而且也不适用于制备样品，对于不耐高温的物质需要进行衍生化才能进样分离，难回收已分离的物质。

气相色谱在食品或者环境中的农药残留分析（有机磷农药残留、食品中氨基甲酸酯农药残留）、各种食品添加剂（防腐剂、增白剂、抗氧化剂、着色剂等）以及食品中水产品中的药物残留分离和分析中都有着重要的作用。

（2）液相色谱

液相色谱较气相色谱发展晚，但是液相色谱分离技术比气相色谱应用更多，它不会破坏分离的组分，因而适用对象更广。目前主要是高效液相色谱占主要地位，高效液相色谱在经典液相色谱基础上，引入了气相色谱的理论，在技术上采用了高压泵、高效固定相和高灵敏度检测器，可以快速、高效、大批量地分离多组分，并且和不同的检测器连用，集分离和分析一体化。液相色谱经常被应用于食品安全检测，是重要的检测手段之一。广泛应用于食品中添加剂[1-3]、农药残留[4-9]、霉菌毒素[10]以及营养成分[11]等的检测。

液相色谱分离物质的核心是色谱柱。液相色谱柱固定相中的基质是由机械强度高的树脂或硅胶构成的，它们都是惰性的，孔多、比表面积大。固定相的基质表面经过机械涂渍，或者采用化学键结合多种基团（如磷酸基、苯基、氨基、季铵基、羟甲基或各种长度碳链的烷基等）或配体的有机化合物。固定相的表面涂料可以是固体的，也可以是液体的。根据物质的物理性质和化学性质选择不同的色谱柱，能有效分离所需要的物质。

根据分离原理的不同，高效液相色谱法主要有液-固色谱法（liquid-solid chromatography）、液-液分配色谱法（liquid-liquid chromatography）。

液-固色谱法：固定相为固体吸附剂，被分离组分根据与固定相组分吸附力大小不同而分离开来，分离过程是吸附-解吸附直到达到平衡，多数用于分离非离子型化合物、同分异构体等。

液-液分配色谱法：固定相为液体，通过化学键合于固定相上，按照固定相和流动相的极性不同分为正相色谱和反相色谱。正相色谱法（normal phase liquid chromatography）采用极性固定相（聚乙二醇、氨基与腈基键合相等），通常流动相的极性小于固定相的极性，极性小的化合物先流出柱子，一般用来分离酚类、胺类等中等极性和极性较强的化合物。反相色谱法（reverse phase liquid chromatography）采用非极性固定相，通常流动相的极性大于固定相的极性，极性大的化合物与柱子保留时间短，先随流动相流出，适用于分离极性较弱或者非极性的化合物。

（3）离子交换色谱法

离子交换色谱是利用离子交换剂作为固定相，根据离子交换树脂上可电离的离子与流动相中具有相同电荷的溶质离子进行可逆交换，依据这些离子与交换剂具有不同的静电相互作用将它们分离。主要适用于分离溶剂中能够电离的物质，如有机酸、氨基酸、多肽等。

（4）离子对色谱法

离子对色谱法是根据待测组分的离子与流动相中已经加入的离子对试剂形成中性的离子对化合物后，在非极性固定相中溶解度增加，对应的保留时间不同，从而达到分离效果。离子对色谱法适用于难分离的混合物的分离，如核酸、核苷、生物碱以及药物等的分离。

（5）离子色谱法

离子色谱法分离原理与离子交换色谱法相同，以离子交换树脂为固定相，电解质溶液为流动相，并设置抑制柱，消除流动相中强离子的干扰。离子色谱法一般用来分离分析溶液中的阴离子和阳离子。

（6）空间排阻色谱法

空间排阻色谱法又名凝胶色谱（gel permeation chromatography，GPC），是利用凝胶粒子为固定相，根据溶液中分子直径大小和分子量大小不同进行分离。样品中粒径大和分子量大的分子不能进入胶孔而受到排阻，可以直接通过柱子，不被柱子保留，从而保留时间短；一些很小的分子可以进入所有胶孔并渗透到颗粒中，这些组分在柱上的保留时间长，在色谱图上较后出现。凝胶粒子在这里起到类似分子筛的作用，凝胶色谱与其他色谱不同，不是靠物质间相互作用力的不同来进行分离的，它主要用来分离大分子物质如蛋白质和脂肪酸等和分子大小差异大的化合物。

（7）其他色谱

超临界流体色谱（supercritical fluid chromatography，SFC）是利用超临界流体为流动相的洗脱色谱法。因为超临界流体的黏度低于液体，自由扩散系数高于液体，而密度与液体相近，溶解能力高于气体，因而溶质在固定相中的扩散速率高，则分离速度更快，一般用于分离纯化脂肪酸和植物碱等非极性小分子物质。

薄层色谱（thin layer chromatography，TLC）属于固-液吸附色谱，利用待分离组分在薄层板涂料和展开剂中吸附能力的强弱进行分离，用法简单，能快速分离物质。

毛细管电色谱（capillary electrochromatography，CEC）是利用电渗流或电渗流结合压力推动流动相，使中性和带电荷的样品分子根据它们在色谱固定相和流动相间吸附、分配平衡常数的不同和电泳速率不同而达到分离分析的。它是把电泳和色谱相互结合起来，应用更广、分离效果更强的新兴的色谱技术。

二、PCR 技术

（一）原理

聚合酶链式反应（polymerase chain reaction，PCR）是体外合成特异 DNA 片段的酶促反应，由高温变性、低温退火及适温延伸组成一个周期，经多次循环反应，迅速扩增目的 DNA。聚合酶链式反应具有灵敏度高、特异性强、操作简便等特点，可用于基因分离、克隆和核酸序列分析等基础研究。随着 PCR 技术的不断发展，在常规 PCR 技术的基础上又衍生出多种技术，如实时定量 PCR 技术、多重 PCR 技术等。

1. 常规 PCR 技术

聚合酶链式反应原理的核心是 DNA 的半保留复制。双链 DNA 在多种酶的作用下可以变性解链形成单链，在 DNA 聚合酶与启动子的作用下，根据中心法则完成半保留复制，使 DNA 分子得以扩增。PCR 反应由变性、退火、延伸三个基本反应步骤构成（如图 3-1）。

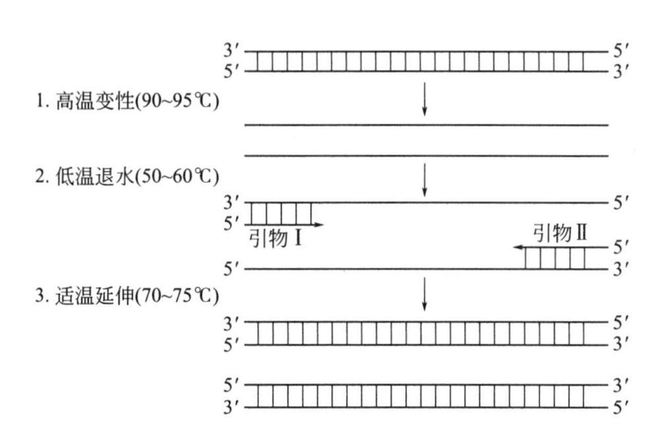

图 3-1　常规 PCR 原理示意图

（1）模板 DNA 的变性

模板 DNA 经加热至 90～95℃一定时间后，会使模板 DNA 双链或经 PCR 扩增形成的双链 DNA 解离，使之成为单链，以便与引物结合，为下轮反应做准备。凡是能破坏双螺旋稳定性的因素，如加热、极端的 pH、有机试剂（甲醇、乙醇、尿素）均可引起核酸分子变性。DNA 的变性从开始到解链完全，是在一个相当窄的温度范围内完成的，在这一范围内，将加热变性使 DNA 的双螺旋结构失去一半时的温度称为该 DNA 的解链温度（melting temperature，T_m），当达到 T_m 时，DNA 分子内 50%的双链结构被打开，即增色效应达到一半时的温度。

（2）模板 DNA 与引物的退火

模板 DNA 经加热变性成单链后，将温度降至 50～60℃，引物与模板 DNA 单链的互补序列会发生配对结合。PCR 反应体系的退火实际上就是模板和引物的复性。引物是指与 DNA 模板某段序列互补的一小段 DNA 片段，是根据目标 DNA 序列人工合成的两段寡核苷酸序列，一个引物与目标序列一端的一条 DNA 模板链互补，另一个引物与目标 DNA 序列另一端的另一条 DNA 模板链互补。

（3）引物的延伸

DNA 模板与引物的结合物在 DNA 聚合酶的作用下，当温度在 70～75℃范围内时，可以按碱基配对与半保留复制原理，以 dNTP 为反应原料，以靶序列为模板，合成一条新的与模板 DNA 链互补的半保留复制链。

重复循环变性—退火—延伸这一过程，就可获得更多的“半保留复制链”，新形成的DNA双链又可成为下一次循环的模板。每完成一个循环需2～4min，2～3h就能将待扩增目的基因扩增几百万倍。

2. 实时定量PCR技术

实时定量PCR（real time PCR）技术是指在PCR反应体系中加入荧光基团，利用荧光信号的积累实时监测整个PCR进程，通过标准曲线对未知模板进行定量分析的方法。实时定量PCR在常规PCR的基础上添加了荧光染料，荧光染料能够特异地掺入DNA双链，掺入DNA双链的荧光分子会发出荧光信号，而没有掺入DNA双链的荧光分子则不能发出荧光信号，从而保证荧光信号的增强与PCR产物的增加完全同步。

实时定量PCR技术分为绝对定量和相对定量，绝对定量是通过标准品绘制出标准曲线来推算未知的待测样本的量；相对定量指在待测样本中靶序列相对于另一参照样本的量的变化，可用于比较基因表达差异。

实时定量PCR技术中有两个十分重要的概念：荧光阈值和循环阈值。

荧光阈值是在荧光扩增曲线指数增长期设定的荧光强度标准，用来衡量PCR扩增产物的量。实时定量PCR技术可对整个PCR反应扩增过程进行实时监测和荧光信号连续分析。循环阈值（cycle threshold value，*Ct*）是指PCR扩增过程中扩增产物的荧光信号达到设定的荧光阈值时所经历的循环次数。循环阈值与荧光阈值相关，并且模板的*Ct*值与该模板的起始拷贝数的对数存在线性关系。

实时定量PCR技术应用了荧光染料和探针来保证扩增的特异性，并且荧光信号的强弱同扩增产物的量成正比，从而准确定量。该技术在基因突变的检测、基因表达的研究、微生物的检测、转基因食品的检测等领域均有重要的应用价值。

3. 变性梯度凝胶电泳PCR技术

变性梯度凝胶电泳PCR（denaturing gradient gel electrophoresis PCR，PCR-DGGE）技术是将变性梯度凝胶电泳技术和PCR技术结合起来，可用于分离长度相同但是碱基不同的DNA片段混合物，在变性条件适当的情况下能分辨一个碱基对，特异性强、敏感性高。PCR-DGGE技术的原理是以待测样品的总DNA作模板，通过PCR技术扩增出不同的DNA片段，将双链DNA片段通过一种变性剂浓度呈梯度增加的凝胶，当此片段迁移至某一点时，若该点的变性剂浓度恰好相当于此段DNA的低熔点区的T_m值，该低熔点区便开始熔解，而高熔点区仍为双链，这种局部解链的DNA分子迁移率发生改变，从而达到分离效果。

PCR-DGGE可以检测DNA分子中的任意单碱基的替代、移码突变以及少于10个碱基的缺失突变。PCR-DGGE技术突变检出率高，为99%以上，检测片段长度可达1kb，尤其适用于100～500bp的片段。此外，PCR-DGGE技术操作简便快速，一般在24h内即可获得结果。

4. 巢式PCR

巢式PCR（nested PCR）的原理是通过两对PCR引物扩增完整的片段，第一对

PCR 引物扩增片段和普通 PCR 相似，第二对引物称为巢式引物，与第一次 PCR 产物结合，来指导第二段 PCR 产物的合成，巢式引物结合在第一次 PCR 产物内部，使得第二次 PCR 扩增片段短于第一次扩增。

巢式 PCR 的两对引物用于放大特定的 DNA 片段，应用两次单独的 PCR 来进行。目标 DNA 片段首先与第一段引物结合，然后应用第一次 PCR 产物区段，通过第二次新的引物结合位点进行第二次 PCR，第二次形成引物嵌套在第一次 PCR 产物的内部，保证了通过两次 PCR 得到的产物很少有或者没有污染，也就是没有非特异性的条带，因此，巢式 PCR 扩增是特异性的。巢式 PCR 反应中，即使第一次扩增产生了错误片段，第二次能在错误片段上进行引物配对并扩增的概率也十分低。

5. 多重 PCR

多重 PCR（multiplex PCR）又称多重引物 PCR，它是在同一 PCR 反应体系里加上两对以上引物，同时扩增出多个核酸片段的 PCR 反应，针对多个 DNA 模板或同一模板的不同区域进行扩增的过程。多重 PCR 主要应用于单一致病因子的鉴定，多种病原微生物的同时检测或鉴定，病原微生物、某些遗传病及癌基因的分型鉴定等。

因为多重 PCR 反应体系中应用多套引物，所以引物的设计是多重 PCR 技术的关键因素。引物设计时应注意避免引物与引物之间形成二聚体或发夹结构，引物要避免错配，即在非目的位点引发 DNA 聚合反应，各引物对必须保持高度的特异性，避免非特异性扩增，尽可能避免所有引物间的相互作用，各引物对应保持相对一致的扩增效率。

多重 PCR 很适宜于成组病原体的检测，如肝炎病毒、肠道致病性细菌、性病致病菌、无芽孢厌氧菌等的同时检测。并且可以使多种病原体在同一反应管内同时检出，节省时间、试剂，并且为临床研究提供更多更准确的诊断信息。

（二）操作流程

1. DNA 提取

样品必须经过适当处理，使其核酸 DNA 暴露出来，才能用于 PCR 扩增。处理的方法有加热、反复冻融和化学试剂裂解等。

2. PCR 扩增

PCR 特异性扩增的关键在于引物，引物的优劣直接关系到 PCR 的特异性和成功与否。此外，PCR 参数的优化选择也是一个重要因素，如退火温度，较高的退火温度可使 PCR 扩增产物产生较少的无关 DNA 片段。

3. PCR 扩增产物检测

常用的 PCR 扩增产物检测方法为琼脂糖凝胶电泳法。琼脂糖质量分数根据待分离的 DNA 片段大小而定，待分离片段分子量越小，则琼脂糖质量分数应越大，反之亦然。电泳完毕再经过染色后，在紫外灯下可观察结果。

（三）应用

1. PCR 在食品安全中的应用

PCR 技术在食品科学中主要用于对食品中微生物含量的检测。食品中微生物的检测关乎人体健康，必须提供方便快捷的技术保障，及时准确地对食品中的微生物种类和含量进行检测。然而，传统微生物方法检测食品中致病菌需经富集培养、分离培养、形态特征观察、生理生化反应、血清学鉴定以及必要的动物试验等过程，耗时长且不能对食品质量进行及时的反馈。此外，部分微生物难以人工培养，因此传统的微生物检测方法存在很多问题。

PCR 技术可以对微生物的 DNA 进行扩增，而无需直接培养微生物，因此 PCR 技术是一种快速、特异性强、灵敏度高的检测方法，可以及时发现致病菌，控制污染及消除其可能对人体健康产生的危害。

2. PCR 在医学中的应用

PCR 技术在临床医学方面具有广泛的应用，如对乙肝病毒、肿瘤、病原体等的检测。miRNA 具有较好的组织特异性，在不同肿瘤中具有特定的表达模式，并在肝癌、肺癌、肠癌、卵巢癌和白血病等多种恶性肿瘤中得到了证实。因此 miRNA 可作为肿瘤的一种生物标志物，PCR 技术可以对血清中微量的 miRNA 进行反转录扩增，从而可以对肿瘤等疾病进行鉴定。

PCR 技术在分子生物学和人类遗传学等研究领域逐渐被人们重视。PCR 技术能直接、有针对性且高效地提供数据，还能得到离散的等位基因数据并正确地确定基因型。此外，PCR 技术还可用于遗传图谱构建、器官移植的组织类型鉴定、检测转基因动植物中的植入基因等领域，使人类基因重组成为可能。

传统 PCR 技术以及衍生出来的新型 PCR 技术自面世以来，已被广泛应用到生命科学的各个领域。随着 PCR 技术方法的不断改进与完善，在食品病原微生物、非致病微生物检测，高通量的生物免疫检测，核酸类生物标志物检测等方面有非常好的应用前景。

三、核酸探针检测技术

探针是一种带有合适的标记物的已知特异性的分子，用于检测与其有相互作用的靶物质。探针和靶物质的相互反应有抗原-抗体、血凝素-碳水化合物、亲和素-生物素，以及核酸间的杂交等。核酸探针（nucleic acid probe）是一段用放射性核素或其他标记物标记的与目的基因互补的 DNA 或 RNA。

目前基因检测方法中以同位素标记 DNA 探针灵敏度最高，但由于放射性污染、半衰期短、需要特别的安全防护条件等，限制了同位素标记探针的广泛应用，因此非同位素标记探针的研制引起研究界的广泛重视。

（一）核酸探针技术基本原理

核酸探针技术的工作原理是两条碱基互补的核酸链在适当条件下按碱基配对原则形成杂交核酸分子。如果被检测材料中的遗传序列与探针具有互补的碱基序列，就会形成杂交双链，从而证明它们之间具有一定程度的同源性。核酸探针技术具有高度特异性和选择性，是一种准确度很高的检测方法。

根据核酸分子探针的来源及其性质可分为基因组 DNA 探针、cDNA 探针、RNA 探针等。

1. 基因组 DNA 探针

基因组 DNA 探针多采用分子克隆从基因文库筛选或者用 PCR 扩增技术制备。由于真核生物基因组中存在高度重复序列，制备探针应尽可能选用基因的编码序列即外显子，避免选用内含子及其他非编码序列，否则将引起非特异性杂交而出现假阳性结果。基因组 DNA 探针通常为双链，在使用时须进行变性处理。

2. cDNA 探针

cDNA 探针是以 RNA 为模板，在反转录酶的作用下合成互补的 DNA，因此它不含内含子及其他非编码序列，是一种较理想的核酸探针。cDNA 探针包括双链 cDNA 探针和单链 cDNA 探针，可通过选择不同的载体来控制所产生的 cDNA 是双链还是单链。如果以质粒作载体，则产生双链 cDNA。由于双链 cDNA 有义链和无义链之间的复性会使与靶 mRNA 结合的有效探针明显减少，故双链 cDNA 探针的检测灵敏度较低。用单链 DNA 探针杂交，可克服双链 cDNA 探针在杂交反应中的两条链之间复性的缺点，使探针与靶 mRNA 结合的浓度提高，从而提高杂交反应的敏感性。

3. RNA 探针

RNA 探针通常通过克隆相应 DNA 在体外转录合成而制备。由于 RNA 是单链分子，与靶序列的杂交反应效率极高，所以 RNA 作为核酸分子杂交的探针较为理想。然而，大多数 mRNA 中存在多聚腺苷酸尾，有时会影响其杂交的特异性。另外，RNA 极易被环境中大量存在的核酸酶所降解，不易操作也是限制其广泛应用的重要原因之一。但是，在有些情况下，例如在筛选逆转录病毒人类免疫缺陷病毒（HIV）的基因组克隆时，因无 DNA 探针可利用，就利用 HIV 的全套标记 mRNA 作为探针，进行 HIV 基因组克隆的筛选。

（二）操作流程

1. 探针合成

采用人工合成的寡核苷酸片段作为分子杂交的探针，其优点是可根据需要合成相应的序列。寡核苷酸探针是以核苷酸为原料，通过 DNA 合成仪合成的。

2. 探针标记和纯化

探针的标记方法可分放射性标记法和非放射性标记法。放射性标记法有缺口平移法、随机引物法等；探针的非放射性标记法有 PCR 标记法、体外转录标记 RNA 探针等。

探针标记反应结束后，反应液中仍然存在未掺入到 DNA 中去的 dNTP 等小分子，需要纯化后将之去除，否则会干扰下一步的反应。探针的纯化方法有凝胶过滤柱层析法、反相柱层析法和乙醇沉淀法等。

3. 探针杂交

核酸分子杂交的方法有很多种，根据支持物的不同可分为固相杂交和液相杂交，根据核酸品种的不同分为 Southern 印迹杂交和 Northern 印迹杂交等，其原理基本相同。杂交是根据毛细管作用的原理，使在电泳凝胶中分离的 DNA 片段转移并结合在适当的滤膜上，然后通过同标记的单链 DNA 或 RNA 探针的杂交作用检测这些被转移的 DNA 片段。

4. 信号检测

杂交反应结束后，根据探针标记物的不同，用不同的方法对信号进行检测。放射性核素探针的检测可用放射自显影（autoradiography）的方法。对于非放射性核素探针的检测，除酶直接标记的探针外，其他非放射性标记物并不能被直接检测，而需经偶联和显色两步反应将非放射性标记物与检测系统偶联。大多数非放射性标记物是半抗原，因此可以通过抗原-抗体免疫反应系统与显色体系偶联。根据偶联反应的不同，可分为直接免疫法、间接免疫法、直接亲和法、间接亲和法和间接免疫-亲和法几类。

（三）核酸探针的应用

核酸探针技术由于其敏感性高和特异性强等优点，在基因工程、医学等多个领域都有良好的前景。核酸探针技术在进出口动植物及其产品的检验，以及沙门氏菌、弯杆菌、轮状病毒、狂犬病毒等多种病原体的检验上被广泛应用；在食品微生物领域研究较多的主要集中在用于检验食品中一些常见的致病菌及产毒素菌，如大肠杆菌、沙门氏菌等。

核酸探针杂交技术从分子水平上检测某种微生物，可以不受待测样纯度的影响，直接进行检测。先是用与靶 DNA 完全互补的寡核苷酸序列作为探针与靶 DNA 进行杂交反应，然后用生物素或者荧光将这个探针标记后进行检测。

例如用特异的 DNA 探针进行李斯特氏菌核糖体 RNA（rRNA）的检测。待测样品经增菌后溶解细菌，加入特异性的 DNA 探针用于液相杂交。如果待测样品中存在李斯特氏菌 rRNA，荧光素标记的检测探针将与目标 rRNA 序列进行杂交，然后使目标杂种核酸分子结合在固体载体上，未结合的探针则被冲洗掉。最后通过荧光检测探针上的荧光标记，可得到待测样品中是否含有李斯特氏菌 rRNA 的结论。

核酸探针虽为一种快速、灵敏、特异的检测新技术，但是其在实际应用中也存在一些问题。放射性同位素标记的核酸探针半衰期短、对人体有危害，生物素标记的核酸探针受紫外线照射易分解。另外，临床标本或食品中的内源性生物素化蛋白质和其他糖蛋白物质可能会引起背景加深和非特异性反应。尽管如此，随着该技术的发展和完善，其在食品微生物检测等领域中会成为一种高效的检测技术。

四、基因芯片

生物芯片（biochip）技术是伴随着人类基因组计划（human genome project，HGP）的完成而发展起来的一项技术。生物芯片是借用电子芯片的概念，采用了电子芯片加工中微电子工业和微机电系统的一些方法，运用基因信息、分子生物学、分析化学等技术手段，以固相载体为基质加工而成的微型器件。

生物芯片最大的特点是能够快速并行处理多个样品，并且对其中包含的生物信息进行分析处理。其工作原理是将大量的特异性探针以一定的顺序或排列方式，固定于膜、玻璃等固相表面，然后通过与待测样品碱基互补配对的原则，或抗原抗体特异性相互作用等进行杂交反应，再通过检测系统对反应系统进行扫描，并用相应的软件对信号进行检测分析，对所得到大量的信息进行高通量、大规模、平行化、集约化的信息处理和功能研究。

生物芯片主要分为基因芯片、蛋白芯片、组织芯片。

基因芯片（gene chip）是将大量的寡核苷酸固定于固相介质表面制成的芯片，待检样品 DNA 先经 PCR 扩增，并使其带有荧光标记或生物素标记，带标记 DNA 与芯片上的探针进行杂交反应，通过扫描定性和定量分析来确定检测样品是否存在特定基因，从而达到检测的目的。基因芯片可同时并行分析大量生物分子，并有可自动化、微型化、快速化和特异性强的特点。

蛋白芯片（protein chip）是将各种蛋白质有序地固定于固相介质表面制成的芯片，用标记有特定荧光物质的抗体与芯片作用，与芯片上的蛋白质相匹配的抗体将与其对应的蛋白质结合，抗体上的荧光将指示对应的蛋白质及其表达数量。

组织芯片（tissue chip）是将大量的不同个体的组织标本按一定的顺序排列在固相介质表面制成的组织微阵列。组织芯片即利用组织标本来研究特定基因及其所表达的蛋白质的分子水平，是一种高通量、快速的分析工具。通过荧光显微镜或激光共聚焦荧光扫描系统检测探针分子杂交信号的强度，并通过计算机综合分析后，即可获得样品中特定基因及其相关蛋白表达的信息。

组织芯片技术可以广泛地与核酸、蛋白质、细胞、组织、微生物相关技术相结合，分别在复制、转录和翻译三个水平上对样品的生物学信息进行检测分析。

（一）基因芯片原理

基因芯片是通过核酸分子的杂交衍生而来，用已知序列的核酸探针对未知序列的待测样品的核酸进行杂交检测，样品与探针杂交后，通过激光共聚焦荧光检测系统对芯片进行扫描，计算机系统对每个探针上的荧光信号进行比较得出杂交图谱并对杂交图谱进行分析，最终实现基因的快速检测。

基因芯片可根据支持物、探针种类、用途等不同进行分类。其中，根据固相支持物的不同，分为无机芯片和有机芯片。

无机芯片主要包括玻璃、硅片、陶瓷等，探针主要以原位聚合的方法合成；有机芯片主要包括聚丙烯膜、硝酸纤维素膜、尼龙膜等，探针主要是以合成后微量点样的方法合成。

根据芯片点样方式不同，分为原位合成芯片、合成后微点样芯片。

原位合成芯片即在芯片上直接合成寡核苷酸探针，主要是指光引导合成技术，该技术是照相平版印刷技术、固相合成技术、计算机技术以及分子生物学等多种技术和学科相互渗透的结果。

合成后微点样就是将合成好的探针通过特定的高速点样机器人直接点在芯片上。合成工作用阵列复制器（arraying and replicating device，ARD）或阵列机（arrayer）及电脑控制的点样仪进行。合成后微点样芯片又可分为接触式点样和非接触式点样。

根据芯片上探针不同，分为寡核苷酸芯片和 cDNA 芯片。

寡核苷酸芯片和 cDNA 芯片主要的区别为探针的长度不同，寡核苷酸芯片的探针的长度一般小于 100bp，在基因表达、物种检测等方面应用广泛。

cDNA 芯片探针的长度一般为 200～800bp，由于探针长度较大，包含较多信息，因此该方法特异性强、灵敏度高，在所分析的物种基因组信息缺乏的条件下具有很大的优势。

（二）操作流程

生物芯片的制备包括四个基本要点：芯片构建、待测样品制备、杂交反应及结果检测和数据分析（如图 3-2）。

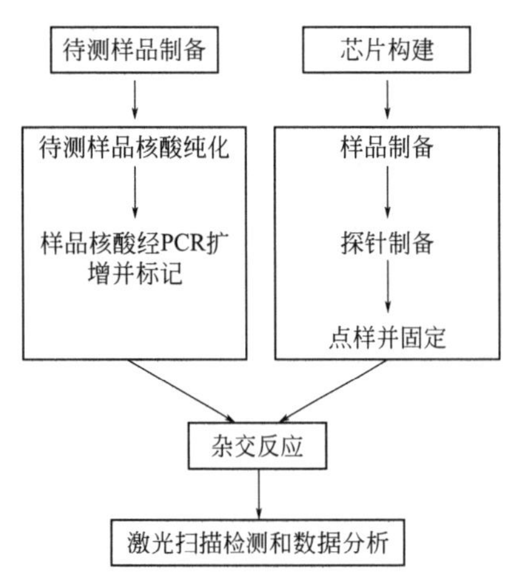

图 3-2 基因芯片技术操作流程图

1. 芯片构建

芯片制备主要是采用表面化学的方法或组合化学的方法来处理芯片，使 DNA 片段或蛋白质分子按照一定的顺序排列在芯片上。由于芯片的种类较多，制备的方法也存在一定的差异，但大体上可以分成原位合成与合成后点样两大类。

（1）原位合成法

原位合成法是目前制备高密寡核苷酸芯片最好的方法，采用了光导化学合成和照相平版印刷技术，在固相表面合成寡核苷酸探针，即将一小段核苷酸链的一端固定在经过预处理的固相载体上，经过脱保护活化、偶联、加帽和氧化等步骤逐个连接上新的核苷酸。

芯片合成前，预先将基片氨基化，并使用光敏感保护剂将活化的氨基保护起来。同时，用来聚合的单体分子一端按照传统固相合成方法活化，另一端用光敏保护剂保护。开始合成后，选择适当的避光膜使需要聚合的部位透光，其他部分不透光。光通过避光膜照射到固相支持物上，受光部位的羟基解保护，解保护的部位可以与单体分子发生偶联反应。因此，通过控制避光膜可以决定固相支持物被活化的位置，通过控制每次偶联反应时所用单体分子的种类可以实现在特定位点合成预期序列探针的目的。

原位合成的核酸探针具有阵列密度高、重复性好、速度快、效率高等优点，而且杂交效率受错配碱基的影响很明显。因此，原位合成 DNA 微点阵适于进行突变检测、多态性分析、杂交测序等需要大量探针和高杂交严谨性实验。

（2）合成后点样法

合成后点样法是先将探针制备好，一般通过 PCR 技术扩增得到，再由点样仪准确、快速地将不同探针样品定量点样于带正电荷的固相支持物（尼龙膜等）的相应位置上，最终通过紫外线交联固定。

合成后点样法探针是通过生物方法合成的，探针与原位合成法相比不受分子大小、种类的限制，能够根据具体的实验要求制出符合目的的芯片。合成后点样法主要用于中、低密度芯片的制备，既适用于大片段的 DNA，也适用于小分子的寡核苷酸。目前已有的合成后点样技术主要有接触点样、喷墨点样、无掩膜光刻技术、微珠阵列以及电化学阵列等。

2. 待测样品制备

生物芯片的样品多为复杂生物分子的混合物，一般不能直接与芯片反应，必须将样品进行相应的处理。

基因芯片的样品包括基因组 DNA、总 RNA、cDNA、质粒 DNA 等，通常需要逆转录成 cDNA 并在 PCR 扩增过程中进行标记后才能进行检测。标记样品 DNA 的方法有荧光标记法、生物素标记法、同位素标记法等。此外，随着纳米技术的发展，通过银染放大后可直接在肉眼或光学显微镜下进行观察的纳米金标记技术也逐渐被重视。

目前被普遍采用的标记方法是荧光标记法。常用的荧光标记物有罗丹明（rhodamine）、羧基荧光素（carboxyfluorescein，FAM）、六氯荧光素（hexachloro fluorescein，HEX）等。

另外，对于蛋白芯片，在点样前要采用适合的缓冲液将蛋白质溶解，并保证蛋白质溶液具有较高的纯度和良好的生物活性。对于组织芯片，应将所需组织的结缔组织和脂肪组织等非研究所需的组织类型剔除，迅速漂洗样本，并用冷冻保存管装载包裹组织，迅速投入液氮冷却。

3. 杂交反应

分子反应是芯片检测的关键步骤。通过选择反应的最适条件，减少分子之间的错配率，从而获取最能反映生物本质的信息。

对于基因芯片，样品 DNA 与探针 DNA 杂交反应应该根据探针的类型、探针的长度以及芯片的应用来选择和优化杂交条件。若检测基因表达，反应时需要高盐浓度、低温、长时间（一般要求过夜）；若检测是否有突变，因涉及单个碱基的错配，故应在短时间（几小时）、低盐、高温条件下进行。

4. 结果检测和数据分析

生物芯片的探针与带有标记的待测样品结合后，通过激光共聚焦扫描芯片或CCD芯片扫描仪可将芯片的荧光信号转变成可供分析处理的图像和数据。一个完整的芯片数据处理系统应包括芯片图像分析、数据提取以及芯片数据统计学分析和生物学分析，另外还要进行芯片数据库管理、芯片表达基因互联网检索等。

芯片图像分析的目的是得到芯片上探针和待测片段反应的具体信息。常用的芯片图像处理软件主要有：ArrayVision、GenePix Pro、QuantArray、Scanalyse、Array Pro Analyzer等。

获得图像数据后，进行数据分析有三个基本步骤，即数据标准化、数据筛选、模式鉴定。影响芯片原始数据的因素很多，在对得到的芯片数据进行分析之前，必须将数据标准化，校正背景值。数据的标准化可以减少芯片在处理过程中技术因素的影响，使检测的结果能真实地反映出差别，芯片的数据只有经过标准化处理后才具有可比性。数据筛选是将一些质量很低，数据可能不准确的点予以滤出。模式鉴定的目的是确定相似表达模式的基因，根据相似的基因可能具有共同的特征，给予生物学的解释。

基因序列分析通常是通过公共数据库查询序列进行生物信息分析，如：NCBI中的GenBank、LocusLink、UniGene库，欧洲分子生物学实验室（European Molecular Biology Laboratory，EMBL）的核酸库，日本的DDBJ数据库，蛋白质序列数据库Swiss-Prot等。用芯片的数据和基因的已知功能去解释观察到的现象的分子机制。

（三）基因芯片的应用

基因芯片具有高通量、微型化、自动化、多参数同步分新、快速等优点，可广泛应用于DNA测序，基因表达和表达差异分析，基因突变和基因组多态性检测，病原分析，基因诊断和疾病预后分析，以及病理学、毒理学、药理学研究和肿瘤研究等多个方面。在食品安全风险评估领域也有着良好的发展前景，食品营养成分的分析，食品中有毒、有害化学物质的分析，污染食品的致病微生物种类和数量的检测，食品中生物毒素的检测等监督检测工作，几乎都可以用生物芯片来完成。

1. 转基因食品检测中的应用

转基因食品（genetically modified foods，GMF）也叫基因修饰食品，是指利用基因工程技术改变基因组成的动物、植物或微生物生产的，在一些特性如形状、营养品质、消费品质等方面发生预期转变的食品。转基因食品主要分为两类，一是包含基因修饰组分的食品和食品基料，二是由基因修饰生物生产，但并不包含基因修饰组分的食品。

转基因食品在带来巨大利益的同时，其安全性也越来越受到关注。转基因食品不同于传统食品，转基因生物遗传性状的改变可能影响细胞内蛋白质的组成，使其浓度发生变化及生成新的代谢物，因而可能导致有毒物质产生或引起人的过敏症状。目前还没有足够的科学证据证明转基因食品对人类健康无害，因此，我国规定对转基因食品必须进行标识，对进口转基因食品必须进行检测。不断发展和完善的基因芯片技术不仅可以对转基因食品进行定性定量检测，还具有较好的特异性和重复性，可以提高检测的灵敏度和效率。

基因芯片技术一般将转基因技术中通用的报告基因、抗性基因、启动子和终止子等特异性基因片段制成探针与待测产品 DNA 进行杂交，通过检测每个探针分子杂交信号强度，对结果进行数据分析，可以获取样品分子的序列和数量信息，判断该样品是否含有转基因的成分，是否在安全限度内，从而判断待测样品是否为转基因产品。

2. 食品毒理学研究中的应用

食品毒理学是应用毒理学方法研究食品中可能存在或混入的有毒、有害物质对人体健康的潜在危害及其严重程度、发生频率和毒性作用机制的科学，也是对毒性作用进行定性和定量评价的科学，包括急性食源性疾病以及具有长期效应的慢性食源性危害。

传统的食品毒理学研究是通过动物实验模式来进行模糊评判的，在研究整体毒性效应和代谢方面具有不可替代的作用。但是，传统方法需要做大量动物实验，费时费力，并且动物实验中所用的动物模型由于种属差异，得出的结果往往并不适用于人体。此外，动物实验中所给予的毒物剂量远远大于人体的暴露水平，并不能反映真实的暴露情况。所以，传统的毒理学试验是粗糙的、不精确的。

研究基因的功能，确定基因与基因间的相互关系，从而揭示毒物导致疾病发生、发展的分子毒理学机制是毒理学研究的重要内容，也是基因芯片最重要的用途之一。基因芯片可以对几千个基因的表达同时进行分析，为研究食品资源对人体影响机理提供大量、全面的信息，并通过对有害成分进行分析，根据不同类型的有毒物质所对应的基因表达规律的特异性，比较样品和有毒物质的基因表达谱，反映出食品中可能存在的某种有害物质，确定该化学物质在低剂量条件下的毒性，并且分析推断出该物质的最低限量。

虽然基因芯片不能完全取代动物实验，但它可提供有价值信息，以免除许多不必要的生物试验，降低消耗。

3. 食品微生物检测中的应用

微生物鉴定的传统方法是对微生物进行培养，通过菌落形态观察、菌落数测定、生化鉴定、显微镜镜检等手段联合使用达到鉴别的目的。传统的微生物检测实验周期长，并且有些特定的微生物不易培养。基因芯片技术可以在基因水平上对微生物进行检测，无需微生物培养，大大缩短了微生物的检测周期，方便快速。

食品微生物即指在食品中可能存在的有益或有害微生物。有益微生物包括发酵食品中的酵母菌，乳酸杆菌等；有害微生物包括自身可致病的微生物（如沙门氏菌属和弯曲菌属）和可产生有害物质的微生物（如金黄色葡萄球菌）。

生物芯片技术因其可在一次反应中进行多种信息的平行分析，而受到研究者的关注，特别是基因芯片在人类基因组计划研究中的应用，不仅极大地促进了该项工作的进行，也使芯片技术在短短的几年间得到了长足的发展，并迅速在食品科学研究中得到广泛的应用。随着基因芯片技术的不断发展与完善以及食品科学研究的逐步深入，基因芯片将会作为一种简便快捷的技术，为检测技术的发展带来极大的便利。

五、生物传感器技术

生物传感器（biosensor）技术是利用生物活性物质与待测物的相互作用，将生成的信号转换成可定量的信号进行检测分析，以获得待测物信息的一门分析技术。它是一个多学科综合交叉的产物，结合了生命科学、物理学、分析化学等相关学科的技术，能够对待测物质实现快速检测分析。生物传感器已经在食品检测、环境监测、医学研究、药物筛选、发酵工业等方面得到广泛的应用。

（一）原理及分类

1. 生物传感器的原理

传感器是把不易于直接测量的物理量如速度、温度、流量、光强度等在敏感识别元件的识别作用下，通过转换组件，转换成与被测物理量有对应关系的易于测量、输出、处理的信号的装置。

生物传感器是利用固定化的生物敏感材料为识别元件，经转换器如氧电极、光敏管、场效应管、压电晶体等及信号放大装置处理之后，放大后的信号经过物理化学等检测器检测，从而得到所测物质的信息。生物传感器除依据生物反应的特异性和多样性而具有多样性特点之外，还具有重复性好、操作简便、准确快速等优点。

生物传感器的工作原理在于生物敏感元件与待测物的精确识别和将生物元件传递的信息经物理或化学转换器转换成电信号及检测。其基本原理（如图 3-3）是待测物与生物敏感元件特异性的识别，所产生的信号通过转换组件转变成光、电、声等信号，再经过检测器及相应处理获得待测物的相关信息。

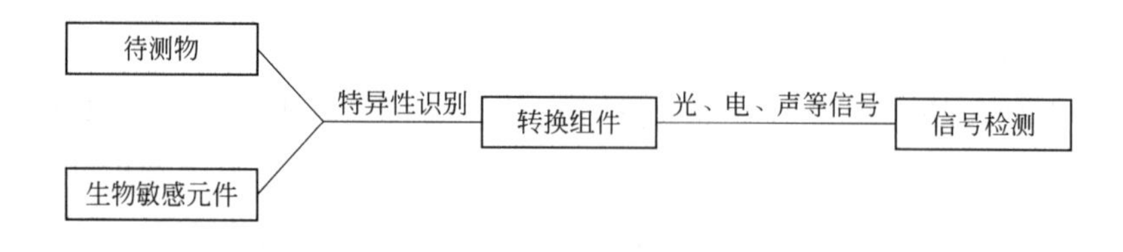

图 3-3　生物传感器的工作原理

2. 生物传感器的分类

根据选用生物识别元件的不同，一般将生物传感器分为以下几类：核酸生物传感器（DNA/RNA biosensor）、免疫生物传感器（immuno biosensor）、酶传感器（enzyme sensor）、微生物传感器（microbial sensor）、细胞传感器（organelle sensor）和组织传感器（tissue sensor），识别元件分别为核酸、抗体或抗原、酶、微生物、细胞、组织。Davis 等定义生物传感器为结合生物的或生物衍生的敏感元件与理化换能器[12]，能够产生间断或连续的电信号，信号强度与待测物成比例的一种精密的分析器件。这种描述已经被广泛接受。故敏感元件为生物衍生物比如分子印迹聚合物的分子印迹生物传感器也属于生物传感器。

根据信号转换器的不同种类（如电化学电极、光电转换器、热敏电阻、半导体、压电晶体等），又可将生物传感器分为电化学传感器（electrochemical sensor），光生物传感器（optical biosensor）、热生物传感器（calorimetric biosensor）、半导体生物传感器（semiconductor biosensor）、压电晶体生物传感器（piezoelectric biosensor）等。

根据待测物质与生物识别元件之间的相互作用方式的不同，可将生物传感器分为亲和型生物传感器（affinity biosensor）、代谢型生物传感器（metabolic biosensor）、催化型生物传感器（catalytic biosensor）。这三种分类方法之间是相互交叉的。下面主要以几种较常用的生物传感器为例来讲述生物传感器的原理及应用。

（二）电化学 DNA 生物传感器

1. 工作原理及分类

DNA 是遗传信息的载体，DNA 片段中特定的核苷酸碱基序列决定了基因的遗传特性，但这些序列在某些条件下会发生突变产生可遗传的变异。因此，人体组织、血液等 DNA 序列的定性、定量检测对于基因相关性疾病的诊断和治疗以及药物毒理学等方面具有十分重要的作用。

DNA 的电化学研究开始在 20 世纪 60 年代，电化学 DNA 传感器是生物传感器的一个分支，主要是以核酸 DNA 为分子识别元件，基于 DNA 碱基配对形成双链的杂交行为，根据固定在电极上的单链核酸探针与待测物（DNA、酶、离子、药物类的化合物等）特异性相互作用之后所引起的电化学信号的改变，获得待测物的信息（如图 3-4）。电化学 DNA 传感器具有特异性好、稳定性好、灵敏度高、制备较为简单及应用较为广泛等优点。

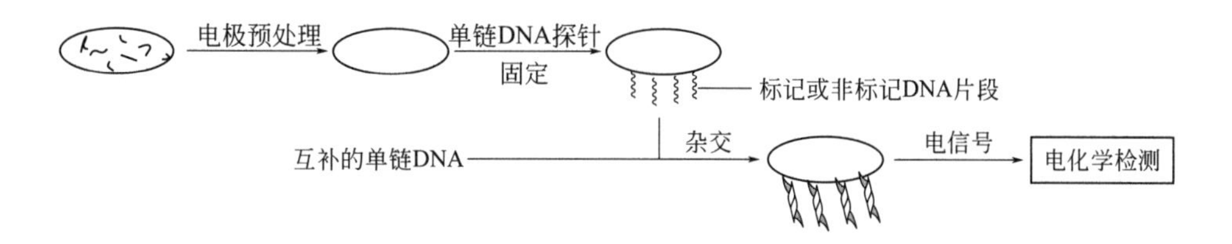

图 3-4　电化学 DNA 传感器的工作原理示意图

根据核酸探针的标记情况，将电化学 DNA 传感器分为非标记型和标记型两类；根据相互作用的不同，又将电化学 DNA 传感器分为基于特异序列的、适体对底物的等。电化学 DNA 传感器的工作原理主要取决于 DNA 的选择及固定方法和相互作用的检测方法。标记型电化学DNA传感器是利用电活性物质，增加电极信号，其中的DNA探针标记了电活性标记物，探针分子与目标物特异性杂交，会引起电活性标记物与电极表面距离的改变，从而引起电化学信号的改变，通过电化学信号的检测处理，实现对目标物的检测。标记型电化学DNA传感器的优点是灵敏度高；缺点是在标记过程中，涉及合成、分离和纯化等步骤比较繁琐，可能对DNA的结构或活性等产生影响。

非标记型电化学DNA传感器是电化学DNA传感器发展的趋势，该技术不需要标记电活性物质，探针与目标物结合后，根据检测电流、电压、电容或阻抗的变化，可以对目标物质进行检测。没有标记的DNA链的脱氧核糖核酸和磷酸骨架是没有电化学活性的。DNA分子含4种碱基：腺嘌呤（A）、鸟嘌呤（G）、胞嘧啶（C）和胸腺嘧啶（T），鸟嘌呤和腺嘌呤能够发生氧化还原反应，腺嘌呤和胞嘧啶能够在水银电极上还原等[13,14]，所以利用DNA链中碱基与目标物基团相互作用所产生的电信号，可以实现对目标物的测定。与标记型电化学传感器相比，省去了标记纯化的步骤，操作比较简单，但灵敏度较低，尤其是对于碱基错配、点突变等检测灵敏度十分有限。

另外，还可以通过一些特异性的氧化还原媒介来实现电子传递，如能与DNA选择性结合的有电化学活性的杂交指示剂，这也是一种非标记型电化学DNA传感器。杂交指示剂是一类具有电活性的物质，能选择性与单链DNA或双链DNA作用，引起电流、电位等电化学信号的改变，实现对目标物质的检测。图3-5为其中一种利用指示剂的检测方法。

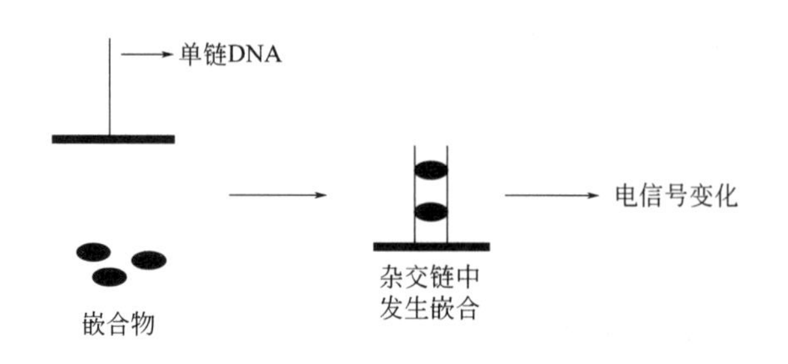

图3-5 嵌合物标记模式

2. DNA探针的固定方法

电化学传感器的灵敏度及使用寿命等在很大程度上与DNA探针的固定相关，采用物理或化学的方法将DNA探针固定在电极上，探针与电极稳定的连接以及固定后DNA活性的保持是DNA固定的关键点。目前DNA的固定方法大致有以下几类：吸附固定法、共价键固定法、生物素-亲和素反应法、电聚合法、自组装法等，下面主要介绍前3种方法。

吸附固定法主要是通过静电吸附将带负电的DNA探针固定在带正电的电极上，探针一般是平铺在电极表面的，并且这种方法结合不太稳定。有人使用放射性标记物标记的方法发现，吸附在氨基硅烷表面的DNA探针与待测物杂交反应后形成的双链是一种松散的螺旋结构，可以解链恢复成探针和靶序列并继续吸附在电极表面[15]。

共价键固定法是将 DNA 进行末端修饰，从而实现 DNA 探针末端与电极共价结合，这不仅可以使 DNA 稳定地固定在电极上，还可以使 DNA 骨架在空间结构上有较大的自由度，有利于双螺旋结构的生成。共价自组装可以形成结合稳定、排列有序、分布均匀的单层 DNA 分子膜，是比较理想的固定方法。其中 DNA 探针的组装密度是关键，不能太密，否则会对带负电的靶序列有较强的静电排斥，并且会增加空间位阻，较难杂交。

生物素-亲和素反应法主要是将亲和素固定在电极表面，通过与 DNA 探针末端修饰的生物素特异性偶联而进行固定的。亲和素对许多材料都有较强的吸附能力包括金、石英表面等，所以这种固定方式对电极材料的选择面是很宽的。

3. 电化学 DNA 传感器的应用

电化学 DNA 传感器不仅可以用来识别特定的碱基序列的 DNA，还可以用来检测 DNA 的损伤、DNA 结构的变化以及一些药物与 DNA 的作用机理，在基因相关性疾病诊断及环境污染监测、食品安全、药物毒理学研究等方面起着重要作用。电化学 DNA 传感器分子识别能力强，与其他技术如流动注射技术相结合，可以实现实时、在线检测，也可以进行活体检测等，拓宽了电化学 DNA 传感器的应用范围。

Maeda 等人利用抗疟药米帕林在 DNA 修饰电极上的电化学检测，发现带正电荷的米帕林能与 DNA 发生强烈的特异性相互作用，减少电极表面的负电荷，进而引起带负电荷的指示化合物铁氰化钾的峰电流的增加。并且发现在 $1\times10^{-7}\sim5\times10^{-7}$ mol/L 范围内，米帕林的浓度与指示化合物铁氰化钾的阳极峰电流成正比，当浓度在8×10^{-7}mol/L 时达到饱和[16]。这为今后研究某些药物与 DNA 的相互作用机理及建立简便的药物筛选方法做了探索性的工作。Liao 等报道利用一种新型的电化学 DNA 传感器检测肠出血性大肠杆菌 O157，这种大肠杆菌可诱发急性或慢性肾功能衰竭，可用于临床诊断相关的综合征等[17]。

Wei 等总结并评价了纳米技术能增强电化学生物传感器的灵敏度等实现基因诊断，尤其是在单核苷酸多态性方面的检测上[18]。电化学 DNA 生物传感器作为一种新型的生物传感器，开辟了电化学与分子生物学交叉学科的新领域。尤其是将新兴发展的纳米材料与电化学 DNA 生物传感器相结合，能够实现微量化、高通量、高灵敏度、高选择性地检测目标物。

（三）荧光纳米生物传感器

1. 工作原理

20 世纪 90 年代以来，纳米技术逐步应用于生物传感器领域，并已取得了突破性的进展。纳米材料大小范围是 1～100nm，其有着表面效应、量子效应、小尺寸效应、宏观量子隧道效应及介电限域效应等非常独特的物理化学性质和功能；纳米材料与生物敏感识别元件结合，加速了新型纳米生物传感器的发展。与传统的传感器相比，新型纳米材料传感器不仅体积变小、响应速度变快、灵敏度变高、精度更高，还能够高通量地检测目标物。

纳米生物传感器将纳米材料作为一种新型的生物传感介质，与特异性的生物敏感物质如核酸、酶、细胞、微生物、组织等相结合，目标物与特异的敏感物质相互作用产生信号经过相应转换组件转变成光、电、声等信号，经过检测处理获得目标物的信息。例如 Stem 等在抗体等生物分子上覆盖一层 30nm 的纳米线，得到修饰过的蛋白质，利用抗原抗体相互作用引起电流变化来监测[19]。荧光纳米生物传感器（图 3-6）是以荧光信号为检测信号的分析器件。

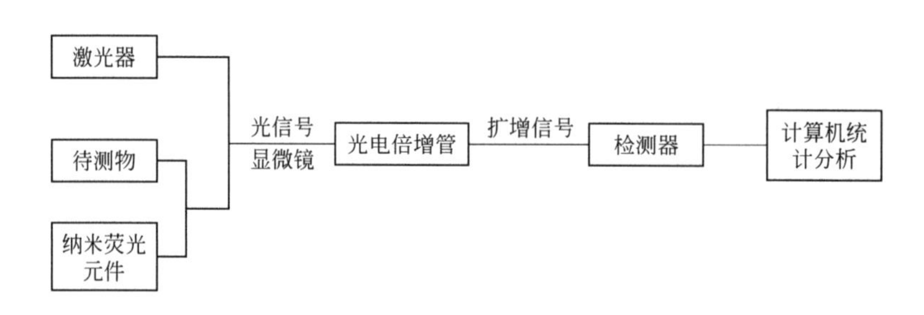

图 3-6 荧光纳米生物传感器示意图

2. 荧光纳米生物传感器的分类

从纳米材料在荧光纳米生物传感器中的具体应用的角度，可将荧光纳米生物传感器分为以下几种类型：纳米粒子荧光生物传感器、纳米光纤荧光生物传感器、光纤纳米免疫生物传感器等[20]。

（1）纳米粒子荧光生物传感器

荧光纳米粒子可以克服传统荧光标记方法的效率不高、荧光强度低、持续时间短、背景高等缺点，可以得到很强的荧光信号，大大提高灵敏度。目前已有多种纳米粒子材料用于荧光生物传感器的制备。所用的纳米粒子包括量子点及复合型荧光纳米粒子，后者又包括包封荧光分子的纳米粒子、稀土荧光纳米粒子及稀土配合物荧光纳米粒子等。量子点（quantum dot）也称为半导体纳米粒子，是一种由Ⅱ-Ⅵ族、Ⅲ-Ⅴ族及Ⅳ-Ⅵ族元素组成的纳米颗粒。量子点具有高荧光强度、耐光漂白、荧光寿命较长等特性，适合于长时间实时检测和进行时间选通检测。包封荧光分子的纳米粒子是含有荧光分子的球形纳米材料，该种类型的传感器大小一般在 20～200nm。荧光分子被包封在惰性基质中，减少了对生物元件与目标物相互作用的干扰。无机稀土荧光纳米粒子吸收能力强，在可见光区域有很强的发射能力，且物理化学性质稳定。稀土配合物荧光纳米粒子具有窄带发射、荧光稳定且持续时间长等优点。

（2）纳米光纤荧光生物传感器

Tan 等[21]于 1992 年最早构建并使用了基于荧光法的光纤纳米传感器，用于检测微环境中的 pH 值。纳米光纤荧光生物传感器可以对单个细胞和亚细胞结构进行检测，具有体积小、灵敏度高、荧光分析特异性强、抗干扰能力强等优点。纳米光纤荧光生物传感器的原理是：激光经过纳米光纤（探针尖端固定有生物敏感物质），使待测物与生物敏感物质发生相互作用，引起光的强度、波长、频率等光学特性发生变化，再经过光纤送入纳米传感器转化为电信号，然后通过信号处理装置，最终获得待分析物的信息。

（3）光纤纳米免疫生物传感器

光纤纳米免疫生物传感器是利用抗原抗体特异性相互作用，将光学与光子学技术结合的一类传感器，敏感元件为纳米级别。该传感器不仅具有免疫测试的特异性，还有纳米技术、光学的灵敏性等优点，广泛应用在单细胞的检测方面。

3. 荧光纳米生物传感器的应用

纳米材料被广泛用于高灵敏度的化学或生物传感器，而其中荧光纳米生物传感器又是发展较快的领域。纳米粒子作为生物分子的标记探针，比单个分子有高得多的发光强度和光化学稳定性，可以对生物活性分子或细胞内活性物质进行分析和测定，并具有灵敏度高、抗干扰性强、响应迅速等优点。

Vo-Dinh 利用以酶为基础的纳米光纤生物传感器，通过监测 MCF-7 单个细胞线粒体凋亡通路成功检测到表示细胞凋亡的半胱天冬酶（caspase-9）的酶活性的变化。当身体的某个细胞受到毒素或炎症等的攻击而遭到破坏，该细胞就会开启自身凋亡，这是通过在疾病细胞复制前使细胞自我破坏来达到阻止疾病传入有机体的一种细胞死亡机制。他们在单个 MCF-7 活体细胞内发现了该种凋亡机制的存在。该种凋亡触发主体产生了一种 caspase。他们在癌细胞中引入一种光激活抗癌药物，然后插入标记 biomarker（针对 caspase-9 的生物标志化合物）的纳米光纤探针。caspase-9 的存在能导致 biomarker 从纳米生物传感器的针尖上分裂从而引起荧光强度发生改变，该变化就反映了光激活抗癌药物触发了细胞凋亡的情况。光纤探针的直径远比光纤的波长小，故只有针尖上的生物受体目标分子才会暴露在激光信号中被激发，增加了检测的精确度[22]。这种技术提供了在保持细胞原状的情况下，检测单个细胞在受到药物攻击或生物病原体威胁时的反应。

Fu 等利用纳米纤维的漆酶生物传感器检测儿茶酚，并对基于碳纳米纤维及铜/碳复合纳米纤维的生物传感器性能进行了比较，发现铜/碳复合纳米纤维漆酶生物传感器的线性范围为 $9.95\times10^{-6}\sim9.76\times10^{-3}$ mol/L，检测下限为 1.18mol/L[23]。该检测方法更可靠，具有较好的重复性、再现性、选择性和稳定性。

（四）微生物传感器

1. 工作原理及分类

1975 年 Divies 制成了第一支微生物传感器，随着其快速发展，微生物传感器作为生物传感器的一个重要分支，在环境监测、生物工业、食品检验和临床医学等领域中都有较广泛的应用。微生物传感器（图 3-7）是由微生物活体或细胞碎片通过固定化作为敏感元件，利用微生物体内各种酶系及代谢系统，与换能器紧密结合，通过对信号的输出测定目标物的分析仪器。常用的微生物有细菌和酵母菌等，特别适用于需辅酶和辅酶再生系统参与的生物反应测定，主要检测生化需氧量和生物毒性等综合指标。

如何将微生物稳定固定并保持其活性是微生物传感器的一个关键点。固定方法主要有吸附法、包埋法、共价交联法等，其中以包埋法用得最多。载体有胶原、乙酸纤维素等。为了保持微生物生理功能，需采用温和的固定化条件。

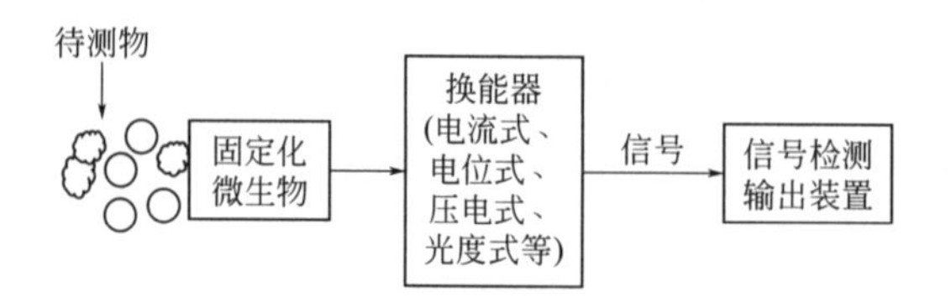

图 3-7 微生物传感器的工作原理示意图

微生物在进行呼吸或代谢的过程中，会消耗溶液中的溶解氧或产生一些电活性物质。在微生物数量和活性保持不变的情况下，其所消耗的溶解氧量或所产生的电活性物质的量就可以反映出待测物的量。根据微生物与待测物作用原理的不同，可以将微生物电极分为测定呼吸活性型微生物电极和测定代谢物质型微生物电极两类，分别依据的是微生物与底物作用反应中氧的消耗量或二氧化碳的生成量的检测和作用后生成各种电极敏感代谢产物即电活性物质的检测。

根据测量信号的不同，可分为电流型微生物电极、电位型微生物电极两种，换能器输出的信号分别是根据氧化还原反应产生的电流值信号和与待测物的活度相关的电位值信号。

2. 微生物传感器的应用

微生物传感器是利用固定化微生物代谢消耗溶液中的溶解氧或产生一些电活性物质实现对待测物质的定量测定。微生物细胞中的酶能保持天然的活性状态，没有经过昂贵的修饰及纯化再生等步骤，具有灵敏度高、操作简便、成本低、微生物成分可以再生、可进行连续动态监测等优点。但是，由于微生物细胞中含有多种酶，可同时对多种底物响应而产生干扰，以及微生物的活性问题，微生物的选择性和长期稳定性尚有不足，响应时间较长。

利用由氧电极和微生物菌膜构成的微生物传感器可以快速测定水中生化需氧量(BOD)。当含有饱和溶解氧的待测液进入流通池中与微生物传感器接触，微生物菌膜降解待测液中的有机物，消耗一定量的氧，因此扩散到氧电极表面上的氧减少。当待测液中可生化降解的有机物向菌膜的扩散量达到恒定时，扩散到氧电极表面上的氧量也达到恒定，因此产生一个恒定电流。恒定电流的差值与氧的减少量存在定量关系，根据电流的变化可以测出待测液中的生化需氧量。Tang 等利用一种基于经修饰的玻碳电极的新型微生物电化学传感器快速检测对硝基苯基取代的磷酸酯（OPs）[24]。发现对 OPs 和对硫磷的检测线性范围为 0.05～25μmol/L，甲基对硫磷为 0.08～30μmol/L，最低检测限则分别是 9.0nmol/L、10nmol/L、15nmol/L。该方法具有高特异性、灵敏度，并且能进行快速检测。Liang 等利用转基因大肠杆菌构建了一种新型电化学微生物传感器，该大肠杆菌能表达葡萄糖脱氢酶。此传感器对葡萄糖的检测限为 4μmol/L，线性范围为 50～800μmol/L，能减少其他糖类的干扰，成本低，比较稳定[25]。

六、分子印迹技术

（一）概述

分子印迹技术（molecular imprinting technique，MIT）又称分子烙印技术，是近年来快速发展的结合高分子化学、材料科学、化学工程及生物学的一门多学科交叉技术。分子印迹技术主要是获得具有与目标物空间位点相互匹配的空间构型的分子印迹聚合物（molecular imprinting polymer，MIP），并利用该聚合物检测目标物的技术。

20 世纪 40 年代，诺贝尔奖获得者 Pauling 根据抗原抗体相互作用，提出了利用抗原得到抗体的空间位点理论[26]。1949 年 Dickey 首先提出了“分子印迹”的概念[27]。1972 年德国的 Wulff 课题组首次成功制备出了共价型的分子印迹聚合物[28]，但应用仅局限于催化领域，该技术并没有得到广泛发展。20 世纪 80 年代后非共价型的分子印迹聚合物才出现，尤其是 1993 年 Mosbach 等人在《Nature》上报道了有关茶碱分子印迹聚合物的研究，分子印迹技术才受到人们越来越多的关注。1997 年，美国出版了第一本分子印迹技术的专论并成立分子印迹协会，分子印迹技术得到了迅速发展。分子印迹聚合物比较稳定，抗恶劣环境的能力较强，使用寿命较长。因此，在许多领域，如固相萃取、膜分离技术、生物传感器、药物筛选分析、模拟酶催化、食品安全检测等领域展现了良好的应用前景。MIT 在分离、提取及检测等方面具有独特的优势，是当前用于检测分析的一项先进技术。

（二）分子印迹技术的原理及分类

1. 分子印迹技术的基本原理

分子印迹技术仿照抗原抗体复合物的形成机理，使印迹分子即模板分子与交联剂在聚合物单体溶液中，通过与单体特异性的共价或非共价作用得到聚合，然后通过物理或化学方法洗脱除去聚合物中的模板分子形成孔穴，得到与印迹分子空间结构和结合位点相匹配的分子印迹聚合物。这种孔穴能够特异性地识别印迹分子及与之结构相似的分子。

分子印迹技术基本过程如图 3-8 所示，主要分为 3 个阶段：第 1 阶段，在聚合物单体中，模板分子与功能单体通过共价键或非共价（氢键、静电作用、疏水作用等）的相互作用结合形成单体-模板分子复合物；第 2 阶段，在合适的交联剂的作用下，使单体-模板分子复合物与交联剂共聚形成高度交联的聚合物；第 3 阶段，用物理或化学方法脱去聚合物中的模板分子，得到空间结构和结合位点与模板分子互补的分子印迹聚合物。

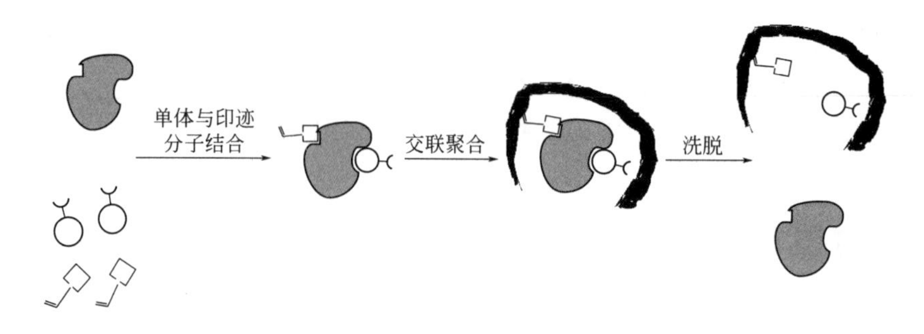

图 3-8 分子印迹过程示意图

2. 分子印迹技术的分类

根据模板分子和聚合物单体之间作用方式的不同，分子印迹技术主要有共价键法印迹和非共价键法印迹及衍生的准共价法印迹等，下面对这三类方法做简要介绍。

（1）共价键法印迹

共价键法印迹又称为预组装法印迹，是由 Wulff 等人创立发展起来的，模板分子和聚合物单体之间是以共价键的形式结合生成印迹分子的衍生物的，经过聚合和洗脱得到共价型的分子印迹聚合物。使用的共价结合作用的单体物质包括硼酸酯、席夫碱、酯螯合物、缩醛、缩醛等衍生物，其中最具代表性的是硼酸酯。共价键法主要应用于制备各种具有特异性识别功能的聚合物，如糖类及其衍生物、甘油酸及其衍生物、氨基酸及其衍生物和甾醇类物质等。但是由于共价键作用力比较强，会造成印迹分子自组装或识别过程中结合和解离速度较慢，热力学平衡难以达到，识别速度较慢，不适于快速识别。此外，该方法形成的共聚物模板分子不易除去，识别水平在特异性和敏感性等方面远不及生物识别。

（2）非共价键法印迹

非共价键法印迹又称为自组装法，主要是由 Mosbach 等人发展起来的，是制备分子印迹聚合物最有效且最常用的方法，模板分子和聚合物单体之间是以非共价作用结合的，经过聚合和洗脱得到非共价型的分子印迹聚合物。这些非共价作用包括静电引力、氢键、金属螯合作用、电荷转移、疏水作用以及范德华力等，利用最多的是静电引力、氢键。在制备分子印迹聚合物及其后续过程中，使用单一的非共价作用制得的 MIP 的选择性较低，使用多种作用相互结合才能使制得的分子印迹聚合物具有较高的选择性和分离能力。比如在印迹和后续的分离过程中只有氢键一种作用时，其拆分外消旋体的效果不佳；而如果既有氢键，又有其他的结合位点时，其拆分外消旋体的分离系数就很高。非共价键法印迹的应用很多，包括检测一些染料、二胺类、维生素、氨基酸及其衍生物、核酸和蛋白质等，发展较为迅速。非共价法所用功能单体量要远大于印迹分子量，并且相当多的结合基团呈无规则分布，特异性不高。

（3）准共价法印迹

将共价作用与非共价作用结合起来进行分子印迹，聚合时功能单体与印迹分子间作用力是共价键，而在对印迹分子的识别过程中依赖的却是非共价作用形式。该方法既具有非共价键法操作条件温和的优点，又有共价键法特异性强的优点。但是该方法也存在一些缺点，比如因功能单体与模板是共价结合的，除去模板时会出现水解比较困难的情况；利用非共价作用力重新结合时，识别位点可能会出现空间阻碍。

分子印迹技术的过程实现了对目标分子的特定选择，具有预定性、识别性、广泛实用性等优点，近年来逐渐得到了广泛的研究。预定性是指根据需求制备出不同的分子印迹聚合物；识别性是指分子印迹聚合物是按照模板分子制备的，可专一地识别印迹分子；广泛实用性是指分子印迹聚合物具有高度的选择性、稳定性和较长的使用寿命，应用范围广。目前，分子印迹技术已在色谱分离、固相萃取、药物分析、生物传感器技术以及催化合成等诸多领域得到迅速发展。

（三）分子印迹技术的操作流程

1. 分子印迹聚合物的制备

分子印迹聚合物是高度交联的空间结构比较稳定的有机聚合物。分子印迹聚合物空间位点与模板分子相互匹配，其制备除模板分子外，还需要选择合适的功能单体、交联剂、致孔剂、引发剂，在一定条件下聚合得到聚合物，最后再利用物理、化学方法除去模板分子，而这些都能直接影响分子印迹聚合物的性能。

印迹分子即模板的选择在分子印迹聚合过程中起着决定性的作用，印迹分子应具有合适的功能基团，易于参加聚合反应，又在普通情况下比较稳定；既能参加聚合反应，又能在聚合物中容易去除。主要有糖类、核苷酸及其衍生物、蛋白质、氨基酸、维生素、胆固醇等。

根据模板的结构，选择合适的功能单体。模板与功能单体之间的相互作用和强度是MIP分子识别功能的关键。常见的功能单体有丙烯酸及其衍生物、乙烯基吡啶、4-乙烯基苯甲醛、4-乙烯基苯硼酸、4-乙烯基苯酚等。一般情况下，碱性模板选择酸性功能单体，中性模板选择中性或酸性功能单体，酸性模板选择碱性功能单体。另外，功能单体与模板的比例也很重要，一般情况下要加入过量的功能单体，具体比例需经实验确定。

模板与功能单体是利用交联剂和致孔剂形成具有一定形态结构的聚合物。交联剂决定印迹聚合物的形态，致孔剂在聚合物上形成合适的小孔。交联剂应在稳定模板与单体结合位点的同时，赋予聚合物一定柔韧性和刚性的结构。

2. 聚合方法

普遍认为理想的分子印迹聚合物应具有机械稳定性、热稳定性，空间构型具有一定刚性、柔韧性，亲和位点容易接近等性质。制备分子印迹聚合物的方法主要有本体聚合、扩散聚合、沉淀聚合、悬浮聚合、表面印迹法等，以下对其做简要介绍。

① 本体聚合（传统方法）　将印迹分子、功能单体、交联剂等按一定比例溶解在惰性溶剂（通常是氯仿或甲苯）中，经过相应处理使功能单体与印迹分子交联，交联干燥之后将其研磨、破碎、筛分得到一定粒径的分子印迹介质，最后洗脱除去模板分子。此方法实验操作简单，合成操作条件易于控制。但也有研磨后不可避免地会产生一些不规

则粒子，产量较低；模板的除去很困难，不能进行大规模生产等缺点。

② 扩散聚合 将模板、功能单体、交联剂溶于有机溶剂中，然后将有机溶液移入水中搅拌、乳化之后，加入引发剂交联、聚合，可直接制备粒径较均一的球形的分子印迹聚合物。这种方法得到的粒子多为纳米级的。

③ 沉淀聚合 在模板分子、功能单体、交联剂、引发剂的混合液中，由引发剂引发聚合物从呈线型和分支的低聚物到最终形成高交联的微球状聚合物，可直接制备粒径较均一的球形分子印迹介质。该方法不需在反应体系中加入稳定剂，制备的聚合物颗粒表面比较干净，可避免由稳定剂或表面活性剂对模板分子的非选择性吸附，而且还有操作简单、成本低、吸附量高、后处理简单等优点，具有较好的应用前景。

④ 悬浮聚合 采用与一般有机溶剂皆不互溶的全氟烃为分散介质，加入特定的聚合物表面活性剂使印迹混合物聚合，得到粒度范围分布窄、形态规则的分子印迹聚合物颗粒。

⑤ 表面印迹法 先将模板分子与功能单体在有机溶剂中反应形成加合物，然后再将此加合物嫁接在表面活化后的硅胶、聚三羟甲基丙烷三丙烯酸酯粒子和玻璃介质等，这样获得的分子印迹聚合物解决了传统方法中对模板分子包埋过深或过紧而无法洗脱下来的问题。另外，由于载体具有较高的孔度和表面积，此方法还具有可以使底物较易接近活性点，通过对载体树脂的交联度或对孔结构的调整得到小粒径及窄分布的载体等优点。

获得聚合物后，尽可能采用较温和的手段将模板洗脱下来，在适当的操作条件下，对分子印迹聚合物进行成型加工、干燥等，获得具有一定空间结构的稳定的分子印迹聚合物。

（四）分子印迹技术的应用

分子印迹技术已在色谱分离、固相萃取、药物分析、生物传感器技术以及催化合成等诸多领域得到迅速发展，广泛应用在分析化学，食品安全检测等方面。下面简要介绍分子印迹技术在食品检测方面的应用。

食品安全问题已经引起人们的普遍关注，食品检测也越来越受到重视。分子印迹聚合物具有制备相对简单、特异性选择、使用寿命较长等优点，并且分子印迹技术具有预定性、高度识别专一性、广泛实用性，因而分子印迹技术可以满足在食品安全检测领域中不同的需求。周文辉等人以三聚氰胺为模板分子，甲基丙烯酸为功能单体，乙二醇二甲基丙烯酸酯为交联剂，合成了能特异选择三聚氰胺的分子印迹聚合物，同时研究了与其化学组成相同的相应非印迹聚合物的结合能力和选择性能，发现分子印迹聚合物对三聚氰胺有较高的吸附性和选择性。并且与固相萃取结合，能有效地去除奶制品中的复杂基质[29,30]。

王玲玲等以 Pb^{2+} 为模板，以硅胶为载体，以壳聚糖为单体，γ-(2,3-环氧丙氧）丙基三甲氧基硅烷为交联剂，利用表面分子印迹技术制备了 Pb^{2+} 印迹聚合物。观察了 Pb^{2+} 印迹和非印迹聚合物的表面形貌和结构，并考察吸附酸度、吸附剂用量、静置时间等对聚合物吸附性能的影响以及对 Pb^{2+} 的选择性的吸附容量。结果表明，Pb^{2+} 印迹聚合物对模板离子具有较高的选择性，其饱和吸附容量是非印迹聚合物的2倍[31]。Sergeyeva等将复合分子印迹聚合物固定在微孔聚偏氟乙烯表面，合成分子印迹复合膜用于水溶液中肌酸酐的检测，得出检测限为0.25mmol/L，线性范围为0.25～2.5mmol/L，室温下该分子印迹聚合物膜至少在1年内功能比较稳定[32]。该方法与传统的检测方法相比具有操作简单、体积小、成本低等优点。

（陈群、肖梦晴、薛新丽、仲珊珊、尹慧勇）

第二节　波谱分析

从技术上讲，生物标记物在食品安全风险评估方面起着非常重要的作用，生物标记物中有一类非常重要的标记物如暴露标记物（如常见的镉、汞等）和一些特异性的代谢产物，通常这类化合物为有机物和无机金属离子，这些食品安全风险评估中用到的生物标记物绝大部分可以用波谱仪器进行检测。

一、紫外-可见光谱法

（一）原理

紫外-可见光谱法（UV-Vis）是用来检测能够吸收特定电磁波谱区中紫外线、可见光（λ＝200～800nm）的化合物的方法。分子的紫外-可见吸收光谱是由于分子中的某些基团吸收了紫外-可见辐射光后，发生了电子能级跃迁而产生的吸收光谱。它是带状光谱，反映了分子中某些基团的信息。该法主要依据朗伯-比尔定律［式(3-1)］，即当一束平行单色光通过含有吸光物质的稀溶液时，溶液的吸光度与吸光物质浓度、液层厚度乘积成正比：

$$A = kcl \tag{3-1}$$

式中比例常数 k 与吸光物质的本质、入射光波长及温度等因素有关；c 为吸光物质浓度；l 为透光液层厚度。

（二）样品处理及操作条件

紫外测定样品时只需要对样品进行简单处理，溶于水或者有机溶剂中即可。

（三）应用

紫外-可见光谱法可以用于化合物的定性、定量、结构分析（如芳香环和共轭结构）、动力学测定以及纯度鉴定（如利用 A_{280}/A_{260} 鉴定蛋白质和核酸的纯度）等方面，其测定范围覆盖常量（0.01～0.5）、微量（10^{-2}～10^{-3}）和痕量（10^{-4}～10^{-5}）分析，应用极为广泛。

近年来，化学计量学与UV-Vis结合在食品安全分析领域也有较多应用，表3-1简要列出了该方法在常用食品检测中的应用。主要用于暴露型标记物的检测。

表3-1 UV-Vis在食品领域的应用

项目	目标物	被测样品	测定条件及结果
食品检测	维生素A[33]	酸奶	λ_{328nm}，回收率：103.3%
	磷脂酰胆碱[34]	卵磷脂保健食品	λ_{292nm}，线性检测范围：0.0100～0.0500mg/mL
重金属	铜[35]	食品、水	λ_{510nm}，检出限：5.0μg /mL
	镉[36,37]	猪肝、面粉、水	λ_{590nm}，检出限：0.01ng/L
防腐剂	过氧化氢[38]	牛奶	λ_{406nm}，检出限：0.29mg/L
	苯甲酸[39]	食品	λ_{223nm}，检出限：0.001mg/mL
	硝酸盐[40]	蔬菜、水果	λ_{208nm}，检出限：2ng/mL
农药残留	乙酰甲胺磷[41]	蔬菜	λ_{710nm}，检出限：0.359mg/kg

二、红外光谱分析

（一）原理

红外光谱分析（infrared spectrum analysis，IR）是用来记录分子中特定官能团吸收红外辐射后发生振动和转动，用以测定化合物中特定官能团的检测方法。

按照波长范围一般分为近红外（NIR，14000～4000cm^{-1}）、中红外（MIR，4000～400cm^{-1}）和远红外光谱（FIR，400～50cm^{-1}），食品安全分析主要应用前两种。MIR主要是由分子中官能团的基频振动峰组成，谱峰强度大，波长范围窄，其主要应用在具体官能团的定性定量上；而NIR是C—H、N—H和O—H的倍频与合频峰，谱峰弱（强度仅为MIR的1/100～1/10）且范围宽[42]。因此，NIR比MIR在基团特异性和灵敏度方面都要差。然而，NIR微弱的谱峰却可以通过增加测试样品厚度来进行补偿。一般来说，NIR的测试样品厚度是毫米或厘米级，MIR则为微米级，相差2～4个数量级[43]。

红外光谱的原理如下，分子中的原子和官能团能够围绕共价单键旋转。共价键伸缩和弯曲时就好像原子被灵活的弹簧连接着。通过实验观察和分子结构理论知道分子中的所有能量变化都是量子化的，但却是不连续的。当原子或分子从高能级返回到低能级时，也放出相同的能量。当用不同波长的电磁波照射某化合物时，化合物吸收的是特定波长的能量，不被吸收的波长只是通过样品或被样品反射而不发生变化。在红外光谱法中，当用红外辐射照射某一化合物，且红外辐射能量正好等于分子激发到较高能级所需能量时，分子就会吸收这部分能量从而发生能级跃迁。因为不同官能团的化学键的强度不同，发生能级跃迁时所需要的能量也各不相同。红外光谱法就是通过化学键的振动来测定官能团。

通常只用到 $2.5\times10^{-6}\sim2.5\times10^{-5}$m 这部分，这个区域通常被称为振动红外区，常以波数（$\tilde{\nu}$），即每厘米内波的个数来表示。以波数表示时，红外光谱振动区的覆盖范围为 4000～400cm^{-1}。分子中产生红外吸收最简单的振动形式是伸缩振动和弯曲振动。红外吸收的方式可以产生大量有关化学结构的信息，可以利用红外光谱来确定特征官能团是否存在。例如羰基通常在 1630～1800cm^{-1}范围显示很强的吸收。特定结构中羰基吸收峰的位置取决于它属于醛、酮、羧酸、酯或酰胺中的哪一种；若羰基在环上，则取决于环的大小。

表 3-2 给出了常用的一些化学键和官能团的特征红外吸收数据。在这些表中，特定红外吸收强度的大小以强（s）和中等（m）或弱（w）等方式来表示。在一般情况下，我们最关注的是 3650～1000cm^{-1}范围的红外区，因为大多数官能团的特征伸缩振动都出现在这个区域。在 1000～450cm^{-1}区域的振动吸收峰可能来自两个或两个以上吸收带的重叠或是由基频吸收带的共振所引起，这些振动十分复杂且很难分析。在这个区域，即使分子结构上微小的变化也会导致吸收峰明显的差异，所以这个区域通常被称为指纹区。如果两个化合物结构差别很小，它们红外光谱的差异在指纹区表现最明显。

表 3-2 部分官能团的特征红外吸收

化学键	吸收频率/cm^{-1}	吸收强度
O—H	3200～3500	强和宽
N—H	3100～3500	中等
C—H	2850～3100	中到强
C≡C	2100～2260	弱
C═O	1630～1800	强
C═C	1600～1680	弱
C—O	1050～1250	强

按照检测器不同分为色散型红外光谱仪和傅里叶转换红外光谱仪，图 3-9 为色散型红外光谱仪工作原理。

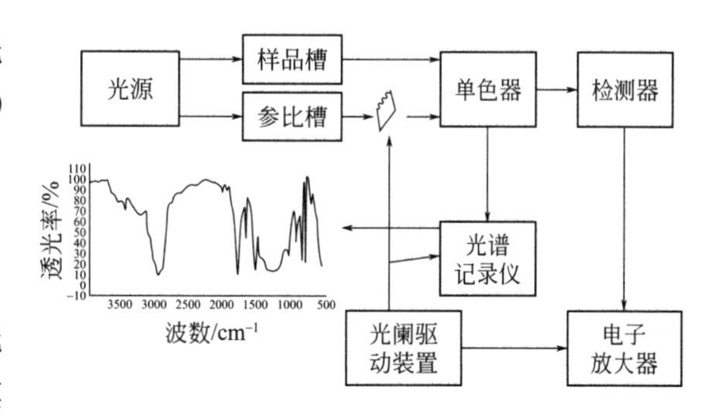

图 3-9 色散型红外光谱仪工作原理

（二）样品处理及操作条件

红外光谱的样品需要纯化，要求无水，为固体溴化钾压片上样或液体涂膜上样，也可以用气象槽进行气体的红外检测，在生物标记物方面一般应用固体和液体上样。

（三）应用

与 UV-Vis 相比，IR 在食品真伪鉴别和掺假分析方面的应用更为广泛，其应用最多的是食用油类的掺假分析。食用油掺假就是将质次价低的油品掺入到同种或异种质优价高的油品中。特级初榨橄榄油、浓香芝麻油以及一些优良保健油脂是主要的掺假对象。Rivera 等利用傅里叶转换-中红外光谱（FT-MIR）建立特级初榨橄榄油中掺入葵花油、大豆油、芝麻油、玉米油的鉴别方法，该方法根据不同掺假样品在 $3009cm^{-1}$ 处的谱峰强度不同建立，可以检出橄榄油中是否掺入的其他油类[44]。此外，IR 还可以用于其他食品掺假的检测，食品添加剂、非法添加物等的检测，如巧克力制品、奶制品、果汁、肉类等。其中 NIR 主要用于谷类、果蔬等农作物的品质检测，即通过分析水分、蛋白质、脂肪、淀粉、蔗糖等含量对农产品进行分级和筛选。随着仪器和软件技术的发展，比如衰减全反射技术（ATR）的应用，NIR 用于品质分析的范围逐渐扩大，从农产品逐步扩展到食用油、乳制品、果汁饮料等食品，如 Kasemsumran 等利用 NIR 检测牛奶中掺入水或乳清的分析方法[45]。Mauer 等则分别用 NIR、MIR 与偏最小二乘法（PLS）结合建立婴儿配方奶粉中三聚氰胺的定量方法[46]。

三、拉曼光谱分析

（一）原理

拉曼光谱（Raman spectrum）是样品受激发光照射时产生微弱的拉曼散射，由于不同成分、不同微观结构和内部运动的物质有各自特征拉曼光谱，因此每种物质的拉曼光谱有其“指纹特征性”。近年来，拉曼光谱发展出许多新技术，如傅里叶变换拉曼光谱（FT-Raman）、表面增强拉曼光谱（SERS）、共聚焦显微拉曼光谱等技术。在食品安全分析领域，FT-Raman 与 SERS 的应用较为常见。FT-Raman 采用 FT 技术处理拉曼信号，有效提高信噪比，降低荧光背景干扰，同时提高分辨率、重现性与扫描速度。SERS 技术是基于拉曼散射效应，结合表面增强机理发展而成的一种具有高灵敏度的分析技术，是传统拉曼光谱技术的重要发展，它不仅能提供被检测物详细的结构信息，同时其检测限可能达到单分子的水平，以高出常规拉曼技术数个数量级的灵敏度，实现对痕量物质的检测。作为一种新的微量测试技术，SERS 可以在分子水平上研究分子的结构信息，利用微量分子吸附于 Cu、Ag、Au 等金属溶胶或电极表面，使其拉曼光谱信号增强 10^4～10^9 倍，从而获得较好的信号响应[47]。拉曼光谱的原理如图 3-10 所示。

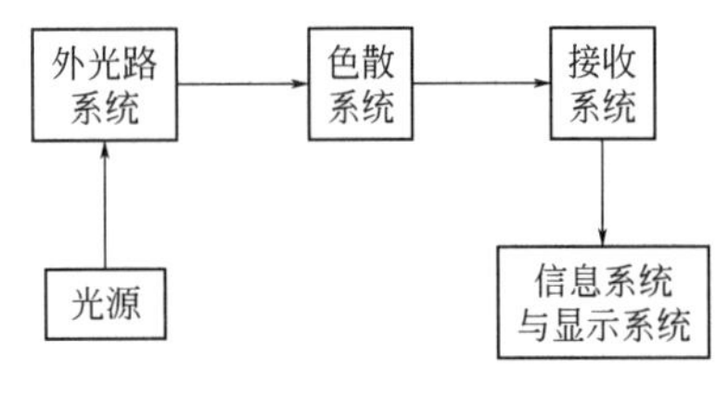

图 3-10 拉曼光谱的原理图

（二）样品处理及操作条件

在食品安全分析领域，拉曼光谱主要应用于掺假分析、微生物与农药残留检测，它受水的干扰小，SERS 技术在食品中化学危害物检测方面的应用为减少食品复杂基质的影响，SERS 的应用研究基本均从被分析物的标准溶液检测切入，结合 SERS 增强基底，如被分析物与溶胶混合或直接滴加到固体表面增强基底进行 SERS 测定，通过对不同浓度梯度标准溶液的 SERS 分析，探索 SERS 对被分析物的检测能力。对不同被分析物，需优化光谱采集条件（激发波长、激光功率、曝光时间、曝光次数、溶剂的选择及表面增强基底的性能等），获取最优光谱采集条件。在标准溶液检测的基础上对实际样品进行研究，这一过程中，前处理方法是决定 SERS 检测的重要环节，采用常规检测技术的标准前处理方法，过程往往比较烦琐耗时，在保证检测精度的前提下，简化前处理步骤可凸显 SERS 检测技术的优越性。使用 FT-Raman 检测样品不需要繁复的处理。

（三）应用

1. 表面增强拉曼光谱

表面增强拉曼光谱（SERS）是基于被测分子吸附在经特殊处理、具有纳米结构的金属表面，具有极强拉曼散射增强效应的分子振动光谱技术。

SERS 技术具有前处理简单、操作简便、检测时间短、灵敏度高等优点，在食品安全检测领域具有良好的应用前景。食品中化学危害残留超标是主要的食品安全问题之一，已引起全球的关注，SERS 技术对食品中痕量化学危害的分子识别及定量分析检测的相关研究报道数量近年来呈上升趋势。SERS 在食品中常被检出的非法添加物、农药残留、抗生素及其他药物残留检测中的应用广泛，涉及的拉曼散射增强基底体系多种多样，如金或银等纳米溶胶体系、金纳米固体表面基底、双金属或磁性内核等复合基底。研究对象一般以化学危害物的标准溶液为起点，扩展到常被检出该化学危害物的相应食品中，如乳制品、鱼、果蔬等。由于表面增强拉曼散射强度受多种因素的影响，SERS 谱图的重现性还是一个亟须解决的难题，而食品复杂体系中非目标组分对被分析物拉曼散射信号的干扰导致 SERS 技术还不能成为一种有效的常规快速分析方法，但 SERS 为食品及其他复杂体系中痕量化学物的检测提供了一个新的极具潜力的工具。

SERS 技术还可用于水果表面和内部的农药残留检测。在微生物检测方面，Sengupta 等利用 SERS 建立检测细菌的方法，他们通过大肠杆菌浓度测量估算出细菌的检测范围，并通过校正水中游离羟基的拉曼光谱，获得低至大约 10^3cfu/mL 的大肠杆菌光谱信号[48]。Luo 等则通过 SERS 与自行组装的便携式 Raman 系统，测试单核细胞增多性李斯特氏菌、大肠杆菌 O157∶H7 和肠道沙门氏菌的 SERS 光谱图，从而建立这些食源性细菌的定量分析方法[49]。

SERS 已用在检测人类尿液中腺苷酸（可能的癌症标记物）方面。样品的分离在 SERS 检测中非常重要，目前了发展一种新的利用磁性纳米材料（Fe_3O_4）分离复杂机制中的目标分子，用 Au/Ag 纳米颗粒与 SERS 平台作用，然后检测人类尿液中腺苷酸，检测的灵敏度能达到 1×10^{-10}mol/L，流程如图 3-11 所示[50]。

2. 傅里叶变换拉曼光谱

傅里叶变换拉曼光谱（FT-Raman）是一种非色散型红外光谱仪，其利用傅里叶变换技术对信号进行收集，多次累加以提高检测信噪比，并用 1064nm 的近红外激光照射样品，大大减弱了荧光背景。因此也可称之为近红外傅里叶变换拉曼光谱（NIRFT）。

NIRFT 较传统的可见光激发色散型拉曼光谱有如下优点：

首先，随着拉曼技术的发展 90% 以上的物质可以用 NIRFT 检测出，使用的干涉仪使得扫描时间大大缩短，并且样品的拉曼光谱重现性好。另外，NIRFT 分辨率和光通量在全谱范围内不变，所以光谱频率的准确度高且信噪比高。最后，近红外光足以穿过生物组织，用近红外光激发可直接提取到生物组织内分子的有用信息，这用来检测组织里的生物标记物非常方便，样品处理简单。

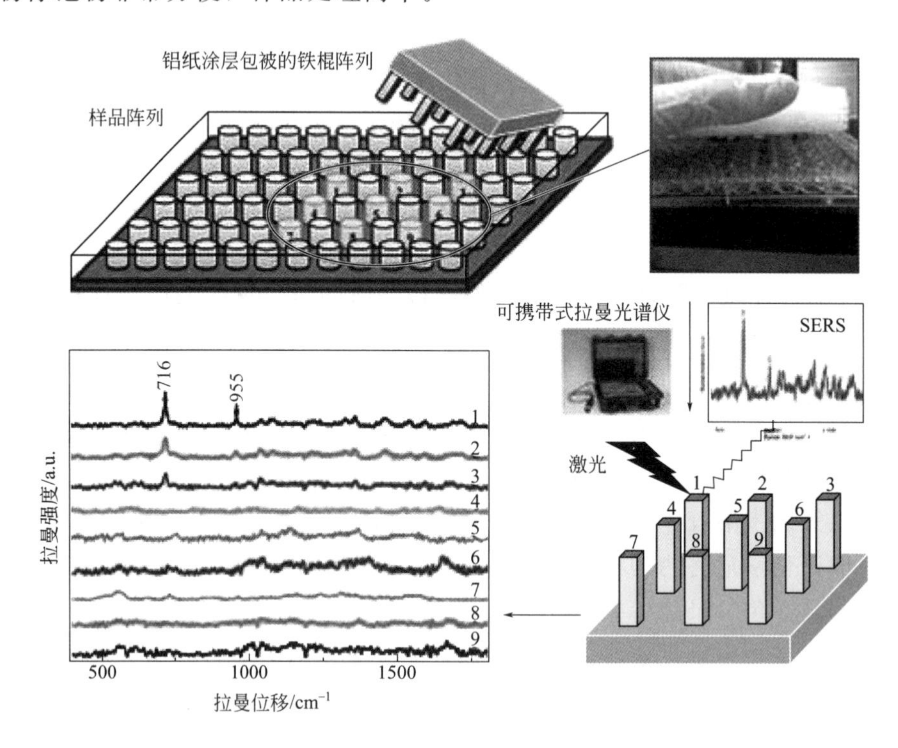

图 3-11　SERS 法检测腺苷酸流程图

四、分子荧光光谱分析

（一）原理

荧光是受激发的分子从第一激发单重态的最低振动能级回到基态所发出的辐射，通常发生在具有大 π 键的分子中。荧光强度与分子的平面度及共轭键数目成正比。

分子荧光光谱分析法（molecular fluorescence spectrometry，MFS）主要检测物质受激发后发射出的紫外线或可见荧光。近十几年来，随着激光、电子、计算机，以及光导纤维和纳米材料等技术的发展，MFS 分析进展迅速，出现了同步荧光分析、三维荧光光谱分析、动力学荧光光谱分析、荧光免疫分析等多种新方法和新技术。

（二）应用

在食品安全领域，由于研究的主要对象是有机分子或是一些官能团，MFS 相对于原子光谱有很多优点，因此，其应用也有很多，可用于食品掺假分析、合成色素含量检测、农药残留和微生物污染等方面的检测。Poulli 等报道完全同步荧光光谱法区分初榨橄榄油和葵花籽油的方法，同时结合 PLS 建立了橄榄油中掺入葵花籽油的定量检测方法[51]。

五、原子吸收光谱分析

（一）原理

原子吸收光谱（atomic absorption spectrometry，AAS）是利用样品蒸气相中被测元素的基态原子对由光源发出的该原子的特征性窄频辐射产生共振吸收，在一定范围内，吸光度与被测元素的基态原子浓度成正比，以此原理测定元素含量的波谱分析技术，原理如图 3-12 所示。每一种元素的原子不仅可以发射一系列特征谱线，也可以吸收与发射线波长相同的特征谱线。当光源发射的某一特征波长的光通过原子蒸气时，即入射辐射的频率等于原子中的电子由基态跃迁到较高能态（一般情况下都是第一激发态）所需要的能量频率时，原子中的外层电子将选择性地吸收其同种元素所发射的特征谱线，使入射光减弱，原子能级是量子化的，原子选择性吸收辐射能量。由于各元素的原子结构和外层电子的排布不同，元素从基态跃迁至第一激发态时吸收的能量不同，因而各元素的共振吸收线具有不同的特征。原子吸收光谱位于光谱的紫外区和可见区。一般分为石墨炉原子吸收光谱法和火焰原子吸收法。

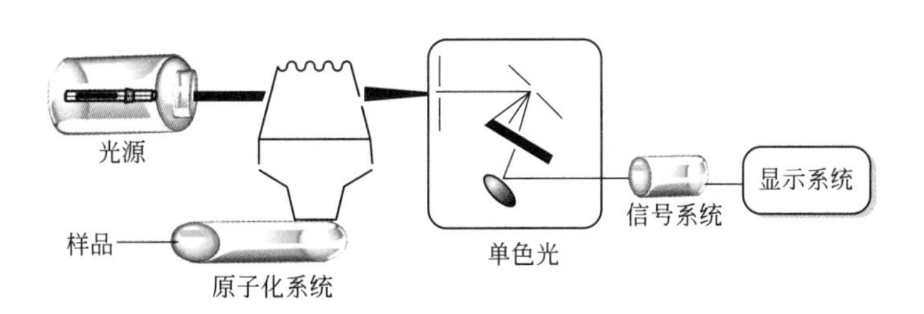

图 3-12 原子吸收光谱设计原理图

（二）样品处理及操作方法

原子吸收光谱分析技术主要采用液体进样，也可以是固体。样品处理的原则是制备过程中被测组分不损失、不被污染、全部转化为适宜测定的形式。选用的方法应该可以让被测组分元素快速完全溶解，被测组分无挥发损失、不生成不溶物、试液黏度小、不应损伤试样溶解过程中的器具及雾化器、燃烧头等。一般有以下几种方法：干法-酸溶、湿法-碱溶和熔融、分解-灰化和消解、分离富集-萃取分离、蒸馏分离、沉淀分离、膜分离、吸附分离、电解分离、色谱分离、离子交换分离等。

（三）应用

原子吸收光谱主要用来检测暴露标记物，如一些金属离子，铝、铅和钠等。石墨炉原子吸收光谱灵敏度较高、准确度好、价格便宜，可满足一般食品中铝含量的测定要求，值得推广。但相比 ICP-MS，石墨炉原子吸收光谱还存在一定的缺点，如测定检测限较低。

六、核磁共振分析

（一）原理

1. 核磁共振仪基本介绍

核磁共振（nuclear magnetic resonance，NMR）是一种基于具有自旋性质的原子核在核外磁场作用下，吸收射频辐射而产生能级跃迁的谱学技术。该技术于 20 世纪 70 年代初开始应用于生物医学的研究并得到迅速发展。利用高分辨率 NMR 技术对完整器官或组织细胞内许多微量代谢组分进行检测，可得到相应的生物体代谢物信息，研究这些组分的 NMR 图谱，综合分析这些信息所反映的生物学意义，可以了解生物体代谢的规律，并应用于食品的安全性评价。NMR 已成为当今食品科学研究领域的强大技术。

核磁共振波谱的特定值可以提供有关分子中原子数量和类型的信息，也能提供它们是如何连接的信息。^{1}H-NMR 谱提供了分子内氢原子数量和类型的信息，而^{13}C-NMR 谱提供的是碳原子的数量和种类。虽然只考虑氢和碳的核磁共振，但也可以获得许多其他元素的核磁共振谱。核磁共振今后将是检测生物标记物的一种主要方法，以下将详细讲述核磁共振的基本原理。

（1）核磁共振现象的产生

电子存在自旋且自旋的电荷能产生感应磁场，实际上，一个电子的行为就好像它是一个小磁棒。原子质量为奇数或者原子序数为奇数的原子核也有自旋（核自旋），其行为也好像一个小磁棒，有机化合物中最常见的两种元素的同位素^{1}H 和^{13}C 的原子核也有核自旋现象，然而^{12}C 和 ^{16}O 没有核的自旋。因此，在这个意义上说，^{1}H 和^{13}C 的原子核与^{12}C 和 ^{16}O 的有很大的不同。对于大量的^{1}H 和^{13}C 原子来说，它们的原子核的自旋取向完全是随机的。然而，当把它们放到一个强磁铁两极之间时，由于原子核自旋和外加磁场之间的相互作用被量子化，原子核只能有两种自旋取向。通过超导电磁铁很容易获得强度为 7.05T 的外加磁场（相比之下，地球的磁场大小约为 30～60μT）。在上述外加磁场中，^{1}H 核自旋能级之间的能量差为 0.120J・mol^{-1}，相当于频率大约为 300MHz 的电磁辐射。在同样强度的外加磁场中，^{13}C 核自旋能级之间的能量差为 0.035J・mol^{-1}，相当于频率大约为 75MHz 的电磁辐射。因此，可以使用射频频率范围内的电磁辐射去激发^{1}H 和^{13}C 核自旋能级的跃迁。

当把氢原子核置于外加磁场中时，小部分氢核的自旋取向与外磁场方向平行，处在较低能级。如果用具有适当能量的射频辐射照射处于外加磁场中的氢核，那么处于低能级的氢核就能吸收射频能量从而跃迁到高能级。在这种情况下，共振被定义为自旋核对电磁辐射的吸收（或者当原子核返回到平衡状态时电磁辐射的发射）以及自旋核吸收能量后所发生的能级跃迁。用于检测自旋核吸收及能级跃迁的仪器最终将它们记录成核磁共振信号。

（2）屏蔽效应

如果不考虑所有其他原子和电子对氢核的影响，那么在外加磁场和电磁辐射作用下，所有氢核产生的核磁共振信号是相同的。换句话说，所有氢原子产生核磁共振吸收所需的能量是相同的，氢原子彼此之间没有什么区别。如果是这样，由于化合物中所有氢原子在相同频率处共振，产生有且只有一个核磁共振信号，那么核磁共振波谱法就会变成一种对分子结构测定无效的技术。

所幸的是，有机分子中的氢原子不是孤立的，而是被电子和其他原子所包围。外围电子在外加磁场作用下绕核运动，从而产生与外加磁场方向相反的局部磁场。因此，分子中的氢原子实际感受到的磁场强度略小于仪器所提供的外加磁场强度。在核磁共振波谱法中，虽然电子产生的这些局部磁场在数量级上就比外加磁场低很多，但他们在分子水平上无疑是显著的。这些局部磁场导致的结果是氢原子发生屏蔽效应。氢原子被屏蔽的程度越大，产生共振时所需的外加磁场强度越大。

原子核周围的原子可以影响原子核周围电子云的密度。在分子内不同^{1}H 原子核之间，由屏蔽作用所引起的共振频率的差异通常是非常小的。例如，在强度为 7.05 T 的外加磁场中，氯甲烷中氢原子与氟甲烷中氢原子之间共振频率的差异只有 360Hz。考虑到在上述外加磁场中，需要使用的射频频率约为 300MHz，那么这两类氢原子之间共振频率的差异就只略微超过射频频率的百万分之一。

（3）核磁共振波谱仪

一台核磁共振波谱仪的基本组成部分是一个功能强大的磁铁，一个射频发射器，一个射频检测器和一个样品管。结构如图 3-13 所示。

用核磁共振波谱仪检测时，样品溶解在不含^{1}H 原子的溶剂中，最常见的有氘代氯仿（$CDCl_3$）或重水（D_2O）（氘，元素符号为 D，是氢的同位素^{2}H）。样品管是一种小玻璃管，使用时将其悬挂在磁铁的磁极之间，并使其沿纵轴方向旋转，以确保样品的所有部分所受外加磁场是均一的。在核磁共振波谱法中，习惯上测量某种原子核相对于参比物中同种核之间共振频率的差值。目前，使用有机溶剂测定^{1}H-NMR 和^{13}C-NMR 时，普遍采用的参比物是四甲基硅烷（TMS）。

一个化合物的^{1}H-NMR 检测谱表示的是该化合物中氢原子的共振信号相对于 TMS 中氢原子的共振信号的位移值。同样^{13}C -NMR 测定谱上，表示的是该化合物中碳原子的共振信号相对于 TMS 中四个碳原子的共振信号的位移值。

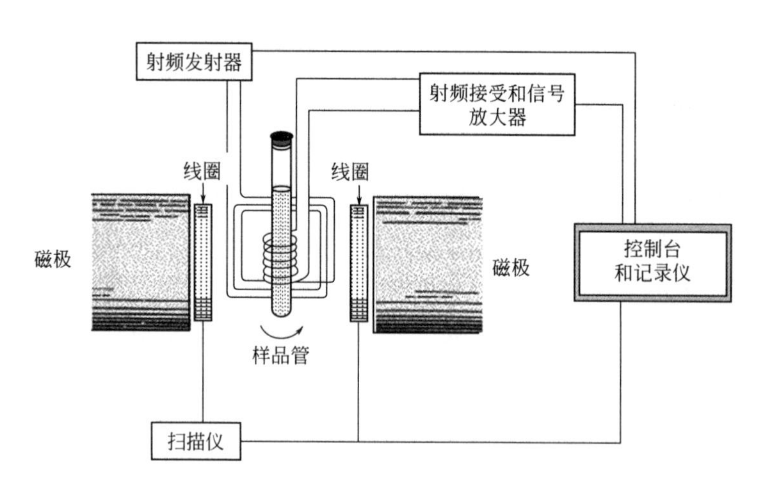

图 3-13 核磁共振波谱仪结构图

为了规范核磁共振数据的表示，用 δ 表示化学位移，其计算原理如式(3-2) 所示：

$$\delta=\frac{(\text{信号位置}-\text{TMS 位置})\times 10^{6}}{\text{仪器频率}} \tag{3-2}$$

其中，仪器频率的单位为 MHz。在一张典型的^{1}H-NMR 谱图中，横坐标代表 δ，其值从右边的 0 往左逐渐增大到 10，纵坐标代表共振信号的强度。谱图中在 $\delta=0$ 处的小信号代表的是参比物 TMS 的氢原子。如果峰往谱图的左边移动，通常说这是往低场移动，说明产生该信号的原子核所受屏蔽作用较弱，共振所需外加磁场较弱。相反，如果峰往谱图的右边移动，说明这是往高场移动，产生该信号的原子核所受屏蔽作用较强，共振所需外加磁场较强。

(4) ^{1}H-NMR 谱

① 等价氢原子　等价氢原子指的是氢原子所处的化学环境相同，等价的氢原子在^{1}H-NMR中出峰位置相同；相反，不等价的氢原子出峰位置不同。确定分子中哪些氢原子等价的一种直接的方法是通过一种试验原子，如卤素原子，轮流取代分子中的氢原子。如果两个氢原子被取代后得到相同的化合物，那么这两个氢原子是等价的。如果被取代后得到了不同的化合物，那么这两个氢原子是不等价的。一般情况下可以通过化合物的结构大致判断氢原子是否等价。

② 峰面积　^{1}H-NMR 谱图中出峰的个数可以提供有关等价氢原子数的信息。在^{1}H-NMR 谱图中峰面积的大小可以通过积分方法来计算。每组峰上积分曲线的垂直高度正比于该组峰的面积，也正比于产生该组峰的氢原子数。另一种表达面积积分值的方法是将其在水平基线的下方标出。积分值不完全与原子数的比值相匹配（因为原子个数一般为正整数），一般情况下，会对积分值取整来获得氢原子的数目。

③ 化学位移　化学位移可以提供有关产生该峰的氢原子类型的有价值的信息，表 3-3 列出了大多数类型氢原子的平均化学位移。大多数化学位移属于从 0 到 12ppm 这样一个相当窄的范围。

表 3-3　典型氢原子的化学位移

氢原子类型[1]	化学位移(δ)[2]	氢原子类型[1]	化学位移(δ)[2]
$(CH_3)_4Si$	0(人为规定)	RCOCH$_3$（C=O）	3.7～3.9
RCH_3	0.8～1.0		
RCH_2R	1.2～1.4	RCOCH$_2$R（C=O）	4.1～4.7
R_3CH	1.4～1.7		
$R_2C=CRCH$	1.6～2.6	RCH_2I	3.1～3.3
$RC\equiv CH$	2.0～3.0	RCH_2Br	3.4～3.6
$ArCH_3$	2.2～2.5	RCH_2Cl	3.6～3.8
$ArCH_2R$	2.3～2.8	RCH_2F	4.4～4.5
ROH	0.5～6.0	ArOH	4.5～4.7
RCH_2OH	3.4～4.0	$R_2C=CH_2$	4.6～5.0
RCH_2OR	3.3～4.0	$R_2C=CHR$	5.0～5.7
R_2NH	0.5～5.0	ArH	6.5～8.5
RCCH$_3$（C=O）	2.0～2.3	RCH（C=O）	9.5～10.1
RCCH$_2$R（C=O）	2.2～2.6	RCOH（C=O）	10～12

① R=烷基，Ar=芳香基。

② 近似值。分子中其他原子的存在会导致峰出现在这些范围之外。

从^{1}H -NMR 谱中可以获得三种信息：

① 从峰数可以确定等价氢原子的最大组数。

② 通过峰面积的积分，可以确定产生每个峰的相对氢原子数。

③ 从每个峰的化学位移值可以推出每组氢原子的类型。

从峰的裂分模式还可以获得第四种信息，一个氢原子的共振频率可以被邻近的其他氢原子产生的小磁场所影响。这些小磁场会使峰裂分成多个峰。一个峰可以被裂分为 2 个峰（称为二重峰，用 d 表示），或 3 个峰（三重峰，用 t 表示），4 个峰（四重峰，用 q 表示）等。未发生裂分的峰称为单峰（s），那些具有复杂裂分模式的峰则被称为多重峰（m）。如果相邻的碳原子上有氢原子，峰通常会发生裂分。当氢原子之间相隔的化学键超过三个以上时，如 H—C—C—C—H 中所示，峰裂分的情况将是罕见的，除非结构中含有 π 键（例如，芳香环中的情况）。通过裂分模式可以知道有关相邻碳原子上氢原子数目。例如，三重峰表明相邻碳原子上有 2 个等价氢原子，四重峰则表明相邻碳上有 3 个等价氢原子。表 3-4 简要列出几种常见有机基团的特征裂分模式。

表 3-4　常见有机基团的特征裂分模式

基团	裂分模式	
X—CH_2CH_3	四重峰 积分值=2	三重峰 积分值=3
X—$CH(CH_3)_2$	七重峰 积分值=1	二重峰 积分值=6

续表

基团	裂分模式	
X_2CHCH_3	四重峰 积分值=1	二重峰 积分值=3
$X—CH_2CH_2—Y$	三重峰 积分值=2	三重峰 积分值=2
$X_2CHCH_2—X$	三重峰 积分值=1	二重峰 积分值=2
X—C₆H₄—Y（对位二取代苯，H H / H H）	二重峰 积分值=2	二重峰 积分值=2

注：其中X和Y不同。假定表中所示基团中的氢原子与其他氢原子之间不发生偶合作用。

(5) ^{13}C-NMR谱

^{12}C是碳的最高丰度天然同位素（98.89%），但它没有核自旋现象，所以不能用NMR波谱法来检测。但是^{13}C的原子核（天然丰度1.11%）有自旋现象，所以可以采用与检测氢原子相同的方式——NMR波谱法来检测碳原子。在记录^{13}C谱最常见的模式质子去耦谱中，所有的^{13}C峰是以单峰形式出现。例如，柠檬酸是一种用来增加多种药品水溶性的化合物，它的^{13}C-NMR谱由四个单峰组成。请注意，与^{1}H-NMR一样，等价的碳原子只产生一个峰。表3-5及表3-6列出了^{13}C-NMR谱中不同类型碳原子化学位移的近似值，可作为记忆不同类型碳原子化学位移的经验规则。

表3-5 ^{13}C-NMR谱化学位移简易相关表

化学位移(δ)	碳原子类型
0～50	sp^3杂化型碳原子(3°>2°>1°)
50～80	与电负性元素如N、O或X相连的sp^3杂化型碳原子；所连元素电负性越强，化学位移越大
100～160	烯烃或芳环化合物中的sp^2杂化型碳原子
160～180	羧酸或羧酸衍生物中的羰基碳原子
180～210	酮或醛中的羰基碳原子

表3-6 ^{13}C-NMR化学位移

碳原子类型	化学位移(δ)①	碳原子类型	化学位移(δ)①
RCH_3	0～40	C_6H_5—C—R	110～160
RCH_2R	15～55		
R_3CH	20～60		
RCH_2I	0～40	RC(=O)OR	160～180
RCH_2Br	25～65		
RCH_2Cl	35～80	RC(=O)NR_2	165～180
R_3COH	40～80		

续表

碳原子类型	化学位移(δ)①	碳原子类型	化学位移(δ)①
R_3COR	40～80	RC(=O)OH	175～185
RC≡CR	65～85		
$R_2C=CR_2$	100～150	RC(=O)H，RC(=O)R	180～210

① 近似值。分子中其他原子的存在会导致峰出现在这些范围之外。

请注意^{13}C-NMR谱的化学位移范围比^{1}H-NMR谱的宽了很多。虽然^{1}H-NMR谱的大多数化学位移处在从$0\sim12\times10^{-6}$这样一个相当窄的范围内，但^{13}C -NMR谱的化学位移涵盖了0～210ppm的范围。由于刻度的扩展，在同一个分子中，要找到任何两个具有相同化学位移但却不等价的碳原子是非常困难的。最常见的情况是，分子内每一种不同类型的碳原子都会产生一个独特的能与所有其他峰明显分开的峰。此外，需要注意的是，羰基碳原子的化学位移与sp^3杂化的碳原子以及其他类型的sp^2杂化的碳原子的化学位移是截然不同的。在^{13}C-NMR谱中，羰基碳原子的存在与否是很容易识别的。

^{13}C-NMR波谱法的巨大优势是，它一般可以计算出分子中碳原子的不同类型数。然而，由于^{13}C-NMR谱是通过特定的方式获得的，峰面积的积分往往是不可靠的，因此，通常无法根据峰面积来确定每一种类型的碳原子数。

（二）样品处理及操作条件

对于普通核磁，样品检测生物标记物基本不需处理样品，只需将样品溶解在氘代溶剂中。对于固体样品不需处理。

（三）应用

核磁共振的检测限为10^{-6}mol/L，而MS为10^{-12}mol/L，与MS相比核磁的检测限明显偏低，灵敏度也较低，但是核磁代谢组学技术的优点是样品前处理比较简单并且具有无损伤性，基本不会破坏检测样品的性质和化学结构。另外因MS的响应与样品的化学结构有关，还存在不同物质离子化程度不一致，容易受基质效应影响等缺点，而核磁没有偏向性，对所有物质的响应一致，因此与MS相比，NMR可避免漏检，得到的含量数据更统一。

代谢组学被提及后得到了广泛的应用，代谢组学的一个重要应用是寻找生物标记物，核磁代谢组学是毒理学中的代谢组学。代谢组学的目的是扩展和补充由基因组学和蛋白质组学方法得到的生物体对外源性物质应答的信息，其任务是定量测量生物体对病理生理刺激或基因改变的动态多参数代谢反应，所以代谢组学是研究药物毒性和基因功能的技术平台。这个概念是根据Nicholson等近20年来利用H-NMR技术研究生物体液、细胞和组织中多组分代谢组成的工作提出的。在这些研究中，还利用了模式识别、专家系统和相关的生物信息学工具，在多数情况下，药物通过与遗传物质直接作用产生毒性，或通过诱导系统合成与药物代谢有关的酶，产生有毒物质，不同毒素引起的内源性代谢物的变化是不相同的。尽管基因组学、转录组学和蛋白质组学可以直接或间接反映毒物的毒性作用，但这种毒性效应很难与传统的毒理学效应的终点紧密联系起来，它们只能反映引起终点变化的可能性。而代谢组学通过分析与毒性作用的靶位和作用机制密切相关的生物体液中的代谢产物谱随时间的变化，可以确定毒性作用的靶器官和组织、毒性作用的过程和生物标志物。因此，代谢组学可以反映出毒性效应的终点状况，并且可以与生化和病理指标联系起来。中毒机制是毒理学研究的一部分。常规毒性试验常为预测和分析靶器官提供依据，毒物的分布有时与靶器官密切相关，外源性化学物质的代谢是研究中毒机制的理论基础，这方面可以通过建立动物实验模型来进行研究。这些化合物有可能只在药理学水平上产生作用，因而对基因的调节和表达可能不会有影响，这样，基因组学与蛋白质组学方法评价药物毒性是有一定限度的，而且，显著的毒理学效应可能与基因的改变和蛋白质的合成完全不相关。细胞中代谢物和组织中代谢物处于动态平衡，生物体液成分的变化反映了中毒或代谢损害而引起的细胞功能异常。利用高分辨率的^{1}H-NMR波谱，可检测血浆、尿和胆汁等中有特殊意义的微量物质的异常成分。NMR可以同时对所有代谢物进行定量分析，且不需要样品前期准备，对任何成分都有相同的灵敏度。由组织萃取物或细胞悬液的NMR图谱所得到的代谢物组成，可以有效地反映完整组织中的代谢物组成。^{1}H-NMR谱所检测到的生物体液中的内源性代谢物，完全依赖于动物体内的毒素类型。每一种类型的毒素都会在生物体液中产生独特的内源代谢物浓度和模式变化，这种特征提供了毒性作用的机制和毒性作用位置的信息。所有的代谢物都有其特征NMR谱峰，故代谢变化的指纹图谱可以作为毒物检测的定性依据，以便从功能和安全性两方面使药物筛选更有效，为新药临床前安全性评价提供可靠的技术支持和保障。因此，代谢组学将在毒物药物学的研究中发挥极其重要的作用。

（夏林、仲珊珊、尹慧勇）

第三节　免疫分析技术

免疫分析（immunoassay）是指以抗原抗体之间的特异性反应为基础，用各种标记物定性检测或定量检测各种物质（如药物、激素、蛋白质、微生物等）。免疫标记技术是将某种可以微量测定的物质，如化学发光剂、放射性核素、荧光素、酶等，标记于抗原或抗体上制备成标记物，与相应的抗体或抗原发生反应，检测标记物的含量，从而间接反应样品中待测抗原或抗体的含量。因为免疫标记技术是基于抗原与抗体的特异性反应，所以具有特异性强、灵敏度高、分析容量大、方便快捷、安全可靠等优点。免疫分析一般不需要贵重仪器，对使用人员的相关技术要求也不高，所以便于普及和推广，适合大量样品的快速检测分析。免疫分析在食品安全检测中的应用包括传统的免疫分析方法和一些新型的免疫分析方法。传统的免疫分析方法包括：放射免疫分析技术（radio immunoassay，RIA）、酶免疫分析技术（enzyme immunoassay，EIA）、荧光免疫分析技术（fluorescence immunoassay，FIA）、化学发光免疫分析技术（chemiluminescence immunoassay，CLIA）、免疫层析与胶体金技术等。

一、放射免疫分析技术

放射免疫分析技术是把放射性同位素测定的灵敏度和抗原抗体反应的特异性结合起来，在体外定量测定多种具有免疫活性物质的一项技术。根据放射性元素标记抗原还是抗体，把它们分成两类，一类是标记抗原去检测未知抗原，此为经典的测定方法，称为放射免疫分析法（radio immunoassay，RIA）。另一类是标记抗体，去检测相应抗体或抗原，这类标记抗体的方法称为免疫放射测定法（immunoradiometric assay，IRMA）。

（一）原理

放射性同位素标记的抗原（简称“标记抗原”）和非标记抗原（标准抗原或待测抗原）同时与数量有限的特异性抗体之间发生竞争性结合（抗原-抗体反应）（图 3-14）。由于标记抗原与待测抗原的免疫活性完全相同，对特异性抗体具有同样的亲和力，当标记抗原和抗体数量恒定且待测抗原和标记抗原的总量大于抗体上的有效结合点时，标记抗原-抗体复合物的形成量将随着待测抗原量的增加而减少，而非结合的或游离的标记抗原则随着待测抗原数量的增加而增加（也就是所谓的竞争结合反应），因此测定标记抗原-抗体或标记抗原即可推出待测抗原的数量[52]。

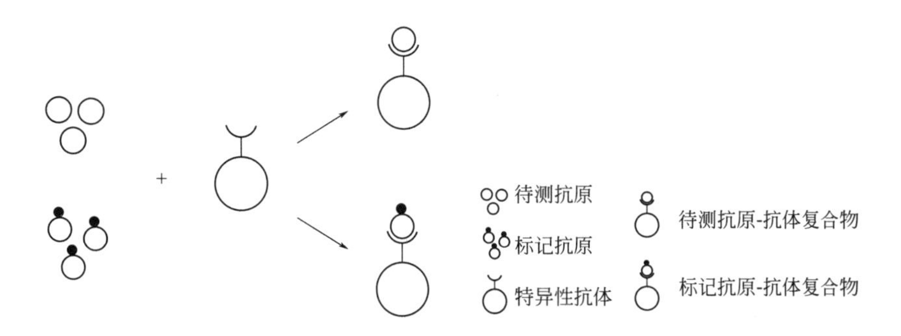

图 3-14　放射免疫分析原理示意图

1. 标记物

标记用的核素有 γ 射线和 β 射线两大类，γ 射线主要为 ^{131}I、^{125}I、^{57}Cr 和 ^{60}Co；β 射线主要为 ^{14}C、^{3}H、^{32}P。放射性核素的选择首先考虑比活性。^{125}I 是目前常用的 RIA 标记物。

2. 标记方法

标记^{125}I的方法可分为两大类，即直接标记法和间接标记法[53]。

直接标记法是将^{125}I直接结合于蛋白质侧链残基的酪氨酸上。此法优点是操作简单，为^{125}I和蛋白质的单一步骤的结合反应，能使较多的^{125}I结合在蛋白质上，故标记物具有高度比放射性。但此法只能用于标记含酪氨酸的化合物。此外，含酪氨酸的残基如具有蛋白质的特异性和生物活性，则该活性易因标记而受损伤。

间接标记法（又称连接法）是以^{125}I标记在载体上，纯化后再与蛋白质结合。由于操作较复杂，标记蛋白质的比放射性显著低于直接法。但此法可标记缺乏酪氨酸的肽类及某些蛋白质。如直接法标记引起蛋白质酪氨酸结构改变而损伤其免疫及生物活性时，也可采用间接法。间接法标记反应较为温和，可以避免因蛋白质直接加入^{125}I液引起的生物活性的丧失。

3. 标记物的鉴定

① 测定放射性游离碘的含量，用三氯乙酸（预先在受鉴定样品中加入牛血清白蛋白）将所有蛋白质沉淀，分别测定沉淀物和上清液。一般要求游离碘在总放射性碘的5%以下。标记抗原贮存过久后，会出现标记物的脱碘，如游离碘超过5%则应重新纯化去除这部分游离碘。

② 免疫活性标记时总有部分抗原活性损失，但应尽量避免。

③ 标记抗原必须有足够的放射性比度。比度或比放射性是指单位重量抗原的放射强度。标记抗原的比放射性用mCi/mg（或mCi/mmol）表示。比度越高，测定越灵敏。标记抗原的比度计算是根据放射性碘的利用率（或标记率）。

（二）放射免疫抗原的制备

1. 完全抗原

为了保证免疫反应的特异性，对放射免疫抗原要求的纯度较高，必须在90%以上。通常采用电泳、凝胶过滤、离子交换层析等技术获得较高纯度的抗原。纯化之后的抗原必须经过纯度鉴定才能使用。鉴定方法：通过电泳只出现一条沉淀线，或者以圆盘电泳进行纯度分析。

2. 半抗原

要获得较好的免疫原性，必须将半抗原与蛋白质大分子的载体结合起来形成一个完全抗原。结合的载体，通常包括血清白蛋白、γ球蛋白、纤维蛋白、甲状腺球蛋白、卵清蛋白等。连接方式则由半抗原的功能基团与蛋白质载体功能基团所决定。常用的连接剂有二亚胺、二异氰酸、过碘酸盐等。

（三）应用

放射免疫分析技术将同位素标记的高灵敏性和抗原抗体反应的高特异性相结合，精确敏感性好，样品用量少，易规范化[54]。但是，其在应用上的缺点也是显而易见的，如需特殊设备，虽然放射性微小，但仍然会面临公众反核的负面影响。此外，放射免疫分析较难实现自动化分析，试剂盒的有效期短，这些缺点使其面临新一代更灵敏、稳定、快速而且自动化程度高的测量技术的挑战[55]。

二、酶免疫分析技术

（一）原理

酶免疫分析技术把抗原抗体的免疫反应与酶的高效催化作用有机地结合起来，即把具有催化活性的酶类通过一定的化学方法与抗体（抗原）结合起来。酶标记抗体（抗原）形成酶标抗体（抗原）结合物，此结合物既保留抗体（抗原）的免疫活性，又保留了酶对底物的催化活性。酶标抗体（抗原）与相应抗原（抗体）进行反应后，酶催化相应的底物显色，借助酶作用于底物的显色反应来判定结果。酶的活性与底物以及与显色反应呈一定的比例关系。显色越深，说明酶降解底物量越大，与酶标抗体或抗原相检测对应的抗原或抗体量也就越多[56]。

1. 酶免疫技术的分类

酶免疫技术的分类如图 3-15 所示。

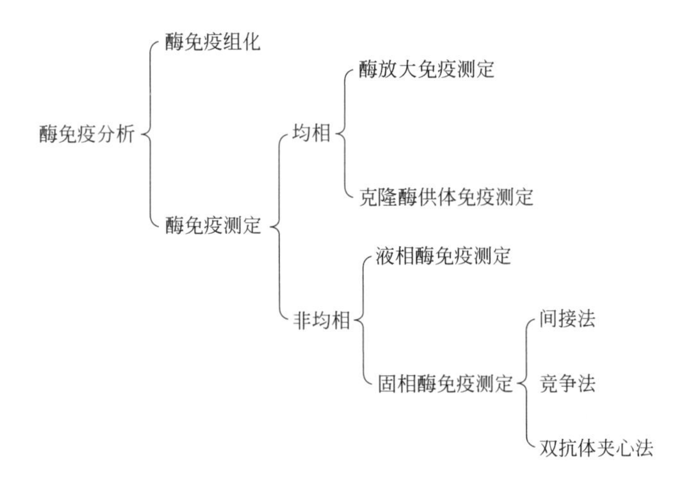

图 3-15　酶免疫技术的分类

2. 常用标记酶及其底物

标记酶的选择条件有如下几点：①活性高，分解底物的能力强；②特异性强，即作用于底物的转移性强；③与抗原抗体结合后仍保持酶的活性；④与底物作用可以显色；⑤纯度高、易纯化，即含杂蛋白少；⑥可溶性好，在溶液中稳定；⑦测定方法简单；⑧酶制取方便、价格低廉。

符合条件的酶有四种：①辣根过氧化物酶（horseradish peroxidase，HRP），分子质量 40kDa；②碱性磷酸酶（alkaline phosphatase，AKP），分子质量 82kDa；③β-半乳糖苷酶（β-galactosidase），分子质量 540kDa；④葡萄糖氧化酶（glucose oxidase），分子质量 186kDa。其中以 HRP 最为常用，其具有活力高、稳定、分子质量小、易提纯等优点。

HRP 广泛地分布于植物界，以辣根中含量最高。HRP 是由无色的酶蛋白和棕色的铁卟啉辅基组成的一种糖蛋白，含糖量为 18%，由 300 个氨基酸和 4 个二硫键连接而成，等电点 5.5～9.0，催化的最适 pH 因供氢体不同而有所差异，但多在 pH 5.0 左右。HRP 易溶于水和 58%以下的饱和硫酸铵溶液。

（二）酶标抗体的制备

1. 酶标抗体的条件

酶标抗体需满足以下条件：①纯度高、含杂蛋白少，IgG 优于血清抗体，Fab 片段优于 IgG；②特异性强，抗 IgG 与 IgG 在免疫电泳上只有一条沉淀线，与 IgG 的全血清也只有一条沉淀线，这才算是特异性的单价抗体；③效价高，一般琼脂扩散鉴定为1∶64以上才算合格。

2. 酶标记方法

（1）交联法

交联法通常用的交联剂是戊二醛，戊二醛商品大多数为 25%的水溶液，利用戊二醛分子上对称的两个醛基，分别与酶和蛋白质分子中游离的氨基、酚基等以共价键结合而进行标记。

（2）氧化法

采用强氧化剂过碘酸钠，将 HRP 的甘露糖部分（与酶活性无关的部分）的羟基氧化成醛基，然后与抗体的氨基结合，形成酶标抗体[57]。

（3）二马来酰亚胺法

二马来酰亚胺（dimaleimide）能与蛋白质半胱氨酸的巯基反应。首先用 α-巯基乙胺还原蛋白质（IgG），并用 N,N'-O-苯二马来酰亚胺活化，然后去除多余的试剂，最后使含二马来酰 IgG 与含巯基的 β-半乳糖苷酶连接。

（三）应用

酶免疫分析技术由于其检测灵敏度高、方法简单、所用仪器也相对便宜，所用的酶因其催化底物可与放射性核素一样起到信息放大作用，减少了放射性污染，所以酶免疫分析技术曾被认为可以完全取代放射性免疫分析。利用酶免疫分析开发商品试剂盒也有很好的实用价值，但是它所受的干扰因素太多，其灵敏度和稳定性不如放射性免疫分析，而且底物与酶发生显色反应后难于复原，所以是一次性的。

酶免疫分析技术最主要的方法为酶联免疫吸附法（enzyme linked immunosorbent

assay，ELISA)，简称酶标法，被广泛用于检测抗原或抗体，可进行定性和定量分析[58,59]。ELISA法可检测食品中的病原菌沙门氏菌、大肠杆菌等，也用于食品中的微量农药残留的检测以及酱油生产中能引起中毒的霉菌次级代谢产物黄曲霉毒素、超曲霉毒素等检测方面。

三、免疫荧光技术

免疫荧光技术（immunofluorescence technique）又称荧光抗体技术，是标记免疫技术中发展最早的一种，是在免疫学、生物化学和显微镜技术的基础上建立起来的一项技术。很早以来就有一些学者试图将抗体分子与一些示踪物质结合，利用抗原抗体反应进行组织或细胞内抗原物质的定位。

用荧光抗体示踪或检查相应抗原的方法称荧光抗体法；用已知的荧光抗原标记物示踪或检查相应抗体的方法称荧光抗原法。这两种方法总称免疫荧光技术，因为荧光色素不但能与抗体球蛋白结合，用于检测或定位各种抗原，也可以与其他蛋白质结合，用于检测或定位抗体，但是在实际工作中荧光抗原技术很少应用，所以人们习惯称之为荧光抗体技术或免疫荧光技术，以荧光抗体技术较常用。

（一）原理

免疫学的基本反应是抗原抗体反应。由于抗原抗体反应具有高度的特异性，所以当抗原抗体发生反应时，只要知道其中的一个因素，就可以查出另一个因素。免疫荧光技术就是将不影响抗原抗体活性的荧光色素标记在抗体（或抗原）上，与其相应的抗原（或抗体）结合后，在荧光显微镜下呈现一种特异性荧光反应[60]。

标记的抗体是抗球蛋白抗体，由于血清球蛋白有种的特异性，如免疫抗鸡血清球蛋白只对鸡的球蛋白发生反应，因此，制备标记抗体适用于鸡任何抗原的诊断。

（二）技术分类

1. 荧光抗体技术（荧光显微镜技术）

抗原抗体反应后，利用荧光显微镜判定结果的检测方法。

2. 免疫荧光测定技术

抗原抗体反应后，利用特殊仪器测定荧光强度推算被测物质浓度的检测方法。

（三）荧光物质

1. 荧光色素

许多物质都可以产生荧光现象，但并非都可用作荧光色素。只有那些能产生明显的荧光并能作为染料使用的有机化合物才能称为免疫荧光色素或荧光染料。常用的荧光色素有如下三种：

（1）异硫氰酸荧光素（fluorescein isothiocyanate，FITC）

异硫氰酸荧光素为黄色粉末，易溶于水或乙醇等溶剂。分子量为389.4，最大吸收光波长为490～495nm，最大发射光波长520～530nm，呈现明亮的黄绿色荧光。在阴凉干燥环境中可保存多年，是应用最广泛的荧光素。

（2）四乙基罗丹明（tetraethyl rhodamine，RIB200）

四乙基罗丹明为橘红色粉末，不溶于水，易溶于乙醇和丙酮。最大吸收光波长为570nm，最大发射光波长为595～600nm。性质稳定，可长期保存。

（3）四甲基异硫氰酸罗丹明（tetramethyl rhodamine isothiocyanate，TRITC）

四甲基异硫氰酸罗丹明最大吸收光波长为550nm，最大发射光波长为620nm，呈橙红色荧光。其异硫氰基可与蛋白质结合，但荧光效率低。

2. 其他荧光物质

（1）酶作用后产生荧光的物质

某些化合物本身没有荧光效应，一旦经酶作用便形成具有强荧光的物质。例如，4-甲基伞酮-*β*-*D*-半乳糖苷受*β*-半乳糖苷酶的作用分解成4-甲基伞酮，后者可发出荧光，激发光波长为360nm，发射光波长为450nm。

（2）镧系螯合物

某些3价稀土镧系元素如铕（Eu^{3+}）等螯合物经激发后也可发射特征性的荧光，Eu^{3+}螯合物的激发光波长范围宽，发射光波长范围窄，荧光衰变时间长，最适合用于分辨荧光免疫测定。

（四）标记方法

1. 直接法

荧光抗体与抗原结合，在荧光显微镜下可以观察到有荧光的抗原抗体复合物（图3-16）。此种方法的优点是简单、特异，但其缺点是检查每种抗原均需制备相应的特异性荧光抗体，且灵敏度低于间接法。

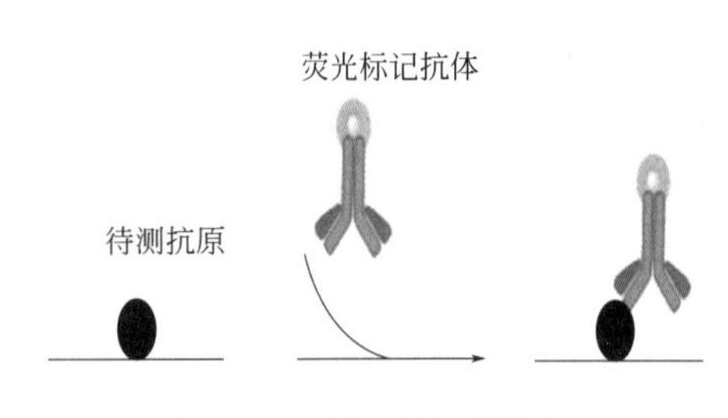

图3-16　荧光标记抗体与待测抗原直接结合示意图

2. 间接法

间接法是根据抗球蛋白实验的原理，用荧光素标记抗球蛋白抗体的方法（图3-17）。首先，第一抗体与抗原发生结合反应，形成抗原-抗体复合物，然后带有标记的抗抗体与抗原-抗体发生结合反应，形成抗原-抗体-标记抗抗体复合物，并显示特异荧光。此种方法的优点是灵敏度高于直接法，而且只需制备一种荧光素标记的抗球蛋白抗体，就可以用于检测同种动物的多种抗原抗体系统。

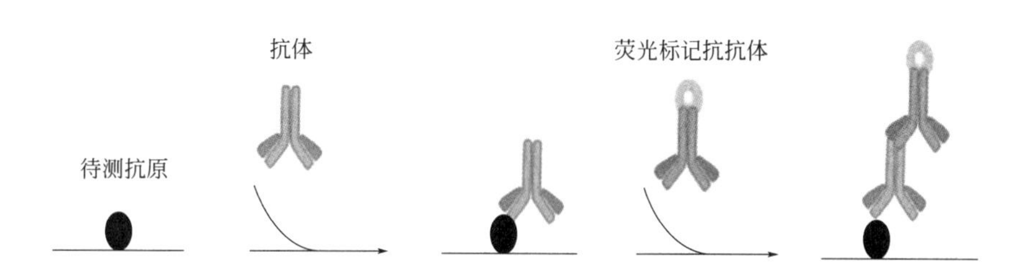

图 3-17 荧光间接标记示意图

（五）应用

张冬青等采用膜溶解、密度梯度分离纯化结合免疫荧光技术对饮用水中的“两虫”（隐孢子虫和贾第鞭毛虫）进行定性定量分析检测，其回收率分别为 56%和 35%，均高于 EPA1623 方法的质量控制要求[61]。采用免疫荧光技术操作方法简便且经济，适合在国内水源检测中推广使用。有报道首次将微菌落技术同免疫荧光技术相结合，建立了微菌落免疫荧光技术（M-CIF）。M-CIF 法敏感性和重复性好，用已知沙门氏菌浓度做最低检出限量实验，常规法检出限为 10 个/mL，而该法为 5 个/mL；阳性对照和阴性对照重复 10 次，阳性菌落均表现为荧光明亮，颜色稳定，阴性菌落均表现为荧光很弱。用 M-CIF 法对不同菌落进行特异性的荧光染色鉴别细菌，仅需 5～ 6h，在食品有害微生物检测方面有着非常大的应用前景。

四、化学发光免疫分析技术

（一）原理

化学发光免疫分析（chemiluminescence immunoassay，CLIA）是将具有高灵敏度的化学发光测定技术与高特异性的免疫反应相结合，用于各种抗原、半抗原、抗体、激素、酶、脂肪酸、维生素和药物等的检测分析技术。是继放射免疫分析、酶免疫分析、荧光免疫分析和时间分辨荧光免疫分析之后发展起来的一项最新免疫测定技术。

化学发光免疫分析包含两个部分，即免疫反应系统和化学发光分析系统。化学发光分析系统是利用化学发光物质经催化剂的催化和氧化剂的氧化，形成一个激发态的中间体，当这种激发态中间体回到稳定的基态时，同时发射出光子（hM），利用发光信号测量仪器测量光量子产额。免疫反应系统是将发光物质（在反应剂激发下生成激发态中间体）直接标记在抗原（化学发光免疫分析）、抗体（免疫化学发光分析）或酶上作用于发光底物。

（二）方法类型

化学发光免疫分析法依据标记方法的不同分为以下两种[62]。

1. 化学发光标记免疫分析

化学发光标记免疫分析又称化学发光免疫分析，是用化学发光剂直接标记抗原或抗体的免疫分析方法。常用于标记的化学发光物质是吖啶酯类化合物（acridinium esters，AE），AE是有效的发光标记物，其通过起动发光试剂作用而发光，强烈的直接发光在一秒钟内完成，为快速闪烁发光。吖啶酯作为标记物用于免疫分析，其化学反应简单、快速、无须催化剂。检测小分子抗原采用竞争法，大分子抗原则采用夹心法，非特异性结合少，本底低，与大分子的结合不会减小所产生的光量，从而增加灵敏度。

2. 化学发光酶免疫分析

从标记免疫分析角度，化学发光酶免疫分析（chemiluminescent enzyme immunoassay，CLEIA）应属酶免疫分析，只是酶反应的底物是发光剂，操作步骤与酶免疫分析完全相同：以酶标记生物活性物质（如酶标记的抗原或抗体）进行免疫反应，免疫反应复合物上的酶再作用于发光底物，在信号试剂作用下发光，用发光信号测定仪进行发光测定。目前常用的标记酶为辣根过氧化物酶（HRP）和碱性磷酸酶（ALP）。

（三）在食品分析中的应用

Rivera 等建立了基于化学发光的分析方法，用于检测人血清、人尿和某些食品中的肉毒梭菌毒素A、B、E和F。对不同类型的肉毒梭菌毒素的检测灵敏度不同，A和E型的检测灵敏度为50pg/ml，B型为100pg/ml，而F型为400pg/ml。此系统与其他类型的肉毒梭菌毒素不存在交叉反应[63]。该方法检测限与金标准小鼠生物监测的水平相当，而且大大缩短了测量时间。Rivera 等认为此分析方法在临床医学、科学研究和食品中的肉毒梭菌毒素筛查方面有非常广的用途。

五、免疫色谱技术与胶体金技术

（一）原理

免疫色谱法（immunochromatography）是近几年来国外兴起的一种快速诊断技术，其原理是将特异的抗体先固定于硝酸纤维素膜的某一区带，当该干燥的硝酸纤维素一端浸入样品（尿液或血清）后，由于毛细管作用，样品将沿着该膜向前移动，当移动至固定有抗体的区域时，样品中相应的抗原即与该抗体发生特异性结合，若用免疫胶体金或免疫酶染色可使该区域显示一定的颜色，从而实现特异性的免疫诊断。

免疫胶体金技术（immunocolloidal gold technique）是以胶体金作为示踪标志物应用于抗原抗体的一种新型的免疫标记技术。胶体金是由氯金酸（$HAuCl_4$）在还原剂如白磷、抗坏血酸、柠檬酸钠、鞣酸等作用下，聚合成为特定大小的金颗粒，并由于静电作用形成的一种稳定的胶体状态胶体金在弱碱环境下带负电荷，可与蛋白质分子的正电荷基团形成牢固的结合，由于这种结合是静电结合，所以不影响蛋白质的生物特性。胶体金除了与蛋白质结合以外，还可以与许多其他生物大分子结合，如SPA（葡萄球菌A蛋白）、PHA（植物血凝素）、ConA（刀豆蛋白A）等。

（二）应用

基于胶体金的一些物理性状，如高电子密度、颗粒大小、形状及颜色反应，加上结合物的免疫和生物学特性，使胶体金广泛地应用于免疫学、组织学、病理学和细胞生物学等领域。

免疫胶体金技术当前主要用于在牛奶中检测抗生素，可在10min内快速检测牛奶中的抗生素，用该方法可以检测的抗生素包括：β-内酰胺、四环素、磺胺二甲嘧啶、恩诺沙星等。张明等将磺胺甲噁唑-卵清白蛋白固相化在检测带上检测磺胺甲噁唑，该方法对磺胺甲噁唑的标准品溶液的灵敏度达到50ng/mL[64]。免疫胶体金检测技术结果直观、操作简单，在食品安全检测中有广阔的应用前景。

六、其他技术

随着免疫学的发展，免疫分析已经成为一个多学科交叉的新型分析技术，与其他的分析方法相结合，形成了许多新的分析方法。如分子印迹、流动注射免疫分析、免疫-PCR技术与免疫传感器等。

（一）分子印迹技术

分子印迹技术（molecular imprinting technique，MIT）是近年来得到广泛关注的一种技术，通常被描述为制造识别“分子钥匙”的人工“锁”的技术。它是利用化学手段合成一种聚合物——分子印迹聚合物（molecularly imprinted polymer，MIP），MIP能够特异性吸附作为印迹分子的待测物，在免疫分析中可以取代生物抗体，MIP具有稳定性好、制备周期短、费用低和易于保存等优势。

目前，MIP的研究仍处于初级阶段，但它在食品安全检测中的潜力已引起人们的关注（详见第一节生化分析部分）。Ferrer等利用分子印迹聚合物固相萃取水样和土壤中的氯三嗪农药，最低检测限为0.05～0.2μg/L，回收率为80%[65]。

（二）流动注射免疫分析技术

1980年Lim等将速度快、自动化程度高、重现性好的流动注射分析（flow injection analysis，FIA）与特异性强、灵敏度高的免疫分析（immunoassay）集为一体，创立了流动注射免疫分析法（flow injection immunoassay，FIIA）。目前已在药物分析、环境监测及农药残留检测等方面得到了广泛应用。

Badea 等应用流动注射免疫分析法检测牛奶中的黄曲霉毒素 M1（AFM1），得到的黄曲霉毒素 M1 的动态范围是 0.02～0.5μg/L，最低检测限是 0.011μg/L，用这种方法对不同的牛奶样品分析的结果与用 HPLC（高效液相色谱）的结果有很好的一致性[66]。

（三）免疫-PCR 技术

免疫-PCR（immune-polymerase chain reaction，immune-PCR）技术是 Sano 等[67]于 1991 年首次将 PCR 技术引入免疫反应，将抗原-抗体反应的高度特异性与 PCR 技术的高灵敏度、高自动化、操作简便等特点结合起来的技术，开创了免疫检测技术的新时代。免疫-PCR 将抗原-抗体反应与 PCR 强大的扩增能力结合在一起，使免疫分析的灵敏度进一步提高，是目前为止最为敏感的检测方法，理论上可以检测到一至数个抗原分子的存在。免疫-PCR 的基本原理与 ELISA 基本相似，所不同的是免疫-PCR 法用一段可扩增的 DNA 分子代替 ELISA 中的酶来放大检出信号。

由于具有高特异性和高灵敏度，免疫-PCR 技术有着广泛的应用前景，如检测鸡肉中的弯曲菌属、鼠伤寒杆菌及乳酪中的李斯特菌属等，也可以用来检测极微量的抗原，如毒素、毒物、有毒化学物质等。

（四）免疫传感器

近年来，生物传感器发展很快，已逐渐应用于食品、工业、环境检测和临床医学等领域。免疫传感器是基于固相免疫分析的生物传感器，它能够通过抗体选择性地检测待检物质，并产生相对应的转换信号，根据待检测物质浓度的不同，转换信号的强弱也有所不同。免疫传感器的工作原理是把抗原或抗体固定在固相支持物表面，通过抗原抗体特异性结合来检测样品中的抗体或抗原，与传统的免疫分析技术不同的是，免疫传感器有能将输出结果数字化的精密转换器，可以将抗原抗体结合产生的化学或光学等信号变化进行显示分析，不仅能够定量检测分析，还能够对免疫反应进行动力学分析。

免疫传感器目前在检测食品中农/兽药残留、毒素、细菌中均有很好的应用。有研究者研制了便携式光纤免疫传感器检测甲基对硫磷，最小检测限为 0.1μg/mL[68]。有研究者采用表面等离子共振（SPR）免疫传感器快速测定了脱脂牛奶和生牛奶中的磺胺二甲基嘧啶残留物，检出限低于 1μg/mL，经表面洗脱剂处理后可重复使用[69]。目前，免疫传感器的应用受到可利用的抗体种类少、抗体的不稳定性、抗体膜的可重复性差等诸多条件的制约，使得在食品安全检测中实现商品化的免疫传感器很少，大部分停留在实验室水平。

（五）多组分分析物免疫分析

多组分分析物免疫分析（multianalyte immunoassay，MIA）是指在同一份样品中，同时测定两种或两种以上的相关分析物的免疫分析技术。这种技术可同时检测多种物质，有利于环境、食物的多种农药残留和农药职业暴露检测，特别是对混配农药接触分析以及对其联合作用及体内代谢动力学的探讨和研究具有重要意义。

由于不同检测物标记方法不同、分析条件和检测信号等互不干扰，多组分免疫测定法在同一反应液中能够同时检测不同的检测物，但这种方法必须使几种标记物的测定条件相互协调，其灵敏度和组分数受到限制[70]。

（褚倩倩、仲珊珊、尹慧勇）

第四节　流式细胞术

流式细胞术（flow cytometry，FCM）是一种可以快速、准确、客观地同时检测单个微粒（通常是细胞）的多项特性的技术，可以对特定群体加以分选。研究对象为生物颗粒，如各种细胞、染色体、微生物以及人工合成微球等。研究的微粒特性包括多种物理及生物学特征，并加以定量分析。

流式细胞仪是以光源照射高速流动状态下的细胞，检测其标记的荧光染料受激发后发射荧光的强度及其他参数，从而获得细胞的大小、内部结构、组成特性等物理和生物学特征。它具有检测速度快、分析参数多、获取信息量大、灵敏度高、准确性好、方法灵活等优点。

一、原理

流式细胞仪主要由流动室及液流驱动系统、激光光源及光束形成系统、光学系统、信号检测与存储及显示分析系统、细胞分选系统5个部分组成。

待测细胞被制成单细胞悬液，经不同的荧光染料染色后，加入样品管，在气压推动下，进入流动室，流动室内的鞘液包围着样品。此时，细胞在鞘液的约束下单行排列，依次通过检测区，被荧光染料染色的细胞受到强烈的激光照射，产生散射光和荧光信号。散射光分为前向散射（forward scatter，FS）和侧向散射（side scatter，SS）或90°散射。前者主要反映被测细胞的大小，后者主要反映其胞质、胞膜、核膜的折射等以及细胞内颗粒的性状。光信号通过波长选择通透性滤片后，经光电倍增管接受转为电信号，再经数/模转换器转换为可被计算机识别的数字信号，以一维直方图或二维直方图及数据表或三维图形显示出。

流式细胞仪具有高分辨能力，主要表现在五个方面：①测定细胞内的DNA的变异系数最小，一般为1%～2%；②正确分辨二倍体、四倍体、近二倍体和非整倍体，可用于细胞周期分析；③利用特配的激光荧光染料进行蛋白质、核酸染色及荧光分析，可以敏感地鉴别细胞上荧光量的差异；④能够选择性地对某个细胞群进行分析；⑤尽管单细胞悬液制备条件要求严格、操作复杂，但检测客观，总分析数多，统计结论可靠。

二、应用

（一）微生物快速检测

流式细胞术最初主要应用于科学研究和临床检验，在微生物学方面的应用则发展相对较晚。实际上，微生物学，尤其是细菌学当前面临的一些问题，特别是需要对大数量细菌进行逐个快速多参数精确测量时，流式细胞术很适合解决此类问题。酵母菌的测量在技术上比较简单，其自身体积大，DNA 含量约为人类二倍体细胞 DNA 含量的 1/200。在工业中，流式细胞术可用于快速微生物鉴定，如对饮用水及原油中的微生物鉴定与控制。因此，流式细胞术在液态商品的微生物检测方面的应用越来越受到人们的关注。

（二）食品毒理学和保健食品功能学评价

杨杏芬等建立了部分食品毒理学安全性评价及保健食品功能学评价指标的流式细胞术检测方法，并应用于实际检测以评价其应用价值[71]。杨杏芬等依据 GB 15193.1《食品安全性毒理学评价程序》及《保健食品功能学评价程序和检验方法》（1996）中增强免疫力功能、抗氧化功能及骨髓细胞微核等检测方法，分别设立实验组、阴性对照组和（或）阳性对照组，采用流式细胞术进行以下指标检测。①增强免疫力功能——小鼠外周血 T 淋巴细胞、B 淋巴细胞计数，小鼠淋巴细胞增殖水平（CFSE），小鼠 T 淋巴细胞、NK 细胞表面活化抗原 CD 69 表达水平，大鼠 T 淋巴细胞、NK 细胞 CD 25 表达水平，小鼠血清抗体同种型表达（CBA）及小鼠腹腔巨噬细胞吞噬功能。②抗氧化功能——大鼠肝细胞内活力氧（ROS）及线粒体膜电位（MMP）水平，大鼠外周血 CD 28/CD 8 表达水平，小鼠肝细胞凋亡。③小鼠外周血微核率。④豚鼠肾上腺皮质细胞凋亡率与线粒体膜电位测定。研究结果显示，建立的部分食品毒理学安全性评价及保健食品功能学评价指标的流式细胞术检测方法，在应用实际样品检测中与《保健食品功能学评价程序和检验方法》中相关指标相比具有较好的相关性，且某些指标具有更高的敏感性。

因此，流式细胞术在食品毒理学安全性评价和保健品功能学评价中有良好的应用价值，值得进一步研究和推广。

（褚倩倩、仲珊珊、尹慧勇）

第五节 质谱分析

一、基本原理

1910 年，汤姆森（Joseph J. Thomson）利用简单的电场-磁场组合装置第一次发现了氖离子流在电场和磁场共同作用下会发生偏转，形成两条不同的抛物线，并被感光板捕获，发现了氖元素存在稳定同位素（20 和 22），比例为 9∶1 左右。1918 年，登普斯特（Arthur Jeffrey Dempster）设计了世界上第一个离子源——电子轰击离子源，该离子源的出现使得进入质量分析器时，离子具备了相同的能量，并成功检测了镁、锂、钾、锌等元素的同位素。1919 年阿斯顿（Francis William Aston）利用磁场和电场分离聚焦的方法设计了世界上第一台质谱仪。早期的质谱主要应用于测定离子的质量及同位素丰度，且分辨率较低。随着质谱仪在各个领域应用的展开，推动了真空系统、离子透镜、离子源和电子控制系统的一系列技术上的进步，质谱测定过程的稳定性大大提高，单磁场的质谱仪成为主流产品。这些磁质谱可以达到几千的分辨率，对分开能量色散在 eV 级的离子流来说，已经绰绰有余。当然，对于离子流具有比较宽的能量宽度的（比如几千 eV），还是要依靠双聚焦质谱。双聚焦质谱虽然发展没有单聚焦那么快，但是也是有很大进展的。1942 年，第一台商品化的质谱仪出厂，主要应用于对精度要求不高的行业，如石油工业和橡胶厂。1946 年，埃瓦尔德（Ewald）采用马-赫型的双聚焦设计了一台高分辨质谱，其分辨率可达 30000～50000[72]。

Aston 首先提出质谱的概念。质谱是质量的谱图，是唯一测试分子和原子质量、反映分子结构的仪器，是反应分子离子及碎片离子的质量和相对强度的谱。早期的质谱主要应用于分离、测定同位素及原子质量。现代的质谱技术具有进样量少，灵敏度高，分析速度快等优点，近年来计算机技术的发展，质谱和其他方法联用的接口技术的突破，如气相色谱-质谱联用、液相色谱-质谱联用等技术，使得质谱的作用更加重要，现已广泛应用于生命科学、环境科学、材料科学、核技术、地球和天体科学等领域。

二、仪器

质谱仪器主要由离子源、质量分析器、检测器三部分组成。质谱仪器组成如图 3-18 所示。气体、液体或固体样品被导入到离子源中进行离子化，电离成带正电荷的离子。这些正离子从离子源中被引出，经过高压加速器（1000～8000eV）加速后，引

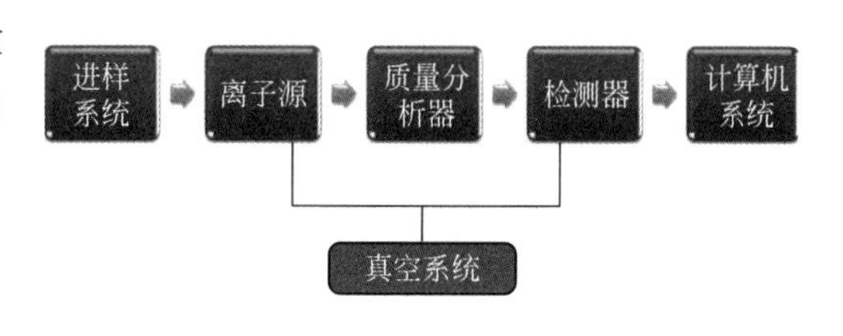

图 3-18 质谱仪器组成部分示意图

入质量分析器（mass analyzer）。当离子被加速引入到质谱仪内，这些离子就具有了势能（eV），这里的 V 指的是加速电压，e 指离子电离后带的电量，通常一次电离等于 e，二次电离等于 $2e$。离子的这个势能在通过狭缝进入质谱仪后转化为动能（$\frac{1}{2}mv^2$，v：离子运行速度）。假设离子形成时初始能量与势能相比可以忽略不计，那么离子的速度就可以用公式 $eV=\frac{1}{2}mv^2$ 计算得到。这个公式可以清楚地表明质量重的离子速度要比质量轻的离子慢。这是飞行时间质谱（TOF-MS）——不同离子的速度不同，在相同飞行距离内到达检测器的时间不同的基本原理。在质量分析器内，不同质荷比离子束被分开。经过质量分选的离子可以先后到达检测器，在检测器内转为电信号，被计算机系统记录下来。真空系统是质谱正常工作的重要保证，为了防止氧气烧坏离子源灯丝，减少离子源加速器的放电，以及减少一些空气中分子与目标分子的反应，一般离子源和质量分析器的真空度维持在 $10^{-5}\sim10^{-6}$ Pa。

（一）离子源

离子源主要可以分为硬离子源和软离子源。

硬离子源是指经过撞击使分子结构发生断裂的离子化方式，主要是电子轰击源（EI），这是世界上最早出现的离子源，也是至今发展最成熟的离子源。

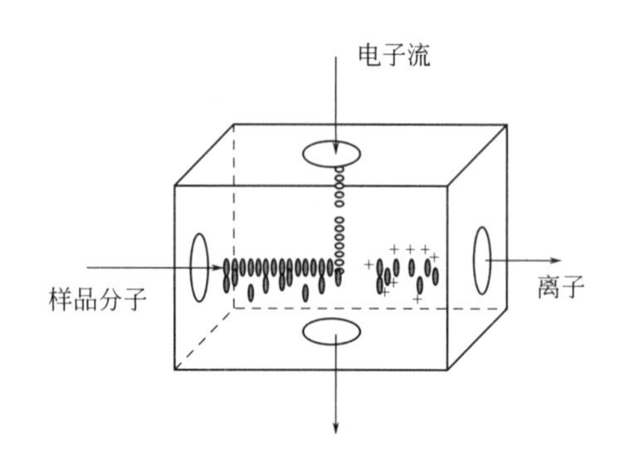

图 3-19　电子轰击离子源原理示意图

图 3-19 是电子轰击离子源原理示意图，阴极灯丝在电压下产生高能电子束（一般 50～70eV），样品气化后进入离子化室，由于一般分子离子化能在 7～15eV 之间，受到电子束轰击，样品分子很容易失去一个电子形成 M^+ 离子，或者分子结构中键能较低（<70eV）的键在电子轰击下断裂发生均裂或异裂，产生质量较小的碎片离子或自由基。在加速电压的作用下，碎片离子经过加速后进入质量分析器。

电子轰击离子源是应用最广的一种离子源，可以提供很多分子碎片信息，有助于结构解析，且有较好的重现性，裂解规律也是研究得最多的，现已形成完善的结构检索数据库。但缺点是分子易形成碎片，分子离子峰较弱，且不适用于检测难挥发和热稳定性差的样品。

软离子源是指通过一定作用使分子带上电荷，无碎片或者少量碎片，通常会结合上一些阳离子，得到 $[M+H]^+$、$[M+NH_4]^+$、$[M+K]^+$、$[M+Na]^+$ 等离子峰。常见的软离子源有大气压电离源（API）、化学电离源（CI）、基质辅助激光解吸电离源（MALDI）和快原子轰击电离源（FAB）。

化学电离源（CI）也是比较常见的一种离子源。离子化室充满反应气，先将反应气用电子轰击，形成离子（如图 3-20），当分析物质（M）进入离子化室后，与反应气离子发生离子分子反应或者质子交换，使分析物质分子带上电荷。常用的反应气有甲烷、异丁烷和氨气等。该方法和 EI 比较，电离能小，碎片较少，很容易得到分子离子峰，常用来分析极性较小的化合物，但不适用热不稳定或难挥发的化合物分子。

$$CH_4+e \longrightarrow C_2H_5^+, CH_5^+, C_3H_7^+, CH_3^+$$
$$CH_5^+ + M \longrightarrow [M+1]^+ + CH_4$$
$$C_2H_5^+ + M \longrightarrow [M-1]^+ + C_2H_6$$

图 3-20　化学电离源原理

大气压电离源（API）可以分为电喷雾电离源（ESI）、大气压化学电离源（APCI）、大气压光致电离源（APPI）。20 世纪 80 年代末期，Fenn 及其合作者首先报道了采用 ESI 这样的软电离技术测定高分子合成聚合物。电喷雾电离源（ESI）（如图 3-21 所示）样品通过高压毛细管形成带电喷雾，带电喷雾通过热和氮气作用，溶剂挥发，液滴逐渐变小，液滴表面电荷密度随着雾滴变小不断增加，最后离子被喷射出去，使极性化合物带电。电压及溶剂的性质会影响离子化效率，常见的电压范围是 ±2500～±4000V，一般溶剂表面张力越大，要求电压也越大。这项技术最大的优点在于能够直接将液体样品转化为具有高电荷的气相离子。2002 年，Fenn 和 Tanaka 获得了诺贝尔化学奖。

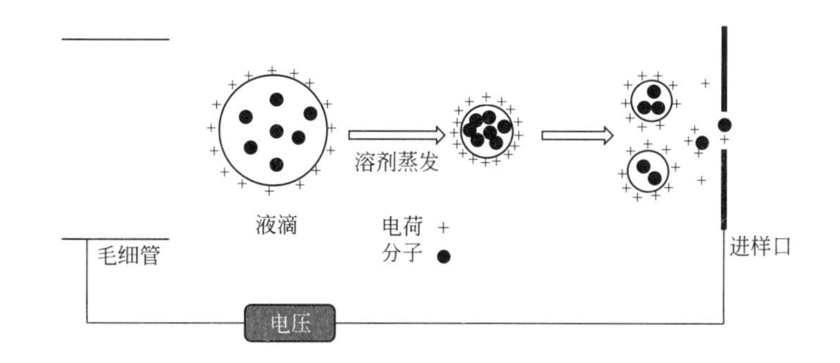

图 3-21　电喷雾电离源原理示意图

大气压化学电离源（APCI）（如图 3-22 所示）是指电晕针放电，形成带电喷雾气，流出液雾滴经过喷雾气后，一般溶剂先带上电荷，通过质子转移，使样品分子带电。该种电离方法常用来离子化极性较低或较难带电的分子。大气压光致电离源（APPI）的原理与之相类似，只是电晕针换成了激光束。

快原子轰击离子源（FAB）也是较常见的一种软离子源之一。该离子源的原理是电离惰性气体氩（Ar）或氙（Xe），电离后的惰性气体离子经电场加速后，进入充满惰性气体的碰撞室内，碰撞未电离的惰性气体分子，使其也具有较高动能，如式(3-3）所示。

$$Ar^+(快)+Ar(慢) \longrightarrow Ar^+(慢)+Ar(快) \qquad (3\text{-}3)$$

高动能惰性气体分子撞击金属靶面，大部分动能会消散，一部分动能经碰撞后转移到涂布在靶面上的分子，使其挥发和解离失去电子带电并具有动能，进入分析器。该离子源能够得到较强的分子离子峰，但由于溶剂基质为甘油、硫代甘油、间硝基卞醇、三乙醇胺等，与快速原子碰撞后，从靶面脱离出来的是比较复杂的离子束，包含电子、各种离子以及大量惰性气体分子，分析质谱图时需注意基质经碰撞后产生的峰，以及这些基质与样品分子结合产生的峰。

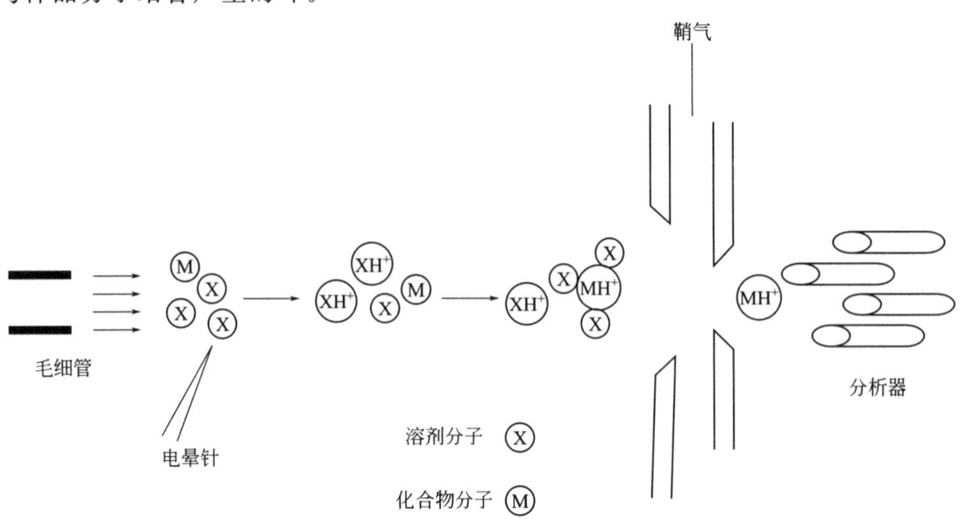

图 3-22 大气压化学电离源原理示意图

这种电离方式在电喷雾离子源出现前较常用，一般适用于检测难电离、难气化、极性较强的大分子，如肽类和蛋白质[73]等，甚至对一些热不稳定的分子也可以分析。但是和其他离子源相比，快原子轰击灵敏度较低，而且这种电离方式要求的流速低（<5μL/min），大大降低了液相分离效率。分析样品时，由于含有 2%～5%的甘油作为溶剂，所以离子源很容易脏，石英毛细管容易堵。这些问题也影响了其应用和推广。

电感耦合等离子体（ICP）的原理如图 3-23 所示。等离子体是指总体净电荷为零，由相同浓度正离子和负离子组成的混合气体。等离子体内部温度高达几千至一万摄氏度。载气携带样品分子从等离子体中心穿过，样品分子迅速被蒸发形成离子。由于等离子体中心温度高，化合物的分子结构已经被破坏，所以 ICP 仅适用于元素分析。该离子源的优点是具有很低的检测限，很高的灵敏度，简单的操作过程及优秀的常规分析能力，但是同质异位素干扰、多原子离子干扰、基体效应、挥发元素损失、交叉污染等因素很大程度上制约了 ICP-MS 的广泛应用。

基质辅助激光解吸电离源（MALDI）是大生物分子（寡核苷酸、碳水化合物、脂质、蛋白质、肽和聚合物）分析中最重要的软电离技术。这项技术在 1988 年由 Karas 等首先提出[74]，后来随着生物分析研究的需要得到迅速发展。用 MALDI 进行生物大分子分析时，一般需要添加一些能吸收激光的分子，即基质分子，三氟乙酸是较为常见的基质分子，具有较强的激光吸收能力。选择合适的基质分子，不但能达到除去溶剂的目的，而且能帮助分析物离子化。在 MALDI-MS 中，用于分析肽和糖肽的基质是 α-氰基-4-羟基肉桂酸（HCCA）[75]，分析肽和小分子蛋白用 2,5 -二羟基苯甲酸（DHB），一般基质和样品的比例约为 5000∶1[76]。

基质辅助激光解吸/电离质谱（MALDI-MS）的基本原理见图 3-24。在 MALDI-MS 中常用的激光是紫外（例如氮气激光波长 337nm，脉冲持续时间为 3～10ns）[77]或者红

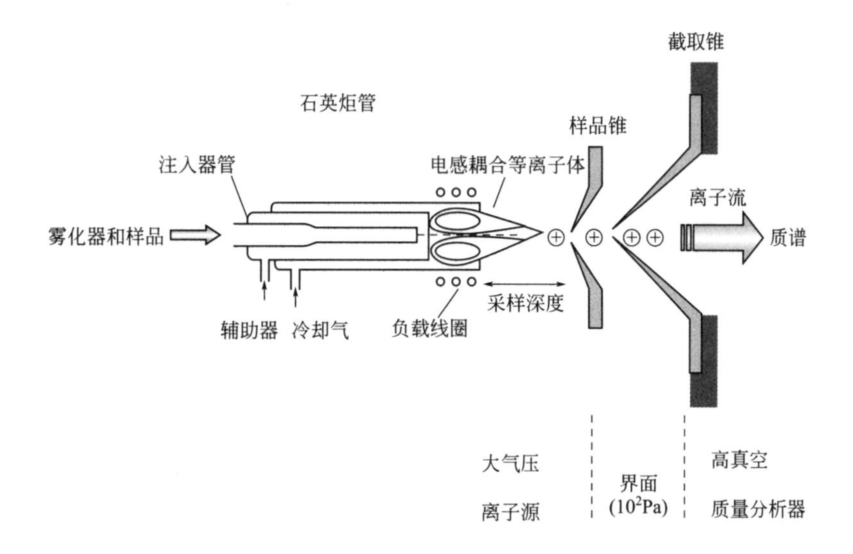

图 3-23　电感耦合等离子体原理示意图

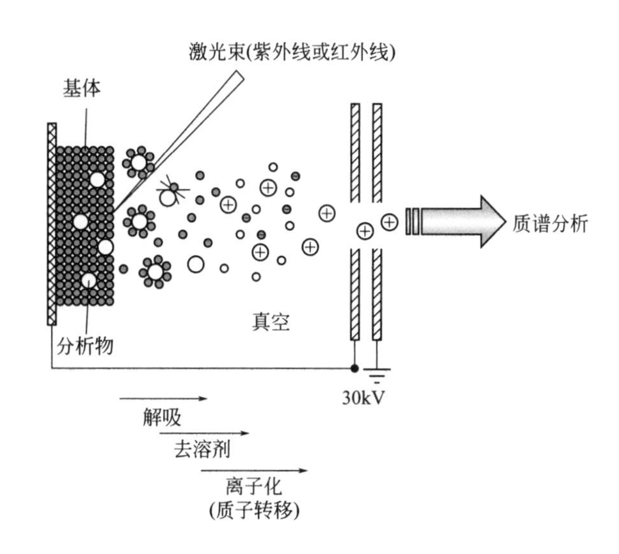

图 3-24　MALDI 原理示意图[72]

外激光器[78]（例如，Er：YAG 激光波长 2.94μm，二氧化碳激光波长 10.6μm，脉冲持续时间可达到 600ns）。紫外和红外激光器软电离的过程中获得的质谱峰并没有什么差别。能量密度（在 MALDI-MS 中，称为通量）是约 20～100mJ/cm²，而激光功率密度（称为照射）在百万和千万瓦每平方厘米之间变化。与进行元素和同位素分析的激光诱导无机质谱（如 LIMS 和 LA-ICP-MS）技术相比，MALDI-MS 中的激光功率密度要低 2～3 个数量级，这也是为什么是软电离技术的原因之一。在 MALDI 离子源中形成的大多是正单电荷离子或分析物，但也有少量双电荷离子。在激光的作用下，固体样品/基质混合物和光子的作用导致基质和分析物分子的聚集状态从固体变成气体，并在真空状态的离子源中形成基质柱。在这个蒸发和膨胀过程中，基质发挥了关键的作用，它不仅携带并与分析物分子发生反应。在去溶剂化步骤后，分析物分子通过气相质子转移反应并部分地由于光电离或离子分子反应的发生而离子化。在 MALDI 离子源中最有可能的电离过程是气相质子在扩散的激光诱导柱与电离基质分子间转移。和其他激光等离子体离子化技术相比，MALDI 在产生有机分子的碎片方面具有更好的性能。

通过基质辅助激光诱导解吸电离，基质分子吸收大部分激光照射的光子能量，所以可以有效地降低对分析物的损害。与激光束的光子会加热分解的基质化合物不同，分析物的分子会完整地被电离并提取到质谱的离子分离系统中。由于存在大量基质小分子，大的被分析物分子的电离受到抑制。因此，在电离过程中的离子化率（形成离子除以解吸的中性分析物的数量的比率）小于十万分之一。基质辅助的激光诱导解吸过程中的能量传递通过基质分子传给分析物分子。这个软电离过程很高效地产生了可以被测量的完整的分析物离子。此外，MALDI-MS 具有分析异构样品的能力，因此它能够进行生物样品结构分析和识别。解吸和电离的分析物正离子可以被提取到飞行时间（TOF）、四极杆、扇形磁场、离子阱、傅立叶变换离子回旋共振或串联质谱仪中进行分析。另外，MALDI-MS 的优点是可以分析大质量的分子（检测皮摩尔蛋白质），分析的分子量可达 300 000。因此 MALDI-MS 成为合成和生物聚合物分析的利器。除此之外，MALDI-MS 因为采用的是软电离技术，因此只产生很少的分析物碎片，在复杂混合物的分析中具有非常广阔的前景。

（二）接口技术

为了防止离子与空气中分子及中性原子碰撞，质量分析器需要维持较高的真空度。所以将大气压下的样品引入到真空条件的检测器，就需要一定的接口。现在常见的接口有直接进样接口、电喷雾进样接口、热喷雾进样接口、离子喷雾进样接口、粒子束进样接口，以及解吸附进样接口[79]。

1. 直接进样接口

在室温和常压下，气态或液态样品可通过一个可调喷口装置以中性流的形式导入离子源。吸附在固体上或溶解在液体中的挥发性物质可通过顶空分析器进行富集，利用吸附柱捕集，再采用程序升温的方式使之解吸，经毛细管导入质谱仪。对于固体样品，常用进样杆直接导入。将样品置于进样杆顶部的小坩埚中，通过在离子源附近的真空环境中以加热的方式导入样品，或者可通过在离子化室中将样品从一可迅速加热的金属丝上解吸或者使用激光辅助解吸的方式进行。这种方法可与电子轰击电离、化学电离以及场电离结合，适用于热稳定性差或者难挥发物的分析。目前质谱进样系统发展较快的是多种液相色谱/质谱联用的接口技术，用以将色谱流出物导入质谱，经离子化后供质谱分析。主要技术包括各种喷雾技术（电喷雾、热喷雾和离子喷雾）、传送装置（粒子束）和粒子诱导解吸（快原子轰击）等。

2. 电喷雾进样接口

带有样品的色谱流动相通过一个带有数千伏高压的针尖喷口喷出，生成带电液滴，经干燥气除去溶剂后，带电离子通过毛细管或者小孔直接进入质量分析器。传统的电喷雾接口只适用于流动相流速为1～5μL/min的体系，因此电喷雾接口主要适用于微柱液相色谱。同时由于离子可以带多电荷，使得高分子物质的质荷比落入大多数四极杆或磁质量分析器的分析范围（质荷比小于4000），从而可分析分子量高达几十万的物质。

3. 热喷雾进样接口

存在于挥发性缓冲液流动相（如乙酸铵溶液）中的待测物，由细径管导入离子源，同时加热，溶剂在细径管中除去，待测物进入气相。其中性分子可以通过与气相中的缓冲液离子（如 NH_4^+）反应，以化学电离的方式离子化，再被导入质量分析器。热喷雾接口适用的液体流速可达2mL/min，并适合于含有大量水的流动相，可用于测定各种极性化合物。由于在溶剂挥发时需要利用较高温度加热，因此待测物有可能受热分解。

4. 离子喷雾进样接口

在电喷雾接口基础上，利用气体辅助进行喷雾，可提高流动相流速达到1mL/min。电喷雾和离子喷雾技术中使用的流动相体系含有的缓冲液必须是挥发性的。

5. 粒子束进样接口

将色谱流出物转化为气溶胶，于脱溶剂室脱去溶剂，将得到的中性待测物分子导入离子源，使用电子轰击或者化学电离的方式将其离子化，获得的质谱为经典的电子轰击电离或者化学电离质谱图，其中前者含有丰富的样品分子结构信息。但粒子束接口对样品的极性、热稳定性和分子质量有一定限制，最适用于分子量在1000以下的有机小分子测定。

6. 解吸附进样接口

该技术一般应用于流速较低的液相色谱（$<10\mu L/min$）。是快原子轰击常用的进样方式。一般将进样口与快原子轰击结合，设置流速在1～10μL/min之间，因为离子要轰击靶面，故流动相须加入微量难挥发液体（如2%～5%甘油）。混合液体到达靶面上，易挥发溶剂挥发后，难挥发液体在靶面形成液膜，液膜被高能原子或者离子轰击，飞溅出高动能离子或分子。

（三）质量分析器

1. 单聚焦磁偏转质量分析器

图3-25所示整体系统处于真空状态，样品进入后，在离子源处进行离子化，形成离子，该离子在继续往前飞行，进入高电压加速区加速后，获得初始动能，如质量为 m 的离子经过加速后，动能为

$$zV=\frac{mv^2}{2} \tag{3-4}$$

进入磁场区后，离子在磁场的作用下发生偏转，做圆周运动，当离子偏转时的向心

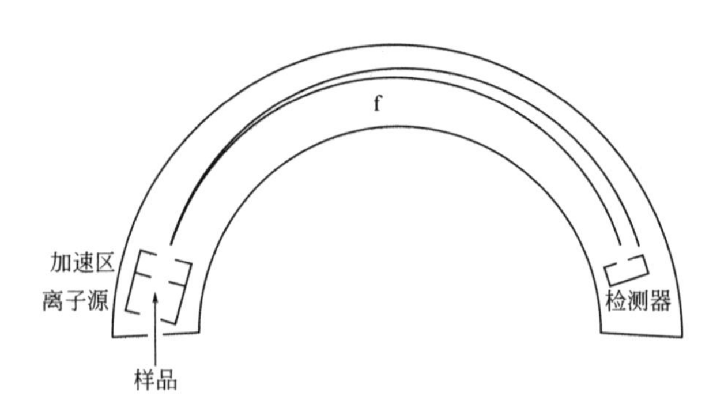

图 3-25 单聚焦磁偏转质量分析器原理示意图

力和离子的离心力相同时［式(3-5)］，才能够进入检测器。

$$Hzv=\frac{mv^2}{r} \tag{3-5}$$

合并式(3-4) 和式(3-5)，即可得到

$$\frac{m}{z}=\frac{H^2r^2}{2V} \tag{3-6}$$

$\frac{m}{z}$即为质荷比，当磁场强度（H）和电场强度（V）一定时，只有特定质荷比的离子流的偏转半径为 r，才能进入检测器。固定 r 不变，不断变换磁场强度（H），不同质荷比的离子就会进入检测器。

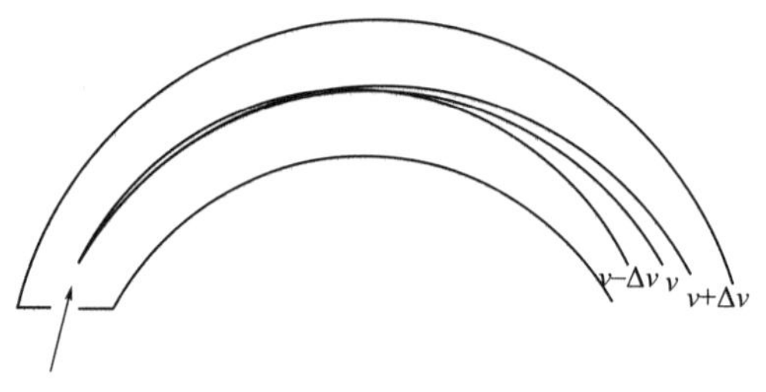

图 3-26 单聚焦检测不准原理

单聚焦磁偏转分析器的原理是基于一个假设：离子的初始化速度为零，而在实际状况下，样品分子经过毛细管进入离子化室时具有一定能量，且分子能量各不相同，经过加速器加速后，其偏转半径也不会相同。这就限制了仪器的灵敏度（图 3-26）。

2. 双聚焦磁偏转质量分析器

如图 3-27 所示，双聚焦（double focusing）磁偏转质量分析器分别由静电分析器和磁分析器组成。双聚焦分析器是在单聚焦分析器的基础上增加了一个速度筛选分析器。因为在单聚焦分析器中由离子源产生的离子具有不同的初始化动能，所以使得相同质荷比的离子无法在同一个地方聚焦。当离子进入电场时，受到与速度垂直方向的力作用，改做圆周运动，当离子所受到的电场力与离子运动的离心力相平衡时，得到离子运动发生偏转的半径 R 与其质荷比$\frac{m}{z}$、运动速度 v 和静电场的电场强度 E 的关系如式(3-7)。

$$R=\frac{m}{z}\times\frac{v^2}{E} \tag{3-7}$$

由式(3-7) 可以看出，当电场强度一定时，偏转半径 R 取决于离子的速度或质荷比。因此，电场强度是将质量相同而速度不同的离子分离聚焦，使得速度不合适的离子

无法进入到磁场的狭缝中，即具有速度分离聚焦的作用。然后，经过狭缝进入磁分析器，再进行$\frac{m}{z}$方向聚焦。调节磁场强度（扫场），可使不同的离子束按质荷比顺序通过出口狭缝进入检测器，实现速度和方向双聚焦，这就是双聚集分析器比单聚焦分析器灵敏的原因。

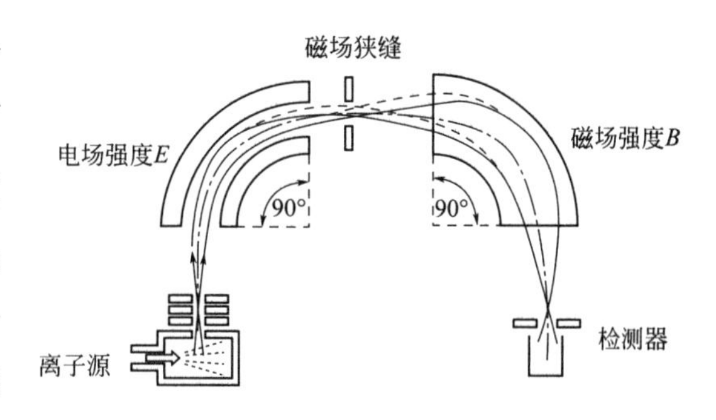

图 3-27　双聚焦磁偏转质量分析器原理示意图

3. 四级杆质量分析器

自从 Paul 和 Steinwedel 在 1953 年创造性地设计了四极杆之后，这项技术被飞快地应用到了各个分析领域。四极杆质量分析器（quadrupole mass analyzer），硬件结构非常简单，将 4 个双曲线或圆筒形杆状电极严格四分对称地放置在一个半径为 r_0 的圆上。这些电极上的电压是直流电压 U 叠加了角频率为 ω 的交流电压（rf）$V\cos\omega t$。从离子源中提取的离子束被加速沿着 Z 轴方向进入四极杆质量分析器（参见图 3-28）。由于四极杆上的电场作用，进入四极杆的离子就沿着离子光学轴（Z 轴）振荡式飞行。

四级杆分析器由四根圆筒电极组成，对角分成两组，分别施以直流电和交流电（u/v），在一定的直流电和交流电以及场条件下，只有一种$\frac{m}{z}$的离子能够顺利通过电场到达质量分析器，其他离子在运动过程中碰撞在电极上。

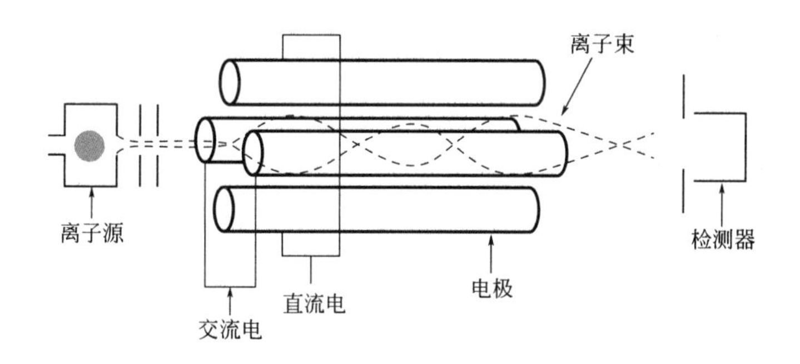

图 3-28　四级杆质量分析器原理示意图

4. 飞行时间质量分析器

飞行时间（time of flight，TOF）质量分析器的主要部件是离子漂移管，如图 3-29 所示。该种分析器的基本原理是相同初始动能的离子，因具有不同的质量，分子飞行时间不同，依次被检测器检测到。根据直线漂移管的长度 d，电压 V，初始动能大小（$\frac{1}{2}mv^2$）以及所带电荷多少 $z=ne$ 可以计算出离子的速度以及在管内飞行的时间如式(3-8）所示。

$$\frac{1}{2}mv^2=neV \text{ 或 } v=\sqrt{\frac{2neV}{m}} \tag{3-8}$$

$$t=\frac{d}{v}=d\sqrt{\frac{m}{2neV}} \tag{3-9}$$

从式(3-9)可以看出，飞行时间与质荷比的平方根成正比，即当初始能量相同时，质量越大，达到检测器所用时间越长，质量越小，所用时间越短。两个不同质量的离子m_1和m_2到达检测器的时间差$\Delta t=d\ (\sqrt{m_1}-\sqrt{m_2})$。因此，在飞行时间质量分析器中，质量分辨率就转化为时间分辨率。这也就意味着具有较长漂移管的分析器比较短的分析器具有更好的质量分辨率。另一个方面，质量分辨率和初始动能成反比，因此为了增加飞行时间质谱的质量分辨率，能够产生较低能量色散的离子源成为首选，采用激光脉冲电离方式、离子延迟引出技术和反射技术等大大减少了因离子色散造成的分辨率下降。和广泛使用的扇形场质谱相比，简单的飞行时间质量分析系统没有任何离子聚焦过程（图3-29）。

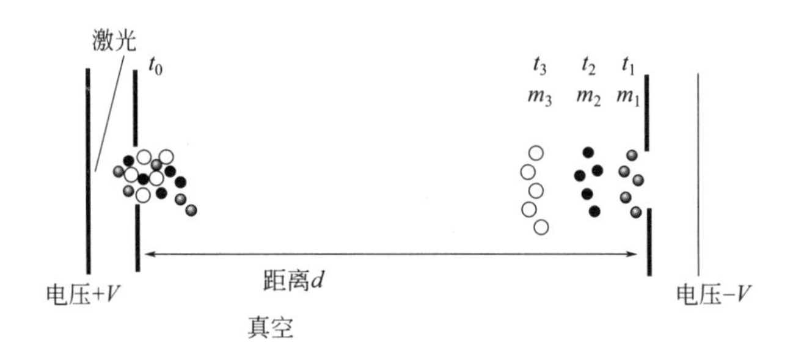

图3-29　飞行时间质量分析器原理示意图

新发展的飞行时间质量分析器具有大的质量分析范围和较高的质量分辨率，尤其适合蛋白质等生物大分子分析。该方法主要应用于大分子蛋白质检测，优点是仪器结构简单、不需要磁场、扫描速度快、高效、准确度和灵敏度高，而且检测的分子量范围广，理论上没有分子量上限，比较适合检测生物大分子等，但由于仪器昂贵等原因，其应用受到一定限制。

5. 离子阱分析器

离子阱分析器是20世纪50年代由Paul和其同事一起开发的，由两个端盖电极和位于它们之间的类似四极杆的环电极构成（如图3-30）。端盖电极施加直流电压或接地，环电极施加射频（RF）电压，通过施加适当电压就可以形成一个势能阱（离子阱）。离子通过端盖中的孔进入离子阱中振荡，振荡离子的稳定性取决于其质荷比（$\frac{m}{z}$）以及环电极的射频频率和电压。根据RF电压的大小，离子阱就可捕获某一定质量范围的离子。离子阱可以储存离子，待离子累积到一定数量后，升高环电极上的射频电压，离子按质量从高到低的次序依次离开离子阱，被电子倍增监测器检测。该分析器分析异构体及生物大分子具有较大优势。

目前离子阱分析器已发展到可以分析质荷比高达数千的离子。离子阱在全扫描模式下仍然具有较高灵敏度，而且单个离子阱通过时间序列的设定就可以实现多级质谱的功能。且离子阱检测器易实现小型化。不过该项技术的定量问题一直限制其的应用。

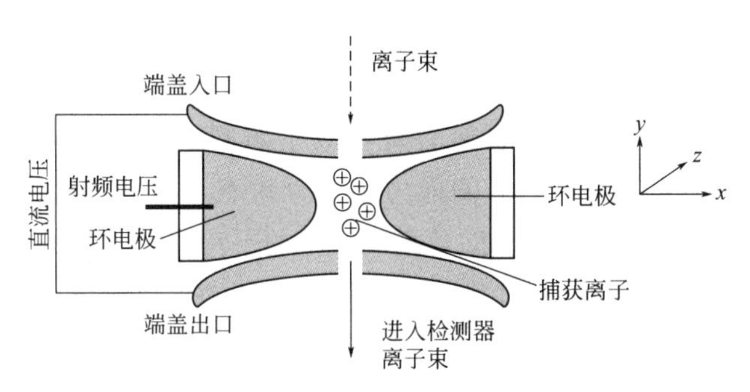

图 3-30 离子阱分析器原理示意图[72]

6. 傅里叶变换分析器

这个检测器的基本原理是离子回旋共振原理。一定质荷比（$\frac{m}{z}$）的离子进入分析器后，在一定强度的磁场（B）中，由于受磁场力作用，离子做圆周运动。圆周运动的离心力与磁场力平衡，即

$$\frac{mv^2}{R}=Bzv \tag{3-10}$$

根据式(3-10)，得出离子的回旋频率 w_c 如式(3-11)

$$w_c=\frac{v}{R}=\frac{Bz}{m} \tag{3-11}$$

离子回旋频率与质荷比成线性关系。固定磁场（B）不变，施加一射频场，使其频率与$\frac{m}{z}$的回旋频率一致，离子就会受到激发。此时对信号频率进行分析即可得出离子质量。当变换电场频率和回旋频率相同时，离子稳定加速，运动轨道半径越来越大，动能也越来越大。当电场消失时，沿轨道飞行的离子在电极上产生反方向电流，形成交变电流。利用计算机将时间与相应的频率谱经过傅里叶变换形成质谱。

该种质谱是迄今为止精确度最高的，分辨率达到 10^6，质荷比可以精确到千分之一道尔顿，适合多级质谱。能检测的质量范围宽，检测速度快，分辨率高。但是由于该技术需要真空度较高（$<133.322\times10^{-7}$Pa），需要超导磁体产生磁场，价格昂贵，而且操作较为繁琐，故在一定程度上限制了其应用。

（四）检测器

1. 电子倍增管

电子倍增管所采集的信号经放大并转化为数字信号，计算机进行处理后得到质谱图（如图 3-31）。质谱离子的多少用丰度（abundance）表示，即具有某质荷比离子的数量。由于某个具体离子的“数量”无法测定，故一般用相对丰度表示其强度，即最强的峰叫

基峰（base peak），其他离子的丰度用相对于基峰的百分数表示。在质谱仪测定的质量范围内，由离子的质荷比和其相对丰度构成质谱图。在 LC/MS 和 GC/MS 中，常用各分析物质的色谱保留时间和由质谱得到其离子的相对强度组成色谱总离子流图。也可确定某固定的质荷比，对整个色谱流出物进行选择离子监测（selected ion monitoring，SIM），得到选择离子流图。质谱仪分离离子的能力称为分辨率，通常定义为高度相同的相邻两峰，当两峰的峰谷高度为峰高的 10%时，两峰质量的平均值与它们的质量差的比值。对于低、中、高分辨率的质谱，分别是指其分辨率在 100～2000、2000～10000 和 10000 以上。

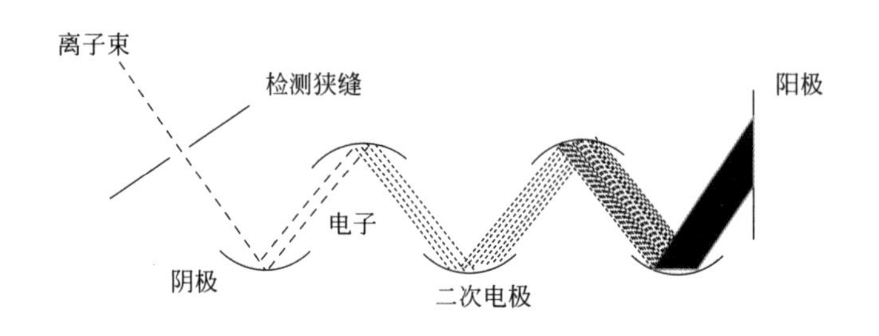

图 3-31　电子倍增管原理示意图

2. 光电倍增器

光电倍增器能提供比电子倍增管大 2～3 个数量级的动态线性范围。

（五）检测方式

1. 全扫描

全扫描（full scan）即对特定（$\frac{m}{z}$）窗口的所有离子进行监测。

2. 选择离子监测

选择离子监测（selected ion monitor，SIM）即对特定（$\frac{m}{z}$）的离子进行监测。

3. 中性丢失

中性丢失（netural loss）即对丢失某中性基团的离子进行监测。

（六）同位素

在自然界中，大多数元素都由同位素组成。表 3-7 及图 3-32 列举了一些常见的同位素及其丰度。化合物质谱图上也会出现同位素峰。例如，氯（Cl）有 ^{35}Cl 和 ^{37}Cl 两种同位素，丰度比为 75.77∶24.23，则含一个氯的化合物，分子量为 M，分子离子峰相对强度为 100%，则同位素峰 $M+2$，其相对强度为 M 的 24.23%。如果是两个氯的分子，则其分子离子峰 M，同位素峰则为 $M+2$ 和 $M+4$，其相对强度约为 9∶6∶1。设某一元素有两种同位素，在某化合物中含有 m 个该元素的原子，则分子离子同位素峰簇各峰的相对强度可以用二项式 $(a+b)^m$ 展开式各项系数之比来表示，如式(3-12) 所示。

$$(a+b)^m = a^m + ma^{m-1}b + \frac{m(m-1)}{2!}a^{m-2}b^2 + \cdots + \frac{m(m-1)\cdots(m-k+1)}{k!}a^{m-k}b^k + \cdots + b^m \tag{3-12}$$

表 3-7　常见元素同位素丰度

元素	摩尔质量/(g·mol^{-1})	同位素	天然丰度/%	精确摩尔质量/(g·mol^{-1})
氢	1.0079	^{1}H	99.985	1.0078
		^{2}H	0.015	2.0140
碳	12.011	^{12}C	98.89	12.0000
		^{13}C	1.11	13.0034
氮	14.0067	^{14}N	99.64	14.0031
		^{15}N	0.36	15.0001
氧	15.9994	^{16}O	99.76	15.9949
		^{17}O	0.04	16.9991
		^{18}O	0.20	17.9992
磷	30.9738	^{31}P	100.00	30.9738
硫	32.064	^{32}S	95.00	31.9721
		^{33}S	0.76	32.9715
		^{34}S	4.22	33.9679
		^{36}S	0.02	35.9671
氟	18.9984	^{19}F	100.00	18.9984
氯	35.453	^{35}Cl	75.77	34.9688
		^{37}Cl	24.23	36.9659
溴	79.904	^{79}Br	50.69	78.9183
		^{81}Br	49.31	80.9163
碘	126.9044	^{127}I	100.00	126.9044

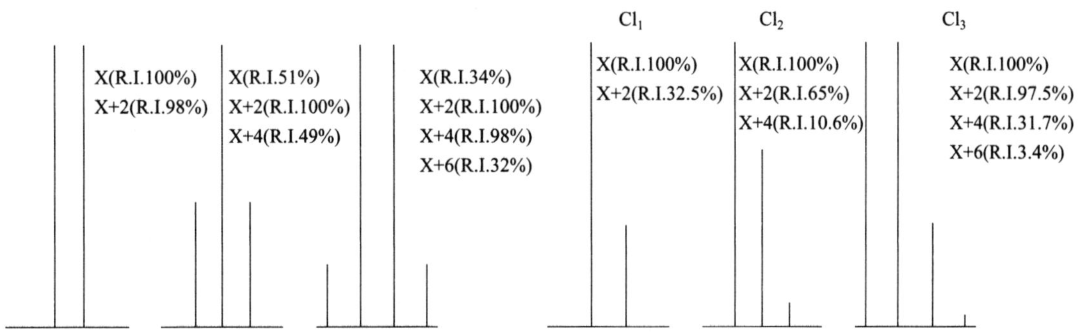

X(R.I.100%)
X+2(R.I.98%)

X(R.I.51%)
X+2(R.I.100%)
X+4(R.I.49%)

X(R.I.34%)
X+2(R.I.100%)
X+4(R.I.98%)
X+6(R.I.32%)

Cl_1
X(R.I.100%)
X+2(R.I.32.5%)

Cl_2
X(R.I.100%)
X+2(R.I.65%)
X+4(R.I.10.6%)

Cl_3
X(R.I.100%)
X+2(R.I.97.5%)
X+4(R.I.31.7%)
X+6(R.I.3.4%)

图 3-32　部分元素组合的同位素丰度

三、应用

（一）蛋白质组学在食品安全中的应用

1. 基本原理

蛋白质组学是指全面分析样品内蛋白质组成，揭示蛋白表达水平、修饰及相互作用的学科。蛋白质组学是新兴分支，是重要的前沿领域之一。

蛋白质是食品中的重要成分之一，是很多食品的主要检测指标。研究食品中蛋白质的成分可以有效辨别食品品质，鉴定食品真伪，发现致病菌，研究饲养条件对食品品质的影响等[80]。

近年来，随着质谱技术的发展，蛋白质组学飞速发展，蛋白质组学在食品安全方面应用的重要性已经凸显，受到了各个国家的重视。我国蛋白质组学在食品安全中的应用还处于起步阶段。现阶段蛋白质组学的应用主要有：食品真伪的鉴别、食品品质分析、转基因食品检测、过敏原分析的检测、致病菌及毒素检测、农药残留检测、发现新的抗病毒药物等方面。

2. 样品处理

样品处理主要分三个阶段，首先是蛋白质分离，其次是蛋白质检测，最后是蛋白质结构、功能分析。蛋白质分离技术主要是双向电泳技术，是蛋白质组学的核心技术之一。该技术根据蛋白质等电点及分子量不同，将蛋白质在两个方向上分开，该技术能同时分离上千种蛋白。蛋白质检测主要是应用质谱技术检测。MALDI-TOF 质谱是最常用来分析蛋白质的仪器。

步骤一：样品制备。将蛋白质充分溶解，并尽量在冰上操作，防止蛋白质水解酶降解蛋白。

步骤二：等电点聚焦。避免出现沉淀或聚集状态。聚焦时间及电压会影响实验重现性。聚焦时间过长会造成蛋白质丢失，聚焦时间过短，蛋白质没有完全分开，垂直方向会出现条纹。电压一般先用低电压，然后缓慢升到高电压，并保持高电压一段时间。聚焦时间和电压梯度需要根据样品的量及 pH 值优化。

步骤三：SDS-PAGE。等电聚焦完成后，先用缓冲溶液平衡后即可进行垂直方向电泳。常用的 SDS-PAGE 浓度是 12%，单一浓度的胶重复性好，制胶方便。电泳温度一般保持在 10～15℃ 之间。

步骤四：显色。常用的显色方法有考马斯亮蓝染色、银染色、荧光染色。考马斯亮蓝染色的检测限约为 8～10ng，银染色的灵敏度是前者的 100 倍，考马斯亮蓝和银染色都会对蛋白质进行修饰，且蛋白质不能完全被染上，影响后续质谱定性及定量分析。荧光染色是三个染色方式中灵敏度最高的，缺点是试剂耗费较大，需要专门仪器。

步骤五：蛋白质鉴定。质谱分析是最灵敏的检测方法，能快速检测蛋白质分子量，确定蛋白质翻译后的修饰方式。

3. 应用实例

生长促进剂在现实中常用来加快畜牧动物生长，增加肉类动物产量，减少作物病虫害等。过量长期使用生长促进剂会影响动物正常的新陈代谢，并使细菌对药物产生耐药性。欧盟于2006年1月1日起全面禁止抗生素生长促进剂，在畜牧业饲料中对生长促进剂的使用还缺少有效的管理措施。常见的生长促进剂有雌二醇、睾丸素、地塞米松等。McGrath[81]利用蛋白质组学技术在动物血浆中找到了生长促进剂滥用的标志性蛋白。

（二）代谢组学在食品安全中的应用

随着我国经济和社会的持续发展以及人民生活水平的提高，对食品安全提出了越来越高的要求。近年来，我国出现了许多令人忧虑的食品安全问题，食品安全风险监测工作正面临着巨大的挑战。代谢组学是通过考察生物体系受刺激或扰动后，代谢产物的变化或其随时间的变化的一个新兴的重要组学技术，在药物研究、疾病诊断、植物育种、环境科学等很多领域中得到广泛应用，代谢组学技术在食品中兽药残留、禁用物质、转基因食品、食品掺假和食源性疾病等检测方面有着良好的应用前景[82]。

1. 基本原理

代谢组学是一门新兴的学科，是继基因组学和蛋白质组学后发展起来的一门重要学科。考察活体内（细胞、组织、生物体等）受到压力后代谢产物的变化。食品中的代谢组学是指同时分析样品内小分子化合物的方法学。代谢组学强调全面、高通量分析检测小分子化合物（<1000Da）。

2. 样品处理

代谢组学样品处理一般包括样品采集、样品提取、化合物分离等步骤。

（1）样品制备

对于不同形态的样品，需要进行不同的处理。如固体样本一般采用在液氮中冷冻后磨碎。液氮冷冻不但可以防止处理过程中引起酶反应和氧化反应，而且可以充分释放细胞内的代谢物，尤其是检测低浓度代谢物时，通过提取可以达到浓缩的目的。对于浓缩液体样品，如果汁、牛奶、蜂蜜等，需要进行稀释。

（2）样品提取

通过提取可以获得多种代谢产物，是代谢组学研究中的关键步骤之一。由于代谢产物的多样性和复杂性，目前食品代谢组学研究领域中没有一种公认的提取方法。目前所公布的提取方法都是针对特定研究代谢产物的。食品的提取方法通常借鉴于植物、微生物代谢组学中经典的甲醇-水-氯仿样品提取方法。调整这三种溶剂之间的比例，不但可以沉淀蛋白、多糖等大分子物质，而且还可以尽可能多地提取极性化合物（水相中）和非极性化合物（有机相中）。根据检测要求，极性化合物的溶剂水可以通过冷冻干燥将其除去，非极性化合物的溶剂氯仿可以通过氮气吹干或真空离心快速干燥除去。

（3）样品分离

分离也是代谢组学中的关键步骤。现在主要的分离技术有高效液相色谱（HPLC）、超高效液相色谱（UPLC）、气相色谱（GC）、毛细管电泳（CE）等。

3. 应用实例

代谢组学转基因土豆与非转基因土豆方面的研究有助于发现转基因引起的代谢变化及潜在的风险[83]。另外，环境污染物有很多种，如二噁英、多环芳烃、增塑剂、聚苯乙烯，是人类日常生产、生活过程中产生有害人体健康和生存的物质。这些化合物存在于环境中，并通过各种渠道进入人体，危害人体健康。利用代谢组学技术检测食品中环境污染物质及其代谢产物是食品安全研究中的热点问题之一。

以多环芳烃暴露引起的系统变化为例，该类化合物主要是碳氢化合物不充分燃烧产生的，主要存在于大气、水体和土壤中，具有强烈的致癌性、致突变性、难降解性。苯并芘［benzo（a）pyrene，BaP］是其中一种多环芳烃，被 International Agency for Research on Cancer（IARC）认定为105种致癌物之一。苯并芘在体内主要有四种代谢途径，分别是单羟途径，二羟及环氧途径，醌酮途径以及自由基途径（见图 3-33）。多

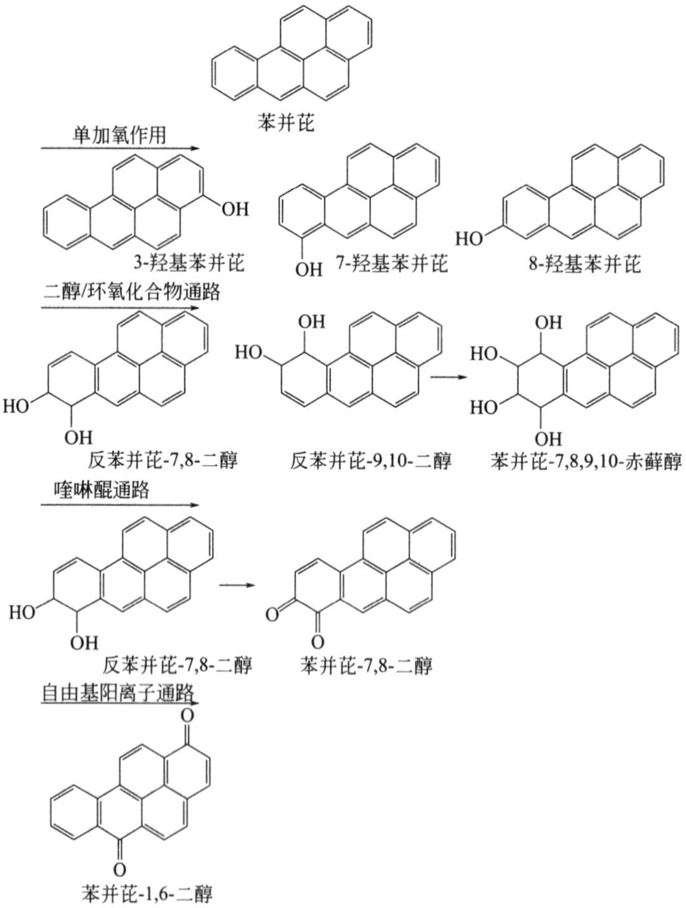

苯并芘
单加氧作用
3-羟基苯并芘
7-羟基苯并芘
8-羟基苯并芘
二醇/环氧化合物通路
反苯并芘-7,8-二醇
反苯并芘-9,10-二醇
苯并芘-7,8,9,10-赤藓醇
喹啉醌通路
反苯并芘-7,8-二醇
苯并芘-7,8-二醇
自由基阳离子通路
苯并芘-1,6-二醇

图 3-33 苯并芘代谢途径及其典型产物[84]

环芳烃及其代谢产物在人体的暴露可能引起系统的代谢变化，通过代谢组学的研究可以系统发现这些代谢物的危害。

（朱明江、仲珊珊、尹慧勇）

参考文献

［1］ 田月，张陆兵，曹丽华．46批次酱腌菜中苯甲酸、山梨酸含量检测分析．化学工程与装备，2010（4）：134-135.

［2］ 陈军．HPLC法同时测定黄酒中4种非法食品添加剂．化学分析计量，2014，23（3）：61-63.

［3］ 朱群英，江勇，胡美华．UHPLC与HPLC检测饮料中5种食品添加剂的比较．现代预防医学，2013，40（14）：2608-2616.

［4］ 王晓静，马文平．高效液相色谱法测定柚子中4种农药残留．宁夏农林科技，2014，55（3）：58-61.

［5］ 闫磊，张燕，张延超，等．超高效液相色谱测定蔬菜中的十种农药残留．农业科技与信息，2013，(21)：29-31.

［6］ 任刚，廖卫波，胡志成，等．人参提取物中腐霉利残留的HPLC分析．中国实验方剂学杂志，2013，19（23）：107-110.

［7］ 康占海，杨亚君，张金林．高效液相色谱法测定不同水体中甲嘧磺隆的残留．河北农业大学学报，2011，34（6）：79-82.

［8］ 黄永春，彭祎，庞晶晶，等．吡蚜酮在水稻和土壤中的残留动态研究．安全与环境学报，2011，11（5）：15-18.

［9］ 王瑶，富徐燕，王霞，等．白术中多菌灵农药残留量分析．浙江师范大学学报（自然科学版），2010，33（2）：189-192.

［10］ 周闯，何成华，司慧民，等．2012年国内饲料及原料霉菌毒素污染调查分析．畜牧与兽医，2014，46（1）：81-84.

［11］ 牛乐，李建科．高效液相色谱技术（HPLC）在食品营养及安全性分析中的应用．食品研究与开发，2005，26（2）：120-123.

［12］ Hill H A O，Davis J J. Biosensors：past，present and future. Biochemical Society Transactions. 1999，27（2）：331-335.

［13］ Drummond T G，Hill M G，Barton J K. Electrochemical DNA sensors. Nature Biotechnology，2003，21（10）：1192-1199.

［14］ Kerman K，Kobayashi M，Tamiya E. Recent trends in electrochemical DNA biosensor technology. Measurement Science & Technology，2004，15（2）：R1-R11.

［15］ Lemeshko S V，Powdrill T，Belosludtsev Y Y，et al. Oligonucleotides form a duplex with non-helical properties on a positively charged surface. Nucleic Acids Research. 2001，29（14）：3051-3058.

［16］ Maeda M，Mitsuhashi Y，Nakano K，et al. DNA-immobilized gold electrode for DNA-binding drug sensor. Analytical Sciences，1992，8（1）：83-84.

［17］ Liao W C，Ho J A A. Attomole DNA electrochemical sensor for the detection of *Escherichia coli* O157. Analytical Chemistry，2009，81（7）：2470-2476.

［18］ Wei F，Lillehoj P B，Ho C M. DNA Diagnostics：Nanotechnology-Enhanced Electrochemical Detection of Nucleic Acids. Pediatric Research，2010，67（5）：458-468.

［19］ Stern E，Klemic J F，Routenberg D A，et al. Label-free immunodetection with CMOS-compatible semiconducting nanowires. Nature，2007，445（7127）：519-522.

［20］ 肖正凤，陆璐，马珂珂，等．荧光纳米生物传感器研究进展．现代生物医学进展，2014，14（29）：5790-5792.

［21］ Tan W H，Shi Z Y，Kopelman R. Development of submicron chemical fiber optic sensors. Analytical Chemistry，1992，64（23）：2985-2990.

［22］ Kasili P M，Song J M，Vo-Dinh T. Optical sensor for the detection of caspase-9 activity in a single cell. Journal of the American Chemical Society，2004，126（9）：2799-2806.

［23］ Fu J P，Qiao H，Li D W，et al. Laccase biosensor based on electrospun Copper/Carbon composite nanofibers for catechol detection. Sensors，2014，14（2）：3543-3556.

[24] Tang X J, Zhang T T, Liang B, et al. Sensitive electrochemical microbial biosensor for p-nitrophenylorganophosphates based on electrode modified with cell surface-displayed organophosphorus hydrolase and ordered mesopore carbons. Biosens Bioelectron, 2014, 60: 137-142.

[25] Liang B, Li L, Tang X L, et al. Microbial surface display of glucose dehydrogenase for amperometric glucose biosensor. Biosens Bioelectron, 2013, 45: 19-24.

[26] Pauling L. A theory of the structure and process of formation of antibodies. Journal of the American Chemical Society, 2002, 62: 2643-2657.

[27] Dickey F H. The preparation of specific adsorbents. Proceedings of the National Academy of Sciences of the United States of America, 1949, 35 (5): 227-229.

[28] Wulff G, Sarhan A, Zabrocki K. Enzyme-analogue built polymers and their use for the resolution of racemates. Tetrahedron Letters, 1973, 14 (44): 4329-4332.

[29] Lee J, Cooke J P. The role of nicotine in the pathogenesis of atherosclerosis. Atherosclerosis, 2011, 215 (2): 281-283.

[30] 周文辉，林黎明，郭秀春，等．三聚氰胺分子印迹聚合物的制备及奶制品中三聚氰胺的分离．分析测试学报，2009，28 (6)：687-691.

[31] 王玲玲，闫永胜，邓月华，等．铅离子印迹聚合物的制备、表征及其在水溶液中的吸附行为研究．分析化学研究报告，2009，37 (4)：537-542.

[32] Sergeyeva T A, Gorbach L A, Piletska E V, et al. Colorimetric test-systems for creatinine detection based on composite molecularly imprinted polymer membranes. Analytica Chimica Acta, 2013, 770: 161-168.

[33] 王明华，丁卓平，刘振华．酸奶中维生素A含量的测定．上海水产大学学报，1999，8 (2)：185-188.

[34] 甘宾宾，蔡卓，黎少豪．紫外分光光度法测定卵磷脂保健食品中磷脂酰胆碱含量．食品工业科技，2007，28 (10)：219-220.

[35] 袁宏．碘-四氯化碳萃取光度法间接测定食品及水中痕量铜．预防医学论坛，2005，11 (5)：569-570.

[36] Wen X D, Yang Q L, Yan Z D, et al. Determination of cadmium and copper in water and food samples by dispersive liquid-liquid microextraction combined with UV-vis spectrophotometry. Microchem J, 2011, 97 (2): 249-254.

[37] 王亮，袁倬斌，胡秋芬，等．2-[2-(4-甲基喹啉)-偶氮]-5-二乙氨基苯酚固相萃取光度法测定水和食品中的镉．分析化学，2005，22 (3)：371-373.

[38] 汪书红．四种食品防腐剂检测方法的研究．西南大学，2009.

[39] 葛会奇．食品中防腐剂测定方法的研究．本溪冶金高等专科学校学报，2003，5 (2)：9-10.

[40] 张社，李绍良，王蓉．一阶导数紫外分光光度法直接测定食品中的硝酸盐．中国国境卫生检疫杂志，2000，23 (3)：138-140.

[41] 黄高凌，蔡慧农，曾琪，等．碱水解-分光光度法快速检测有机磷农药的研究．集美大学学报（自然科学版），2009，14 (4)：366-371.

[42] Rodriguez-Saona L E, Allendorf M E. Use of FTIR for rapid authentication and detection of adulteration of food. Annual Review of Food Science and Technology, 2011, 2: 467-483.

[43] 施显赫，武彦文，侯敏，等．分子光谱技术在食品安全分析领域的应用．现代仪器，2012，18 (3)：6-10.

[44] Rivera V R, Gamez F J, Keener W K, et al. Rapid detection of Clostridium botulinum toxins A, B, E, and F in clinical samples, selected food matrices, and buffer using paramagnetic bead-based electrochemiluminescence detection. Anal Biochem, 2006, 353 (2): 248-256.

[45] Kasemsumran S, Thanapase W, Kiatsoonthon A. Feasibility of near-infrared spectroscopy to detect and to quantify adulterants in cow milk. Analytical Sciences, 2007, 23 (7): 907-910.

[46] Mauer L J, Chernyshova A A, Hiatt A, et al. Melamine detection in infant formula powder using near-and mid-infrared spectroscopy. Journal of Agricultural and Food Chemistry, 2009, 57 (10): 3974-3980.

[47] 陈蓓蓓，陆洋，马宁，等．表面增强拉曼光谱技术在食品安全快速检测中的应用．贵州科学，2012，30 (6)：24-29.

[48] Sengupta A, Mujacic M, Davis E J. Detection of bacteria by surface-enhanced Raman spectroscopy. Anal Bioanal Chem, 2006, 386 (5): 1379-1386.

[49] Luo B S, Lin M. A portable Raman system for the identification of foodborne pathogenic bacteria. J Rapid Meth Aut Mic, 2008, 16 (3): 238-255.

[50] Yang T, Guo X, Wu Y, et al. Facile and label-free detection of lung cancer biomarker in urine by magnetically assisted surface-enhanced Raman scattering. ACS Applied Materials & Interfaces, 2014, 6 (23): 20985-20993.

[51] Poulli K I, Mousdis G A, Georgiou C A. Synchronous fluorescence spectroscopy for quantitative determination of virgin olive oil adulteration with sunflower oil. Anal Bioanal Chem, 2006, 386 (5): 1571-1575.

[52] 田桂林．免疫学及检验技术．石家庄：河北教育出版社，1997.

[53] 郭积燕．免疫学检验中的酶免疫技术．中华检验医学杂志，2005，28 (2)：221-224.

[54] Legay F, Gauron S, Deckert F, et al. Development and validation of a highly sensitive RIA for zoledronic acid, a new potent heterocyclic bisphosphonate, in human serum, plasma and urine. J Pharmaceut Biomed, 2002, 30 (4): 897-911.

[55] 庞华．标记免疫分析技术及其进展．国外医学：放射医学核医学分册，2002，26 (5)：213-216.

[56] 孟繁平，李付广，王辉．临床免疫学基础．郑州：郑州大学出版社，2004.

[57] 庞战军．自由基医学研究方法．北京：人民卫生出版社，2000.

[58] 李艳霞，吴松浩．食品微生物检测技术的研究进展．食品工业科技，2008 (7)：270-273.

[59] Bhunia A K, Ball P H, Fuad A T, et al. Development and characterization of a monoclonal antibody specific for Listeria monocytogenes and Listeria innocua. Infection and Immunity, 1991, 59 (9): 3176-3184.

[60] 李德华，刘宝林．免疫荧光技术在生物材料体外细胞培养实验中的应用．解放军医学杂志，1997，22 (2)：97-98.

[61] 张冬青，李红岩，李栋，等．密度梯度分离纯化/免疫荧光技术检测饮用水中“两虫”．中国给水排水，2009，25 (2)：78-80.

[62] 高荣，赵一泽，赵建增．化学发光免疫分析技术应用研究进展．中国学术期刊文摘，2008，14 (21)：338-342.

[63] Rivera V R, Gamez F J, Keener W K, et al. Rapid detection of Clostridium botulinum toxins A, B, E, and F in clinical samples, selected food matrices, and buffer using paramagnetic bead-based electrochemiluminescence detection. Analytical Biochemistry, 2006, 353 (2): 248-256.

[64] 张明，吴国娟，沈红，等．免疫胶体金法检测磺胺甲噁唑残留的研究．中国兽药杂志，2006，40 (4)：17-19+24.

[65] Ferrer I, Lanza F, Tolokan A, et al. Selective trace enrichment of chlorotriazine pesticides from natural waters and sediment samples using terbuthylazine molecularly imprinted polymers. Analytical Chemistry, 2000, 72 (16): 3934-3941.

[66] Badea M, Micheli L, Messia M C, et al. Aflatoxin M1 determination in raw milk using a flow-injection immunoassay system. Analytica Chimica Acta, 2004, 520 (1): 141-148.

[67] Sano T, Cantor CR. A streptavidin-protein A chimera that allows one-step production of a variety of specific antibody conjugates. Bio/technology, 1991, 9 (12): 1378-1381.

[68] Xing W L, Ma L R, Jiang Z H, et al. Portable fiber-optic immunosensor for detection of methsulfuron methyl. Talanta, 2000, 52 (5): 879-883.

[69] 焦奎．酶联免疫分析技术及应用．北京：化学工业出版社，2004.

[70] 金伯泉．细胞和分子免疫学．北京：科学出版社，2001.

[71] 杨杏芬，黄谅，杨明杰，等．食品毒理学和保健食品功能学评价中流式细胞术的应用．毒理学杂志，2005，19 (A03)：322.

[72] Becker J S. Inorganic mass spectrometry principles and applications: wiley, 2007.

[73] 陶宇．快原子轰击质谱测定肽．杭州师范大学学报：社会科学版，1993 (6)：43.

[74] Karas M, Hillenkamp F. Laser desorption ionization of proteins with molecular masses exceeding 10, 000 Daltons. Anal Chem, 1988, 60 (20): 2299-2301.

[75] Karas M, Glückmann M, Schäfer J. Ionization in matrix-assisted laser desorption/ionization: singly charged molecular ions

are the lucky survivors. Journal of Mass Spectrometry，2000，35 (1)：1-12.

[76] Mohr M D，Olafbörnsen K，Widmer H M. Matrix-assisted laser desorption/ionization mass spectrometry：improved matrix for oligosaccharides. Rapid Communications in Mass Spectrometry，1995，9 (9)：809-814.

[77] Dreisewerd K，Schürenberg M，Karas M，et al. Matrix-assisted laser desorption/ionization with nitrogen lasers of different pulse widths. International Journal of Mass Spectrometry and Ion Processes，1996，154 (3)：171-178.

[78] Nordhoff E，Ingendoh A，Cramer R，et al. Matrix-assisted laser desorption/ionization mass spectrometry of nucleic acids with wavelengths in the ultraviolet and infrared. Rapid Communications in Mass Spectrometry，1992，6 (12)：771-776.

[79] Abian J. The coupling of gas and liquid chromatography with mass spectrometry. Journal of Mass Spectrometry，1999，34 (3)：157-168.

[80] Cunsolo V，Muccilli V，Saletti R，et al. Mass spectrometry in food proteomics：a tutorial. Journal of Mass Spectrometry：JMS，2014，49 (9)：768-784.

[81] McGrath T F，Meeuwen J A，Massart A C，et al. Effect-based proteomic detection of growth promoter abuse. Anal Bioanal Chem，2013，405 (4)：1171-1179.

[82] Liu S J，Wu Y N，Fang H G. Review on the application of metabonomics approach in food safety. Journal of Food Safety and Quality，2014，4：166-172.

[83] Catchpole G S，Beckmann M，Enot D P，et al. Hierarchical metabolomics demonstrates substantial compositional similarity between genetically modified and conventional potato crops. Proc Natl Acad Sci U S A，2005，102 (40)：14458-14462.

[84] Kalkhof S，Dautel F，Loguercio S，et al. Pathway and time-resolved benzo [a] pyrene toxicity on Hepa1c1c7 cells at toxic and subtoxic exposure. J Proteome Res，2015，14 (1)：164-182.

Chapter 04

第四章 食品安全风险评估中的暴露生物标志物

暴露评估是食品安全风险评估的重要组成部分之一，是对经食物或其他途径摄入人体体内的生物、化学和物理因素进行的定性和（或）定量评价。暴露评估方法有两类：一类是通过检测人体直接接触的外环境（空气、水、土壤和食物等）中污染物的水平、接触的频率、持续时间、途径和范围等，直接计算或采用模型推算出人体接触到的环境污染物进入体内的总量；另一类是通过检测人体体液或组织样品（如血液、头发、脂肪和指甲等）中污染物或其代谢产物的浓度或含量，推算出环境污染物在人体内的总负荷。第一类方法仅仅涉及环境外暴露剂量，并不能真正代表环境污染物被吸收、分布、代谢和清除之后的体内暴露的剂量和生物有效剂量。第二类方法是内暴露评估，即在人体体液和组织中检测到的环境污染物的原型（初始物）或其特异性代谢产物可以作为暴露生物标志物直接地反映环境污染物在体内的实际负荷。

第一节　食品安全相关污染物初始物作为暴露生物标志物

一、金属离子

（一）非必需重金属

重金属一般指密度大于 4.5g/cm^3 的金属。重金属不能被生物体降解，相反却能通过食物链不断富集，最后进入人体。大多数重金属并非生命活动所必需，而且所有重金属超过一定浓度都对人体有毒害作用，并可在人体的某些组织器官中积聚，从而造成各种损伤和慢性中毒。其中毒作用的主要机理包括：与蛋白质及酶等生物分子发生强烈的相互作用并阻断其发挥活性所必需的功能基团，置换生物分子中所需的其他金属离子（如铁、锌等）以及改变生物分子的构象或高级结构[1,2]。

食品安全评估方面所涉及的暴露重金属主要包括镉、铅、汞、铬、锰等生物毒性显著的重金属元素。这些有害重金属在食品的生产、加工、运输和存储等过程中可以说无处不在，主要来源包括恶劣的自然环境，生物富集，工业“三废”排放，农用投入品（农药、肥料、饲料等）的使用，食品加工过程中使用的设备、工具、添加剂和包装材料，等等。我国是富产重金属的国家，因此重金属污染现象也相当严重，严重危害我国人民健康的有害重金属主要包括镉、铅、汞等。近年来我国各地已经连续发生若干重金属中毒事件，包括陕西凤翔儿童血铅浓度超标、湖南浏阳镉污染以及广西的“镉”大米事件等。环境污染和食品安全问题也已受到国家高度重视，解决和防治重金属污染问题以及由此引起的人群健康问题已经迫在眉睫。现阶段大力开展重金属在食品中的检测和风险评估对于提高广大人民群众的健康水平并制定保护对策具有重要理论意义和实践指导价值。

1. 镉

（1）镉对健康的影响

镉是具有强毒性的重金属元素之一，和锌属于同族元素，在自然界中常以化合物状态存在，一般含量很低，正常环境状态下不会影响人体健康。当环境受到镉污染后，由于镉无法被土壤中的微生物分解，具有很强的蓄积性和生物富集性，可通过食物链的生物放大作用不断富集，最终导致对人类健康的危害。镉的体内半衰期长达 10～30 年。由于镉在体内能长期蓄积，故容易产生慢性和长期的病理效应，可损伤多个组织和器官，被美国毒物与疾病登记署列为危害人体健康的有毒物质之一。人类慢性镉中毒最常见的症状是生长发育迟缓、骨质疏松、肝肾功能紊乱、生殖功能减退，甚至诱发癌变等[3,4]。

食品中一般均可检出镉，其主要来源为工业污染以及含镉农药和化肥的使用，含量范围在 0.004～5mg/kg 之间，也可通过食物链的富集作用达到较高浓度。一般来说，动物性食品、海产品中的镉含量高于植物性食品。镉及其化合物主要通过消化道和呼吸道进入人体，蓄积于肾脏和肝脏等脏器中，大部分与金属硫蛋白结合形成镉硫蛋白[5]。镉对体内含巯基酶有比较强的抑制作用，主要损害肾脏、骨骼和消化系统，特别是对肾小管的损害，使重吸收功能发生障碍，可出现糖尿、蛋白尿等。此外，镉可引起骨骼代谢紊乱，造成骨质疏松、萎缩、变形等一系列症状。目前，镉污染和镉中毒问题已经受到世界各国高度重视，并被世界卫生组织列为优先研究的食品污染标志物之一。

（2）镉的检测

镉的检测方法很多，主要包括原子吸收光谱法、氢化物发生-原子荧光光谱法、分光光度法、高效液相色谱法、电感耦合等离子体原子发射光谱法、电感耦合等离子体质谱法和电化学方法等[6]。由于这些方法大多数也适用于其他重金属的检测，因此下面将较为详细地介绍。

① 原子吸收光谱法

原子吸收光谱法（AAS）的主要原理是从光源（包括紫外线和可见光）发出的被测

元素特征辐射，在通过元素的原子蒸气时被其基态原子吸收，根据吸收强度来确定元素含量。该方法主要用于样品中微量及痕量组分分析。AAS 具体可分为三类：火焰原子吸收光谱法（FAAS）、石墨炉原子吸收光谱法（GFAAS）和低温原子吸收光谱法（CVAAS）。

FAAS 是测定镉或铅等有毒重金属最常用的方法之一，主要特点是操作简便、分析精度高、测定范围广和背景干扰较小。对金属元素含量较低的样品一般要进行预分离富集，从而进一步降低检出限，提高灵敏度，减少或消除其他共存元素的干扰。目前分离富集测定金属元素的方法包括螯合物吸附活性炭富集法、巯基棉或黄原脂棉分离富集法、共沉淀分离富集法等。此外，还可采用微波消解、压力消解等方法处理，减少样品消化处理过程待测元素的损失。

GFAAS 测定镉的灵敏度往往比 FAAS 高 3～4 个数量级，可直接分析固体或气体样品。此外，GFAAS 排除了在 FAAS 中所存在的火焰组分与被测组分之间的相互作用，减少了由此而引起的化学干扰，而且也减少了局外组分对测定的影响。目前该法在食品安全评估中得到了迅速的推广和应用[7]。由于镉属于低温易挥发元素，因此在 GFAAS 中还需选用合适的基体改进剂（为增加待测样品溶液基体的挥发性或提高待测易挥发元素的稳定性，而在待测样品溶液中加入的某种化学试剂），以提高镉的灰化温度，减少其挥发，是提高镉检测灵敏度的有效手段。目前已报道的可用于提高镉检测灵敏度的基体改进剂包括：抗坏血酸和酒石酸、钯盐、$(NH_4)_3PO_4$、磷酸二氢铵和硝酸镁混合物等[8-10]。悬浮进样也是 GFAAS 研究的一个热点。如可以利用琼脂溶液作为悬浮剂将待测样品均匀、稳定地悬浮于琼脂溶胶中，通过自动进样器直接将悬浮液注入石墨炉以测定样品中的镉含量，省去了繁琐冗长的样品前处理过程[11]。此外，可以在 GFAAS 的基础上，利用悬乳浊液直接进样和加基体改进剂的联合方法来有效测定固体饮料食品中的镉[12]。

CVAAS 又称冷蒸气原子吸收光谱法，是采用气体挥发进样，进入原子化器中进行测定的原子吸收光谱法。目前以氢化物发生为主（称为 HG-AAS），在强还原剂的作用下，被测金属元素被还原成挥发性共价氢化物，而后在控制条件下分解成自由原子，实施原子吸收测定，使测定的灵敏度显著提高。由于待测金属与氢结合从样品基体中带出，克服了基体干扰，因此具有较高的灵敏度和准确性[13]。

② 氢化物发生-原子荧光光谱法

氢化物发生-原子荧光光谱法（HG-AFS）是近几年发展起来的一种高效率、低成本的原子荧光分析法，将氢化物发生技术与原子荧光技术有机地结合起来。该法是在样品消解后加入能产生新生态氢的还原剂，将样品溶液中的待测元素还原为挥发性的共价氢化物，由氩气带入石英原子化器中进行原子荧光测定。与 HG-AAS 相比，HG-AFS 可一次性实现食品中多种金属（如镉、铅等）的同时测定，且方法简单，成本大大降低，准确度、精密度及检出限均能够满足食品安全评估过程中重金属的测定要求。因此，该方法自提出以来，就因为其对于较难分析的重金属污染物所显示出的独特优点而备受青睐。目前该方法已经成为食品卫生、饮用水、矿泉水中重金属检测的国家标准方法，在环境保护、食品安全、地质等领域有了很多应用。其主要缺点是一些金属氢化物发生对实验条件要求很高，且不同的样品需选择不同的氢化物发生体系。

③ 分光光度法

分光光度法是样品经过消化处理后，加入显色剂，使得所测金属离子与显色剂形成稳定的可显色络合物，然后用分光光度计进行检测来定量分析。此方法具有样品处理简便、仪器简单价廉等优点。分光光度法的研究热点主要是显色剂的选用，包括三氮烯显色剂、偶氮显色剂和卟啉显色剂等。三氮烯显色剂灵敏度高且选择性较好，是一类优良的测镉试剂；偶氮显色剂是最早和最广泛应用于镉光度测定的试剂，其灵敏度较高，然而选择性较差；卟啉显色剂是一类较晚才用于测镉的新试剂，这类显色剂具有巨大的共轭双键结构，与镉生成络合物并发生显色反应，其灵敏度高、稳定性好，可测定 10^{-9} 级镉。

④ 高效液相色谱法

近年来，高效液相色谱法在无机分析中的应用研究取得了迅速发展，痕量金属离子与有机试剂形成稳定的有色衍生物，用高效液相色谱分离，克服了光度分析选择性差的缺点，可实现多个元素同时测定。

⑤ 电感耦合等离子体原子发射光谱法

电感耦合等离子体原子发射光谱法（ICP-AES）是以高频电磁感应产生的高温电感耦合等离子焰炬为激发光源的光谱分析方法。它具有准确度高、精密度高、检出限低、测定快速、线性范围宽、可同时测定多种元素等优点，已广泛用于环境、食品等样品中数十种元素的测定[14]。样品在高温和惰性环境中被充分气化、原子化、电离并被激发，发射出所含元素的特征谱线。根据特征谱线的存在与否和谱线的强度进行相应元素的定性和定量分析。本法适用于各类样品中从痕量到常量的元素分析，尤其是矿物类中药、营养补充剂等产品中的元素定性定量测定。

⑥ 电感耦合等离子体质谱法

电感耦合等离子体质谱法（ICP-MS）是 20 世纪 80 年代发展起来的新的分析测试技术。它是以等离子体为离子源的一种质谱型元素分析方法，主要用于进行多种元素的同时测定，并可与其他色谱分离技术联用，进行元素价态分析。该技术几乎克服了传统方法的大多数缺点，并在此基础上发展起来的更加完善的元素分析法，因而被称为当代分析技术的重大发展[15]。在 ICP-MS 中，ICP 作为质谱的高温离子源，样品在高温下经过气化、解离、原子化、电离等过程，然后使形成的离子按质荷比进行分离，不同的元素有不同的质荷比，根据元素的分子离子峰进行定性和定量分析。

与传统元素分析技术相比，ICP-MS 技术提供了最低的检出限、最宽的动态线性范围、干扰最少、分析精密度高、分析速度快、可进行多元素同时测定以及可提供精确的同位素信息等分析特性。因此，ICP-MS 技术不仅可以取代传统的无机分析技术如电感耦合等离子体光谱技术、石墨炉原子吸收技术进行定性、半定量、定量分析及同位素比值的准确测量等，还可以与其他技术如 HPLC（高效液相色谱法）、HPCE（高效毛细管电泳法）、GC（气相色谱法）联用进行元素的形态、分布特性等的分析。随着这项技术的迅速发展，现已被广泛地应用于环境、食品、生物医学、石油、核材料分析等领域。

⑦ 电化学方法

目前镉测定中主要使用的电化学方法有溶出伏安法和极谱法。溶出伏安法是被测物质在适当的条件下电解一段时间，然后改变电极电位使富集在该电极上的物质重新溶出，根据溶出过程中得到的伏安曲线进行定量分析。极谱法是利用极谱仪来捕捉待测物质在特定条件下产生的各种形式的极谱波，从而对待测物质的含量进行计算的一种方法。

2. 铅

(1) 铅对健康的影响

铅是典型的慢性或积累性毒物，亦是对人体毒性最强的重金属之一，在体内半衰期可达 5～10 年，几乎可对人体的各个系统产生毒性。由于人类的各种活动，特别是近代工业的迅速发展，铅向大气圈、水圈以及生物圈不断迁移，再加上食物链的累积作用，人体对铅的吸收急剧增加，已接近或超出人体的容许含量。铅的过多摄入已经成为危害人体健康不容忽视的社会问题，特别对孕妇、婴儿和儿童的健康危害较大。从食品安全角度研究铅与人体健康之间的关系，评估铅给人类健康带来的风险具有重要的学术价值和现实意义。

当人暴露于高浓度的铅时，最明显的临床病症是脑部疾病。症状常为易怒、注意力不集中、头痛、肌肉发抖、失忆以及产生幻觉，严重的将导致死亡。该种情况通常在血铅水平超过了 300μg/dL 时发生。

高浓度的铅暴露可导致两种肾病。一种是常在儿童中观察到的急性肾病，它是由于短期高水平铅暴露，造成线粒体呼吸链及氧化磷酸化被抑制，致使能量转换功能受到损坏。可检测到肾功能损害对应的最低血铅水平约为 40μg/dL[16]。另一种肾病是由于长期铅暴露导致肾小球滤过率降低以及肾小管的不可逆萎缩。

人体慢性铅中毒所引起的主要病症之一是贫血。铅引起机体产生贫血，原因之一是通过干扰血红蛋白的重要组成部分亚铁血红素的合成而阻滞血红蛋白生物合成，红细胞生命周期缩短。造成贫血的另一个原因是铅与红细胞膜上的三磷酸腺苷酶结合并对它产生抑制作用，使得红细胞膜 K^+、Na^+、H_2O 的分布失控，红细胞皱缩，细胞膜弹性降低、脆性增大，红细胞在血液循环中易破碎，造成溶血，最终引起贫血。

铅暴露亦可导致高血压和心血管疾病发生率的增加，对婴幼儿发育和孕妇生殖功能（如流产和死产）有较大影响，并可有致癌作用，目前已被国际癌症研究机构列为人类致癌物。

(2) 铅的检测

铅与镉的检测方法类似。除了上面介绍的主要方法以外，还包括以下一些方法。

① 滴定法

滴定法主要原理是将一种已知准确浓度的试剂溶液，滴加到被测物质的溶液中，根据试剂溶液的浓度和用量，计算被测物质的含量。例如，用盐酸-硝酸混合酸溶解样品，加入一定量的氯化钠防止铅析出，用氯化钠和盐酸稀释液稀释，在微酸性溶液中，用

EDTA 滴定法测定铅的含量。

② 双波长分光光度法

双波长分光光度法是在传统分光光度法的基础上发展起来的。它与传统分光光度法的不同之处在于它采用了两个不同的波长即测量波长和参比波长同时测定一个样品溶液，以克服单波长测定的缺点，提高了测定结果的精密度和准确度。

③ 双硫腙分光光度法

该方法是测定铅的常用方法，准确度好，灵敏度高。它以双硫腙为螯合剂，使之与金属离子反应生成带色物质，而后用分光光度法测定该金属离子。例如，在水质标准中，常采用双硫腙分光光度法对铅的含量进行测定：在 pH 为 8.5～9.5 的氨性柠檬酸盐-氰化物的还原性介质中，铅与双硫腙形成可被氯仿萃取的淡红色双硫腙铅螯合物，在 510nm 波长处可进行分光光度测定，从而确定样品中铅的含量。

④ 微分电位溶出法

微分电位溶出法是在溶出伏安法的基础上提出的一种新型电化学分析方法，该方法具有设备简单、操作简便、无需消化处理、干扰因素少、灵敏度高、分辨率优于伏安法等优点。该方法可广泛应用于尿、血样以及环境样品中铅含量测定。

⑤ 离子选择电极法

离子选择电极法（电位分析法）近年来已成为分析化学研究的新热点。离子选择电极是一种电化学传感器，其结构中有一个对特定金属离子具有选择性响应的敏感膜，将离子活度转换成电位信号。在一定范围内，其电位与溶液中特定离子活度的对数呈线性关系，通过与已知离子浓度的溶液比较可求得未知样本溶液的离子活度，按其测定过程又分为直接法和间接法，目前大部分采用间接法，由于间接法是将待测样本稀释后测定，所测离子活度更接近离子浓度。离子选择电极法具有样本用量少、快速准确、操作简便等优点，是目前所有方法中最为简便准确的方法，但是电极具有一定寿命，使用一段时间后，电极会老化。

目前，该方法已被证明具有极高的灵敏度，特别是近年来固体接触式离子选择性电极技术的发展尤为值得关注。该技术将电极敏感膜直接覆盖在内参比金属电极表面，由于省去了电极内充液，从而消除了主离子从内充液经电极膜向样品溶液扩散的“共萃取效应”，降低了主离子通量对电极检出限的影响，提高了检测的灵敏度。

⑥ 化学发光法

化学发光法是利用化学反应产生的发光现象对元素进行分析的方法。化学反应在反应过程中能够提供足够的能量，至少为一种反应物的分子或原子所吸收使之处于电子激发态，当激发态回到基态时，便发出一定波长的光，而光强度取决于化学发光反应速度，而反应速度又取决于反应分子的浓度，因此，借助化学发光强度的测定可以对反应物进行定量分析。例如，基于 Pb^{2+} 能置换 Fe^{2+}-EDTA 中的 Fe^{2+} 和 Fe^{2+} 鲁米诺溶解氧所产生的化学发光反应建立测定痕量铅的新方法。

⑦ 其他方法

试纸法：利用重金属离子和某些特殊显色剂的显色反应，来研制的测定环境和废水中铅等重金属离子的快速检测试纸；检出范围是0.01～1.00mg/L。

比色法：显色反应在自制的小检测管内进行，通过与标准色列的管进行比较确定管中铅离子的含量。

酶联免疫法：运用免疫学和生物工程技术所建立的酶联免疫吸附剂测定技术。

元素分析仪/金属元素分析仪：可测定钢铁、合金及其他金属中锰、磷、硅、镍、钼、铬、铜、铅、锌、铁、铝、镁等元素。

生物传感器法：根据铅离子可以与酶或其他物质发生酶抑制或络合等现象从而引起原物质中的显色剂颜色、pH值、电导率和吸光度等发生改变，再借助电信号、光信号等加以识别，进而可以定性定量分析样品中的铅含量。具有操作快速、简便、检测成本低、响应快、灵敏度高、选择性强等优点。

3. 汞

（1）汞对健康的影响

汞是一种银白色液态金属，常温中即可蒸发。环境中的汞被动植物吸收后，通过生物的富集作用和食物链的传递，最后进入人体。当汞进入血液后，可与血浆蛋白或红细胞结合，主要分布到脑和肾脏，其次为肝脏、消化道、心、肺等处。人体内的汞可经尿、粪和汗液等途径排出体外。汞及汞化合物对人体的损害与进入体内的汞量有关。微量汞在人体内不致引起危害，但如果是经过长时间的毒性积累导致汞数量过多，就会引起汞中毒，主要表现在其神经毒性上，对消化道、呼吸道和肾脏等也有一定影响，严重者甚至死亡。汞毒可分为金属汞、无机汞和有机汞三种。金属汞和无机汞主要损伤肝脏和肾脏，但一般不在体内长期滞留而形成积累性中毒。有机汞毒性高，摄入体内后98%被吸收，不易排出，可随血液分布到各组织器官而逐渐累积，主要是脑和肝脏。汞中毒的常见途径主要包括：①长期使用含汞的化妆品；②吃过多海鱼；③长期吸入汞蒸气和汞化合物粉尘；④其他方式。

汞中毒的机理目前尚未完全清楚。目前已知道的是，汞的硫化反应是汞产生毒性的基础。金属汞进入人体后，很快被氧化成汞离子，汞离子可与体内酶或蛋白质中许多带负电的基团如巯基等结合，使细胞内许多代谢途径，如能量的生成、蛋白质和核酸的合成等受到影响，从而影响了细胞的正常功能，并阻碍细胞的分裂。无机汞和有机汞都可引起染色体异常并具有致畸作用。不同种类的汞及汞化合物进入人体后，会蓄积在不同部位，从而造成这些部位受损。如金属汞主要蓄积在肾和脑；无机汞主要蓄积在肾脏，而有机汞主要蓄积在血液及中枢神经系统。汞也可通过胎盘屏障进入胎儿体内，影响胎儿发育。

汞中毒临床症状可分为急性汞中毒和慢性汞中毒。前者主要是由口服汞等汞化合物引起，往往表现为急性腐蚀性口腔炎和胃肠炎。患者诉口腔和咽喉灼痛，并有恶心、呕吐、腹痛及腹泻，并常可伴有周围循环衰竭和胃肠道穿孔。可发生急性肾功能衰竭，同时可有肝脏损害。

慢性汞中毒常为长期吸入汞蒸气或服用汞污染食品所致，其主要靶器官是中枢神经系统，亦常伴有植物神经功能紊乱。主要有三大症状：兴奋性增高，震颤和口腔炎。表现为头昏、头痛、情绪易激动、烦躁、胆怯、注意力不集中、记忆力减退及失眠。震颤多为意向性的，先见于手指、眼睑和舌，以后累及肢体，甚至全身。口腔症状主要表现为口腔黏膜充血、溃疡、糜烂，齿龈炎，牙齿松动和脱落。齿龈常可见蓝黑色的硫化汞细小颗粒排列成行的汞线，是汞吸收的一种标记。肾脏方面，初为亚临床的肾小管功能损害，出现低分子蛋白尿等，亦可出现肾炎和肾病综合征。此外，慢性汞中毒患者尚可有体重减轻、性功能减退、妇女月经失调或流产、甲状腺功能亢进、周围神经病变等症状。

（2）汞的检测

鉴于汞元素对人体健康有极大的危害性，世界卫生组织将汞列为首要考虑的环境污染物。矿泉水与食用盐中的汞的限量标准分别为0.001mg/kg和0.1mg/kg，欧盟对某些鱼类及其产品制定汞的限量标准为1mg/kg和0.5mg/kg。我国也制定了相应的食品卫生标准：粮食（成品粮）≤0.02mg/kg；薯类（土豆、白薯）、蔬菜、水果≤0.01mg/kg；肉、蛋（去壳）≤0.05mg/kg；牛乳≤0.01mg/kg。

目前用于测定食品中汞的方法主要为分光光度法、原子吸收光谱法、原子荧光法、ICP-AES和ICP-MS等[17-19]。关于这些方法的基本原理前面都有介绍，下面就这些方法在汞检测中的优点作简单说明。

① 分光光度法

分光光度法是测定总汞的一种早期的方法。20世纪80年代后期，为改善其灵敏度和选择性，从简单地使用显色剂直接光度法发展到固相萃取光度法、催化动力学光度法等阶段。随着仪器技术的发展，也引进了流动注射等技术。

② 原子吸收光谱法

原子吸收光谱法是目前汞分析应用中最广泛的方法之一。此方法简便、快速、干扰小、灵敏度较高、准确性较好。当前，该法在测定汞元素时，选用低温原子吸收法和石墨炉原子吸收法。

③ 原子荧光光谱法

原子荧光光谱法是继原子吸收光谱法诞生10年后发展而来的分析方法，其中氢化物发生-非色散原子荧光光谱技术是20世纪80年代以来我国发展较快的一种新的痕量分析技术。该方法比原子吸收光谱法测定总汞的灵敏度相对较高，谱线简单、干扰小。

因原子荧光光谱法是富有中国特色的方法，目前在国际上还没有真正推广应用，但国内对原子荧光光谱法测定汞的研究十分普及，近5年内利用该方法测定了众多食品中的汞含量。涵盖的主要食品种类有：水产品、大米、奶制品、茶叶、猪肉、保健食品等。

④ ICP-AES

ICP-AES具有广谱性和多元素分析能力，可以在很宽的浓度范围内做定性和定量分析。如通过采用微波消化仪、硝酸-过氧化氢体系消解鳗鱼样品后，氢化物发生器还原发生汞蒸气导入ICP-AES进行测定，检出限为0.006mg/kg，回收率为88%～

105%[20]。ICP-AES对于复杂的样品基质会存在一定光谱干扰，较高浓度的汞也容易造成仪器的“记忆效应”。可通过添加汞络合剂如硫脲和氯化金，使之与汞离子（Hg^{2+}）形成稳定的螯合物，避免挥发。

⑤ ICP-MS

ICP-MS具有灵敏度高、检出限低、选择性好、可测元素覆盖面广、线性范围宽、能进行多元素检测和同位素比值测定等优点。目前正被越来越多地应用于包括汞在内的多种金属元素的检测。

⑥ 其他方法

除了上述的方法可测定样品中的汞含量外，还有其他的分析方法如：ELISA法、中子活化法、高效液相色谱法等方法，但这些方法不经常使用且存在一些局限性。

无论何种方法检测汞，其仪器方面，从理论构造上到实践应用上都已经相对成熟，更多研究人员致力于对样品的前处理技术的研究，尤其针对汞的易挥发性，采用了微波消解方法，避免汞的损失；结合固相萃取技术和流动注射技术对痕量汞进行更好的富集和分离，提高方法的灵敏度和准确度。

（二）必需金属

除了上面介绍的几种非必需重金属外，人体同样也需要一些金属元素。其中钾、钙、钠、镁在生物体中含量较高（人体每日摄入量大于400mg），属于宏量元素，主要参与信号转导、细胞组织成分构成、电解质平衡以及酶活化等多种生物功能。其他的金属则属于微量元素，主要包括铁、锌、铜、锰、钴、镍、钼、铬等，它们在生物体内含量很低（如人体中含量在0.01%以下，每日摄入量小于20mg），但在个体的生长、发育和各种代谢过程中不可或缺。其中又以铁和锌的含量相对较高。

虽然这些金属是人体所必需的元素，但是它们必须处在生物体严格的内稳态控制中[21]。当摄入过量时，也会出现中毒现象，毒性的强弱与金属种类及其进入体内的剂量有关。因此，在食品安全风险评估过程中，检测必需微量元素的含量同样具有重要的意义。下面将主要介绍几种毒性较大的必需金属。

1. 锰

锰是人体必需的微量元素之一。过量锰进入机体会对人体的脑、肝、肾造成严重的损害，其中以对神经系统的作用尤为突出；同时，摄入过量锰导致的致癌、致畸、致突变，不容忽视[22]。

过量的锰暴露可以引起食欲下降、生长缓慢、生殖功能障碍、贫血等，还可导致类似精神分裂症的精神紊乱，严重者可导致类帕金森综合征的症状。锰对神经的损伤通常是渐进的、不可逆的，可分成非特异性神经系统损伤症状、特殊精神症状和锥体外系症状。神经系统损伤可表现出衰弱、乏力、失眠、嗜睡等；锰所导致的特殊精神症状包括定位障碍、情绪不稳、强制行为、幻觉、口齿不清等；这些体征总是伴随着锥体外系紊乱症状的发生，如走路不平衡、抬腿高、手指不协调、震颤等。

前面介绍过的金属检测方法基本都可用于食品中锰的检测。

2. 铜

铜是人体必需的元素，广泛分布在人体的脏器组织（尤其是肝脏和中枢神经系统），参与人体内许多重要的代谢过程和生理作用。但是如果摄入过量，会引起中毒反应。口服时，铜的毒性以铜的吸收为前提，金属铜不易溶解，毒性比铜盐小，铜盐中尤以水溶性盐如乙酸铜和硫酸铜的毒性大。当铜超过人体需要量的100～150倍时，可引起坏死性肝炎和溶血性贫血。人的口服致死量约为10g。

急性铜中毒发生的主要原因包括用含铜绿的铜器皿存放和储存食物，以及有意无意吞服可溶性铜盐等。其中，除用铜器皿存放饮料或含醋食品外，盐渍食品在铜器皿中烹调时会产生毒性，在铜器皿中制茶也可引起中毒。其临床表现为急性胃肠炎，中毒者口中有金属味，恶心、呕吐、腹痛、腹泻，有时可有呕血和黑便，病情严重者可因肾衰竭而死亡。患者血清铜可显著升高（正常值约为76.6μg/100mL）。

慢性铜中毒一般是由于长期大量地吸入含铜的气体或摄入含铜的食物所致。神经系统的临床表现有记忆力减退、注意力不集中、容易激动，还会出现多发性神经炎、神经衰弱综合征等症状；消化系统方面可出现食欲不振、恶心呕吐、腹痛腹泻、黄疸，部分病人出现肝肿大、肝功能异常等；在心血管方面可出现心前区疼痛、心悸、高血压或低血压；在内分泌方面，少部分病人出现阳痿，还可能出现非分泌性脑垂体腺瘤，表现为肥胖、面部潮红及高血压等。

（三）金属硫蛋白

金属硫蛋白（metallothionein，MT）是一种普遍存在于生物体内的富含半胱氨酸（25%～35%）、对热稳定、可诱导型的低分子量蛋白质。其可与许多金属结合，具有重要的生物学功能，如清除体内自由基，重金属动态平衡和解毒功能，参与体内微量元素的储存、运输和代谢，增强机体对应激的适应能力，等[23-25]。MT分子中含有大量巯基（—SH），而巯基与金属离子尤其是有毒重金属如镉、铅、汞、银、铜、铁等有很强的结合力。人的MT家族有4个亚型，即MT-1～MT-4，包含17个成员，10个有功能的亚型。人MT基因各亚型功能相似，表达调节比较复杂，不同亚型的表达有诱导剂、组织及发育等方面的特异性。生物体本身已具有一定的MT水平，当生物体摄入的重金属含量超过一定浓度时，将诱导生成新的MT，且这种诱导与重金属浓度具有相关性，可以反映环境中的重金属含量水平。根据这一特性，可以尝试利用生物体中MT水平作为重金属污染物、潜在重金属污染暴露和毒性效应早期预警的生物标志物，凭此进行食品安全评估过程中重金属的监测、管理与制定预防措施[26]。

但是若干研究发现，MT对重金属暴露的响应可能会受到多方面因素干扰。例如，生物体接触的金属浓度过高，暴露时间过长，MT的合成过程会被严重干扰[27]。另外，MT在生物体内的诱导具有组织差异性，如肝脏是MT合成的主要器官，诱导效果优于其他部位。除此之外，其他一些内外因素（如不同种群或伴有不同疾病）亦可影响体内

MT 的含量，从而导致 MT 检测经常出现与金属浓度结果不一致的情况。因此，利用生物体内 MT 作为接触重金属污染或中毒的普适生物标志物仍需进行深入的研究。

二、双酚 A

（一）双酚 A 对健康的影响

双酚 A（bisphenol A，BPA）又称为二酚基丙烷，不溶于水，易溶于醇、醚、丙酮及碱性溶液。双酚 A 是一种偏灰色或无色的粉末或颗粒，具有类似氯酚的气味。BPA 在 1891 年由俄罗斯化学家 A. P. Dianin 首次合成，目前作为原料广泛应用于生产聚碳酸酯、环氧树脂和其他高分子材料。BPA 作为一种塑料单体和增塑剂，广泛存在于我们的生活中，比如食品的包装材料、饮料容器、餐具、婴儿奶瓶、牙齿的填充剂和密封剂等，因此 BPA 从这些材料中渗出进入人体的机会是非常大的，人体摄入 BPA 的主要途径是通过饮食。BPA 在人体的多种组织和体液中均可检测到，如血液等。

BPA 是一种环境内分泌干扰物。BPA 对生殖系统和胚胎发育具有一定影响，动物研究发现 BPA 可以增加雄性小鼠前列腺质量、减少每日精子生成量、增加雌性小鼠青春期生长速度等[28]；胎儿期的 BPA 暴露可以引起雄性动物的生殖器官发育异常，发育中的脑组织也可能是 BPA 的一个重要靶器官[29]。体外实验表明 BPA 能促进人乳腺癌细胞 MCF-7 增殖，提示 BPA 可能促进乳腺癌的发生[30]。BPA 的结构与雌二醇相似，其作用因细胞类型及其表达雌激素受体（ER）亚型的不同而不同，BPA 在作用于 ERβ 时产生雌激素样作用；在某些细胞中，BPA 则通过作用于 ERα 而发挥激动剂和拮抗剂的双重作用[31]。利用体外酵母检测系统，证明 BPA 具有弱的雌激素样活性和强的抗雄激素活性，能够完全抑制双氢睾酮的活性[32]。BPA 对甲状腺激素的作用也具有一定的影响，研究表明 BPA 可以作为甲状腺激素的拮抗剂影响甲状腺激素的活性，通过与甲状腺激素受体结合来抑制甲状腺激素的作用[33]。BPA 对实验动物的影响是多方面的，除了上述的对激素作用的影响外，还对神经系统、免疫系统、代谢性疾病及肿瘤的发生等具有一定的影响，因此 BPA 对人体的潜在危害已受到广泛的关注。流行病学研究发现，血清中和尿液中 BPA 的水平与某些疾病相关。Lang 等报道尿液中高浓度的 BPA 与人的心血管疾病、糖尿病相关；尿液中高浓度的 BPA 与血液中 γ-谷氨酰基转移酶和碱性磷酸酶浓度的异常也相关[34]。Takeuchi 等发现多囊卵巢综合征患者血清中 BPA 的含量显著高于正常对照者，血清中 BPA 的浓度与雄激素浓度显著相关，鉴于 BPA 与雄激素能影响彼此的代谢，推测 BPA 可能参与多囊卵巢综合征的发生发展[35]。

（二）双酚 A 的检测

BPA 在血液中主要的存在形式为葡萄糖苷酸结合型 BPA，少量为游离 BPA 原型；在尿液中主要为葡萄糖苷酸结合型 BPA[36,37]。动物实验发现，BPA 经口摄入后，大部分以游离的原型形式经粪便排出；小部分经肠道吸收后在肝脏被代谢，进入体循环，经尿液排出。因此，葡萄糖苷酸结合型 BPA 通常作为 BPA 暴露的一个生物标志物。血液和尿液中 BPA 本身也可作为 BPA 暴露评估的生物标志物。

对于 BPA 的检测，因为环境样品或生活样品中存在大量的基质干扰物，难以直接用仪器检测，因此样品一般需要进行前处理后才能进行衍生化和仪器分析。已报道的 BPA 的前处理方法有液-液萃取、固相萃取、固相微萃取、基质固相分散萃取、超临界流体萃取、微波溶出、酶解法等方法。目前对 BPA 的检测方法中，应用最为广泛的有色谱法、气相色谱-质谱联用技术、高效液相色谱法、液相色谱-质谱联用技术、分光光度法和免疫分析法。其中，色谱法的优点在于定量准确、特异性强、分辨率高和重复性好，并能够实现样品的自动化检测；不足之处是仪器对样品的提取和净化要求较高，样品预处理繁琐，所需色谱仪及检测器等设备昂贵，且对操作人员的技能要求较高。分光光度法检测 BPA 具有操作步骤简单，分析速度快，不依赖于昂贵的仪器设备等优点；存在的问题是分辨率低，检测性能很大程度上依赖于待测物中 BPA 的纯度，相较于色谱法，灵敏度偏低。免疫分析法方法的优点包括特异性高、样品预处理简单；存在的问题主要有不稳定，易出现假阳性、假阴性的结果，且检测结果的重现性低。

三、真菌毒素

（一）黄曲霉毒素

1. 黄曲霉毒素对健康的影响

1961 年科学家从引发英国南部火鸡突发性死亡的花生粕中分离出了一株霉菌，经鉴定是黄曲霉菌，这种黄曲霉菌能产生一种具有荧光的毒素，被命名为 AFT。黄曲霉毒素（aflatoxin，AFT）是真菌毒素，是一类基本结构都含有二呋喃环和香豆素（氧杂萘邻酮）的化合物，主要由黄曲霉菌（*Aspergillus flavus*）、寄生曲霉菌（*Aspergillus parasiticus*）和集峰曲霉菌（*Aspergillus nomius*）产生的次生代谢产物。黄曲霉菌广泛存在于土壤中，其孢子可扩散至空气中传播，在合适的条件下侵染合适的寄生体，如花生、玉米、大米和棉籽等，产生 AFT。2009 年美国科学家 Crawford 等解析了催化 AFT 合成的酶的关键结构[38]。目前已分离鉴定出的 AFT 及其代谢产物有 18 种，包括 AFB_1、AFB_2、AFB_{2a}、AFG_1、AFG_2、AFG_{2a}、AFM_1、AFM_2、AFP_1、AFQ_1 和 AFH_1 等。其中 AFM_1 和 AFM_2 分别是 AFB_1 和 AFB_2 的代谢产物，多存在于牛奶中；AFB_1 毒性最强，其毒性约为氰化钾的 10 倍、砒霜的 68 倍，致癌性为二甲基亚硝酸胺的 75 倍、二甲基偶氮苯的 900 倍、3,4-苯并芘的 4000 倍。

人类接触 AFT 的途径主要是摄入 AFT 污染的食物，包括受 AFT（主要为 AFB_1）污染的植物性食物，以及由 AFT 污染饲料喂养的动物生产加工的动物性食物（如乳酪、奶粉等，主要为 AFM_1）。AFT 具有致癌、致畸、致突变的作用，被世界卫生组织和联合国粮农组织定为天然存在的最危险的食品污染物，世界卫生组织癌症机构将其列为Ⅰ类致癌物。病理学研究发现，AFT 进入机体后可以诱发癌症和免疫抑制。肝脏是 AFT 的主要靶器官，啮齿类动物、家禽和非人灵长类动物在摄入 AFT 后均表现出一定程度的肝损伤。急性 AFT 中毒能够引发人类的急性肝炎[39]。AFT 能够诱发肝癌已逐渐被证实，研究表明，AFT 进入体内后在细胞色素酶 P450 的催化下生成 AF-8，9-环氧化物，该环氧化物可以与细胞 DNA 的鸟嘌呤结合形成鸟嘌呤 AFT，从而诱导抑癌基因 p53 的第 7 位外显子和第 249 位密码子 AGG 发生碱基置换生成 AGT，致使 p53 发生突变，导致癌症发生[40,41]。

2. 黄曲霉毒素的检测

研究发现，动物体内 AFT 在微粒体混合功能氧化酶系的作用下发生脱甲基、羟基化及环氧化，主要代谢产物为 AFM_1、AFP_1、AFQ_1 和 AFB_1-2,3-环氧化物。AFT 进入机体后，在尿液、血液和乳汁中均可检测到；其在肝脏中含量高于其他组织，肾脏、脾脏和肾上腺中也可检出，肌肉中一般不能检出。如不连续摄入，AFT 一般不在体内积聚，大部分可随尿液、粪便等排出体外[42]。

目前 AFT 的检测方法主要有以下几种。①薄层分析法，该方法是检测 AFT 的经典方法，利用了 AFT 的荧光特性，能够根据荧光斑点的强弱与标准品的对比确定其含量，该方法灵敏度较差，对操作人员也有一定的健康危害。②液相色谱法，该方法能快速地分离不同类型的 AFT，检测速度快且定量准确，但费用昂贵且对操作人员的健康也存在一定的危害。③酶联免疫法（ELISA），该方法检测速度快且对人体危害小，但是重复性低，假阳性率较高。④毛细管电泳法是新发展起来的检测 AFT 的方法，该方法与激光减弱荧光检测器联合使用能大大提高检测的灵敏度，得到较理想的检测效果，但是成本比较昂贵，不适宜广泛应用。⑤荧光光度法（IAC/SPF）是一种常用的国标法，其原理是利用各种 AFT 的荧光特性差异用荧光光度计测量样品中 AFT 的含量，该方法灵敏度高，检测迅速，定量准确，对人员健康无危害，可适用于大规模检测，但不能区分各种毒素的具体含量。⑥金标试纸法，该方法具有简单、快速的特点，但检测准确度需进一步确认。⑦生物传感器法，该方法分为免疫传感器法和酶传感器法，具有选择性高、响应快、操作简单、携带方便和适合于现场检测等优点，目前各国科研工作者正积极探索研制新型生物传感器用于 AFT 的检测。

研究发现在 AFT 污染区，人尿液 AFT 和血清乙肝表面抗原（HBsAg）阳性及肝癌的发生密切相关。分析人尿液中 AFT 及其代谢物的含量时发现 AFT-DNA 加合物，即 AFT-N7-鸟嘌呤含量与机体 AFT 的摄入量呈正相关[42]。在小鼠体内实验结果也显示 AFT-N7-鸟嘌呤与 AFB_1 的暴露水平呈显著的剂量相关性。这些人群和动物实验的结果提示 AFT-N7-鸟嘌呤也可作为 AFB_1 暴露的生物标记物。

目前已有多种 AFT 的生物标志物被开发和应用，包括 AFB_1 及其代谢产物和 AFB_1 分子加合物，如尿液 AFQ_1、AFM_1 和 AFT-N7-鸟嘌呤、血清 AFB_1-白蛋白加合物[43,44]。发现新的有效的 AFT 暴露生物标志物，对暴露者的早期诊断和治疗至关重要，目前寻找 AFT 暴露的新的生物标记物是 AFT 的一个重要研究方向。

（二）伏马菌素

1. 伏马菌素对健康的影响

伏马菌素（fumonisin，FB）是一种真菌毒素，是由串珠镰刀菌（*Fusarium moniliforme*）、轮状镰刀菌（*Fusarium verticIllioides*）和多育镰刀菌（*Fusarium proliferatum*）等产生的水溶性代谢产物，是一类由不同的多氢醇和丙三羧酸所组成的双酯化合物[45]。在迄今已发现的 53 种伏马菌素中，FB_1 和 FB_2 最为常见，是该家族的主要成员，也是导致伏马菌素毒性作用的主要成分。伏马菌素对粮食的污染在世界范围内普遍存在，可污染多种食品原料及其制品，比如玉米、玉米饼、牛奶、茶、啤酒、饲料等。伏马菌素污染的粮食常伴有黄曲霉素的存在，这更增加了其对人畜危害的严重性。由于伏马菌素的广泛分布及其对人体健康的危害，已被列为食品安全领域的一个研究热点，国际癌症研究中心（IARC）将伏马菌素列为 2B 类致癌物质（即人类可能致癌物），世界卫生组织（WHO）将其列为近年来重点研究的一类真菌毒素。

研究证实，伏马菌素的毒性作用比较广泛，具有神经毒性、肺毒性、免疫系统毒性和致癌性等[46]。伏马菌素的毒性作用因动物种类不同而不同，在 FB_1 对马的毒性研究中发现，FB_1 能够诱发马脑白质软化症，对马属动物具有高度致死性，病畜中毒初期嗜睡拒食，随后出现共济失调、抽搐等症状，最后死亡。病理学检查可发现明显的肝脏出血、坏死和延髓水肿[47]。SD 大鼠亚急性毒性实验（≥90 天）表明，伏马菌素可导致肝脏发生病变，包括细胞增生、变性、坏死、弥漫炎性浸润、胆管增生、纤维化、肝硬化；较低浓度伏马菌素可引起大鼠肾脏损伤，包括细胞增生、变性和细胞程序性死亡[48]。在对猪的亚急性实验中发现，伏马菌素可致猪胸膜积水和肺水肿，并伴随有胰脏和肝脏的病变[49]。流行病学研究显示，某些地区食管癌的高发率与玉米中含有的伏马菌素有关。伏马菌素还能够对动物免疫系统造成损害，降低动物的免疫功能，影响疫苗的免疫效果。研究发现，FB_1 可引起仔鸡巨噬细胞形态学改变，降低其细胞活性并导致其功能受损，使其对接种疫苗免疫应答降低[46]。除上述毒性外，伏马菌素还具有胚胎毒性[50]。

2. 伏马菌素的检测

伏马菌素在动物体内的代谢实验发现，大鼠腹腔注射 FB_1 后，其在大鼠体内的半衰期仅为 18 分钟。用放射性^{14}C 标记的 FB_1 进行腹腔注射，24h 后检测发现粪便中占 66%，尿液中占 32%，肾脏和血红细胞中≤1% [51]。给大鼠喂食^{14}C 标记的 FB_1，结果显示 FB_1 几乎全部出现在粪便中，尿液、肝脏、肾脏和血红细胞中仅有微量存在，并且绝大多数是未经代谢的 FB_1 原型[52]。这些结果说明通过食物途径摄入的伏马菌素在胃肠道吸收很少，清除较快。研究者尝试从人的血清、尿液、头发、指甲中检测伏马菌素以评估伏马菌素的暴露，由于其含量甚微，现有的方法检测非常困难。

食品原料及其制品中伏马菌素的检测方法主要有荧光光度法、薄层色谱法、酶联免疫分析法、高效液相色谱法、液相色谱-质谱联用、气相色谱法、化学溶解分离法(CSD)、毛细管区带电泳法和蒸发光散射检测技术等[53]。其中高效液相色谱法和液相色谱-质谱联用法主要用于分析伏马菌素的水解产物丙三羧酸和三氟乙酰丙酮。荧光光度法的优点是在没有标准品的情况下即可筛选阳性样品并进行定量分析，但是该方法准确度和精密度均较差。薄层色谱法设备要求简单，但特异性和灵敏度较差。酶联免疫法具有特异性强、快速、前处理简单等优点，但是此方法容易出现假阳性或假阴性的结果。高效液相色谱法具有较高的灵敏度和较低的检测限，可以实现同时检测多种不同类型的毒素，适于大批量样品的分析，但需要先对样品进行衍生化，且衍生化步骤较为繁琐，该方法易造成实验误差。液相色谱-质谱联用可提高色谱法的可靠性，但该方法对仪器要求较高，价格昂贵。气相色谱法检测伏马菌素由于伏马菌素分子高度极性而很难对整个分子进行气化，给检测带来一定的困难，但是该方法同质谱联用可使检测限达到较高水平。化学溶解分离法、毛细管区带电泳法和蒸发光散射检测技术等方法具有方便、快捷等优点，但还有待于更为深入的研究，目前应用并不广泛。

四、多环芳烃

（一）多环芳烃对健康的影响

多环芳烃（polycyclic aromatic hydrocarbons，PAHs）来源于煤、石油、木材、烟草等有机物的热解和不完全燃烧，广泛分布于大气、水、土壤和食品等介质中。PAHs是由两个或两个以上苯环以线状、角状或簇状排列的中性或非极性碳氢化合物，可分为芳香稠环型和芳香非稠环型。芳香稠环型PAHs是指相邻的苯环至少有两个共用碳原子的PAHs，其性质介于苯和烯烃之间，如萘、蒽、菲、芘等；芳香非稠环型PAHs是指相邻的苯环之间只有一个碳原子连接的PAHs，如联苯、三联苯等。PAHs大部分为无色或淡黄色结晶，个别颜色较深，具有熔点高、疏水性强、辛醇-水分配系数高、易溶于苯类芳香性溶剂等特点。一般情况下，PAHs的熔沸点随着分子量的增加而升高。PAHs的化学性质与其结构密切相关，多数具有大的共轭体系，因此其溶液具有一定的荧光性，而且它们是一类惰性很强的碳氢化合物，不易降解，能稳定地存在于环境中。

日常生活中，人们可通过呼吸、饮水、饮食、吸烟以及皮肤接触等多种方式不同程度地暴露于PAHs。PAHs是最早发现且数量最多的一类环境致癌物。职业暴露于PAHs的工人，患呼吸系统肿瘤和泌尿系统癌症的风险要高于非暴露人群[54]。PAHs的致癌机制主要是由于PAHs在体内可经细胞色素P4501A1或P4501A2催化发生环氧化，最终形成致癌物7,8-二氢二醇-9,10-环氧化物（BPDE），后者再与DNA结合形成加合物，导致基因突变，从而诱发肿瘤的发生。肺是PAHs的主要靶器官之一，呼吸暴露PAHs（主要是苯并芘，benzo[a]pyrene，BaP）的浓度与肺癌患病风险显著相关。1973年，美国的Carnow等详细分析了一系列有关肺癌流行病学调查资料，推测大气中的

BaP 浓度每 100m^3 增加 0.1μg 时，肺癌死亡率相应升高 5%[55]。2005 年，我国的段小丽等的研究表明焦炉工人 BaP 暴露的肺癌风险是普通人群的十几倍，约为 160/10 万；同时发现 14 种 PAHs 共同暴露时的肺癌风险比单独考虑 BaP 暴露时高约 0.5 倍[56]。在炭烤和烟熏等食品中，可检出苯并芘、苯并菲和苯并蒽等，尤其是苯并芘的检出量可达 2～200μg/kg。研究发现，让 4 名非吸烟健康成人，连续摄入炭烤羊排 7 天，血液中 PAH-DNA 加合物水平显著增加了 3～6 倍；流行病学调查发现，冰岛居民喜欢吃烟熏食品，其胃癌标化死亡率高达 125.5/10 万。

（二）多环芳烃的检测

关于 PAHs 的风险评价主要有外暴露和内暴露两种方法。外暴露通常通过测定空气、沙尘、食品及水等环境中包括 BaP 在内的多种不同的 PAHs 的浓度来评价。BaP 是 PAHs 中具有致癌性的化合物之一，在风险评估中常作为 PAHs 外暴露生物标志物。内暴露是通过直接对个体采样，测定血液、尿液等样品中的生物标志物浓度进行集体生物学暴露评价，比外暴露更能直接反映机体对 PAHs 的实际负荷水平。尿中 1-羟基芘（1-hydroxypyrene，1-OHP）是研究最多、使用最广泛的 PAHs 内暴露生物标志物，这是因为 1-OHP 在 PAHs 混合物中含量较高、热稳定性较强，并且 1-OHP 是芘在哺乳动物体内的主要代谢物。

1-OHP 的检测方法有以下几种：①高效液相色谱法是检测 1-OHP 最常用的方法，检测前需对样品进行水解处理，以得到游离的 1-OHP，再净化浓缩，以降低或排除杂质的干扰，提高检测灵敏度。②液相/气相色谱-质谱（LC/GC-MS）联用技术，前期研究已有利用 LC-MS 大气压化学电离或电喷雾电离模式研究的相关报道。随着技术发展，逐渐出现了 GC、LC 与高分辨率的质谱联用、液相色谱与飞行时间质谱的联用等。③同步荧光光谱法是相对比较简单的一种方法，无需样品的预处理即可同时检测多种物质，具有灵敏度高、操作简便、谱图简单、选择性好、光散射干扰小等特点。④毛细管区带电泳法，该方法具有分离效率高、分析速度快、重现性好及样品用量少等特点。⑤与传统的仪器分析方法相比，ELISA 法的特异性强、灵敏度高，不需要复杂的样品预处理，具有快速、简便等优点。⑥电化学法是根据物质的电学和电化学性质而建立起来的一种分析方法。1-OHP 具有稳定的电化学活性，但是目前使用电化学方法测定 1-OHP 含量的报道很少，研究还处于起步阶段。

1-OHP 在过去 20 多年里一直被认为是适用于 PAHs 暴露风险评估的一个很好的生物标志物。然而，由于芘不是致癌物质，如果不能确定芘与致癌性 PAHs 的比例，则无法应用 1-OHP 作为健康风险评估的暴露生物标志物[57]。不同 PAHs 物质之间的比值会随着污染源及暴露方式的不同而不同，在这种情况下，研究者认为相对于芘和 1-OHP，BaP 及其代谢产物 3-羟基苯并芘（3-OHBaP）更适合作为 PAHs 暴露生物标志物，因为 BaP 是 PAHs 混合物中致癌物的重要组成部分。20 世纪 80 年代，由于技术方法落后，检测尿液中低浓度 3-OHBaP 有困难。近年来随着各种新的检测方法的出现，尿液中 3-

OHBaP 逐渐作为评价 BaP 内暴露生物标志物[58]。

近年来，一些国家或国际机构已经将 PAHs 中挥发性最高的萘作为一种潜在的致癌物质，因而对萘在人体内的内暴露浓度进行监测是很有必要的。由于尿液中 1-OHP 浓度与萘的相关性较差，1-OHP 不适合作为高挥发性 PAHs 暴露的生物标志物。因而越来越多的研究者建议将萘的代谢物 1-羟基萘（1-OHN）或（和）2-羟基萘（2-OHN）作为萘暴露的生物标志物[59]。此外，随着检测技术的不断发展，越来越多的 PAHs 的羟基代谢物被检测出，从而使人们发现并了解到更多的生物标志物。

五、多溴二苯醚

（一）多溴二苯醚对健康的影响

多溴二苯醚（polybrominated diphenyl ethers，PBDEs）是一种多溴代二苯醚类化合物，依据其溴原子的数量以及在两个苯环上的不同位置共有 209 种同系物。由于 PBDEs 可在高温状态下释放自由基，阻断燃烧反应，因此被用作阻燃剂广泛应用于产品制造以提高产品的防火性能。PBDEs 通过生产、使用和处置等过程进入环境，在环境中的废水、沉积物均有 PBDEs 检出。自从 1981 年 Andersson 和 Blomkvisk 首次在瑞典的鱼体内检测到 PBDEs 后，多种生物体内存在 PBDEs 的报道就在全球范围内不断涌现，如在海洋哺乳动物、鱼、鸟和蛋以及人类乳汁、血清和脂肪组织等检测到 PBDEs[60]。

PBDEs 是强亲脂性化合物，并且具有生物累积性，易蓄积于生物体内的脂肪和蛋白质中。目前对生物体内 PBDEs 的研究以水生生物居多。PBDEs 在不同的生物体中含量变化很大，但是所含同系物组成基本相同，BDE-47、BDE-99、BDE-100、BDE-153、BDE-154 是生物体内检测到的几种主要 PBDEs。PBDEs 是一类在食物链中累积的化合物，食物链的生物放大作用是影响生物体内 PBDEs 含量的重要因素。人类接触 PBDEs 主要是通过食用含有 PBDEs 的动物脂肪、接触含溴阻燃剂保护的纺织品或吸入电子和电气设备挥发的含溴阻燃剂等。研究表明，在北美人群的人体组织中检测到的 PBDEs 浓度高于亚洲和欧洲人群，而且在过去 30 年中逐年升高。乳汁中的 PBDEs 含量较高，尘土也是幼儿接触 PBDEs 的途径，这些因素使婴幼儿暴露于 PBDEs 的机会增加。此外，PBDEs 还能通过胎盘从母体进入胎儿。

PBDEs 的急性毒性很低，大鼠经口半数致死剂量（LD50）高达 5800～7400mg/kg。PBDEs 原型进入胃肠道后基本上不被吸收，最终随粪便排出。但 PBDEs 长期接触具有慢性毒性。PBDEs 及其代谢物的化学结构与甲状腺激素（T3、T4）非常相似，能通过与 T4 竞争结合甲状腺运载蛋白（TTR）、与 T3 竞争结合甲状腺激素受体而干扰甲状腺激素的正常生理功能；PBDEs 的代谢产物与 TTR 结合还能降低血液中 T4 的浓度导致 T4 血浆运输失调[61]。除上述内分泌干扰作用外，PBDEs 还具有神经毒性和神经发育毒性。动物实验表明，在出生前、出生后或成年期暴露于 PBDEs 都能导致运动和认知功能障碍，脑组织中与突触形成和可塑性、神经细胞迁移、神经递质释放等相关的基因表达发生改变。PBDEs 的神经发育毒性及神经毒性机制尚不完全清楚，可能通过干扰胚胎甲状腺系统功能而间接的影响脑发育；直接通过氧化应激导致 DNA 和线粒体损伤、细胞凋亡；通过干扰钙离子稳态而影响信号转导；影响神经递质释放和重摄取、神经递质受体和离子通道功能等造成神经系统功能障碍[62,63]。

（二）多溴二苯醚的检测

国内外学者对生物样品中 PBDEs 的分析测定开展了大量的研究，主要是通过有机溶剂萃取，再经过提纯去除杂质后进行气相色谱-质谱法测定。其中前处理方法主要采用传统的索氏萃取、快速萃取（ASE）、凝胶渗透色谱和多层硅胶-氧化铝复合柱净化等，气相色谱负化学电离源串联质谱平台（GC/NCI-MS）法分析生物样品中的 PBDEs 也在不断尝试中。

（张焱、叶小丽、乐颖影）

第二节 食品安全相关污染物代谢产物作为暴露生物标志物

一、氯丙醇

氯丙醇是通过化学方法制作调味品的过程中产生的一类化合物，比较常见的氯丙醇类化合物包括以下三种：1-氯-2-丙醇、3-氯-1,2-丙二醇（3-MCPD）和 1,3-二氯-2-丙醇（1,3-DCP）。

传统豉油酿造是以微生物来分解黄豆蛋白，酿造过程约需半年。由于让黄豆自行发酵需时较长、成本高，所以部分生产商利用盐酸来加速黄豆蛋白脱脂的过程。但由于不同原料中脂肪和蛋白质含量不一样，有的工厂为了确保高效的氨基酸转化，投入过剩或高浓度的盐酸，结果引起除蛋白质肽键以外的键也发生水解，脂肪酸断裂，在生成甘油和游离脂肪酸的同时，甘油的第三位也可能被氯离子取代而生成氯丙醇。类似情况亦存在于通过化学方法制成的其他调味品中，如鸡精。水解蛋白时导致氯丙醇形成的因素包括：蛋白原料中的残留脂肪、高浓度的氯离子、大量过剩的酸、高回流温度以及较长的反应时间。

（一）氯丙醇对健康的影响

研究证实氯丙醇类化合物对人类身体健康有很大的危害。3-MCPD 因在食品中污染量大、毒性强，很多研究中将其用作氯丙醇的代表和毒性参照物[64]。多篇文献报道 3-MCPD 的毒性作用主要是致癌性、生殖毒性、神经毒性和免疫毒性等。Cho 等[65]对 SD

大鼠两年的致癌性研究发现，3-MCPD 刺激使肾小管畸形和慢性肾病发生率上升，最终导致肾小管瘤的发病率上升。另有研究发现 3-MCPD 的 S 型异构体引起大鼠的生殖毒性。当给予大鼠较低剂量的 3-MCPD（≤5mg/kg）时，在不引起睾丸和附睾的组织病理学改变的情况下可使精子失去受精能力[66]；当给予较高剂量的 3-MCPD（≥25mg/kg）时可引起附睾输出小管的起始段发生病变[67]。免疫毒性研究发现，小鼠受到 3-MCPD 刺激后胸腺质量明显下降，脾脏和胸腺的细胞含量明显降低；对绵羊红细胞的抗体形成反应以及 NK 细胞的活力明显降低[68]。研究已表明，摄入的 3-MCPD 广泛分布于体液中，除了对外周的影响，甚至可以穿过血脑屏障，对神经系统胶质细胞产生神经毒性作用。有研究发现 3-MCPD 能够使星形胶质细胞出现严重水肿、细胞器结构严重变形[69]。

（二）氯丙醇代谢产物的检测

基于氯丙醇这类食品污染物的健康危害，氯丙醇暴露生物标志物也成为研究的热点。在哺乳动物中，3-MCPD 在体内有两条代谢途径：一是产生甘油或与谷胱甘肽结合，形成硫醇尿酸，该代谢途径会产生一种中间产物缩水甘油，这是一种已知的在体内、体外具有诱变性和遗传毒性的化合物；二是通过氧化代谢生成草酸盐，并伴有一种主要的中间产物 β-氯代乳酸生成。研究发现，3-MCPD 的毒性作用与 β-氯代乳酸代谢途径导致糖酵解的抑制和能量产生受损有关[70]。β-氯代乳酸已经成为评估氯丙醇类化合物 3-MCPD 暴露水平的重要生物标志物。β-氯代乳酸在紫外-可见光区吸收弱，在结构上带有羟基、羧基，极性大、沸点高，故研究者多采用毛细管气相色谱法结合质谱分析检测尿液中 β-氯代乳酸的量以评估膳食 3-MCPD 暴露水平[71]。

二、邻苯二甲酸酯

邻苯二甲酸酯类物质（phthalate acid esters，PAEs）又名酞酸酯，是一组同系有机化合物，由一个刚性平面基环和两个可塑的线性脂肪链构成。环境中 PAEs 的主要来源包括自然来源和人工合成，大部分为无色透明的油状黏稠液体，难溶于水，易溶于甲醇、乙醇、乙醚等有机溶剂，不易挥发，凝固点低。根据酯基的不同，常见的 PAEs 主要有邻苯二甲酸二甲酯（dimethyl phthalate，DMP）、邻苯二甲酸二乙酯（diethyl phthalate，DEP）、邻苯二甲酸二正丁酯（di-*n*-butyl phthalate，DnBP）、邻苯二甲酸二辛酯（dioctyl phthalate，DNOP）、邻苯二甲酸二（2-乙基己基）酯［di(2-ethylhexyl) phthalate，DEHP］、邻苯二甲酸丁苄基酯（butyl benzyl phthalate，BBzP）、邻苯二甲酸二异壬酯（diisononyl phthalate，DiNP）等，其中使用最多的是 DEHP，其次是 DnBP。

PAEs 主要用作增塑剂、软化剂和载体等，应用于化妆品、洗涤用品、塑料产品和润滑油中，极易直接转移入环境。PAEs 普遍存在于地表水、土壤、空气等环境样品中[72]，该类污染物可通过呼吸、食物摄入和皮肤接触等途径进入人体。研究发现食物摄入是人体摄入PAEs的主要途径，在动物、鸟类、农作物、鱼类和贝类等6大类生物中均检测到了PAEs，以鱼类体内PAEs浓度最高。在动物肉类、水果、坚果、豆类和蔬菜中检出BBzP、DnBP和DEHP；在贝类样品（包括蟹、蛤、贻贝和牡蛎等）中检测出BBzP、DnBP、DEHP、邻苯二甲酸二异癸基酯（di-iso-decyl phthalate，DiDP）和邻苯二甲酸二异壬基酯（di-iso-nonyl phthalate，DiNP）；在茶饮料、咖啡、乳饮料中检出DnBP和DEHP；黄油、奶酪、油、花生酱和婴儿配方奶粉中PAEs的浓度普遍高于饮料中的浓度[73]。Pedersen等[74]检测丹麦各种带塑料垫片的玻璃瓶装多脂肪食物中的PAEs浓度时，发现大蒜油中DiDP浓度为173mg/kg，花生酱中DiNP浓度为99mg/kg。这些食物来源的PAEs暴露成为食品安全风险评估关注的热点。

（一）PAEs对健康的影响

PAEs是环境内分泌干扰物，长期暴露可能对生殖、发育具有较大的潜在危害。研究发现PAEs可干扰啮齿类动物的生殖功能，包括对下丘脑-垂体-性腺轴的干扰，如影响生殖细胞的发生、分化和成熟；影响生殖内分泌激素的分泌；影响胚胎（幼仔）生殖系统发育和成熟；改变动情周期和性行为等。欧盟已将DnBP、DEP列为第2类生殖毒性化合物，美国环境保护总署（EPA）也将DEHP、BBzP、DnBP、DNOP、DEP、DMP等6种PAEs列为优先控制污染物。

（二）PAEs代谢产物的检测

PAEs进入人体内迅速被水解和氧化，其代谢产物大部分随尿排出体外。PAEs在成人体内的半衰期为8～10h，在体内无蓄积，尿中PAEs代谢产物浓度可代表24h内PAEs暴露情况。PAEs在体内先水解为初级代谢物，即邻苯二甲酸单酯。短链PAEs如DBP、DiBP和BBP的代谢产物一般为单酯；长链PAEs如DEHP、邻苯二甲酸二异壬基酯（DiNP）、邻苯二甲酸二异癸基酯（DiDP）和邻苯二甲酸二苯酯（DPHP）的代谢不但能产生单酯，还可发生羟基化和氧化反应。邻苯二甲酸单酯、羟基化产物和氧化产物在尿苷5′-二磷酸葡萄糖醛酸基转移酶的催化作用下生成亲水的葡萄糖苷酸结合物。亲水性强的短链PAEs如DEP在尿液中的初级代谢物MEP主要以游离的形式存在，约占70%；而对于亲油性较强的PAEs如DBP、BBP和DEHP等，其代谢物则主要以亲水性较强的葡萄糖苷酸结合态形式存在，占90%以上，仅有2%～7%长链邻苯二甲酸酯以单酯形式排出体外。游离的代谢产物通过尿液、胆汁和粪便排出体外，少数滞留于脂肪或分泌至乳汁中，尿液是主要的排泄途径。尽管邻苯二甲酸酯代谢物能较快清除，但是尿液中邻苯二甲酸酯的某些代谢产物的量能稳定一段时间，从数天到数月不等[75]。因此，可以通过检测尿液中邻苯二甲酸酯代谢物含量来评价邻苯二甲酸酯实际暴露水平。目前，对尿液中邻苯二甲酸酯代谢物的研究已成为寻找邻苯二甲酸酯内暴露评价指标的主要方法之一[76]。DEHP在体内代谢生成邻苯二甲酸（2-乙基己基）酯［mono(2-ethylhexyl)phthalate，MEHP］，后者的侧链经羟化和氧化反应生成邻苯二甲酸（2-羧基甲基己基）酯［mono(2-carboxymethylhexyl)phthalate，MCMHP/2cx-MMHP］，邻苯二甲酸（2-乙基-5-羧基戊基）酯［mono(2-ethyl-5-carboxypentyl)phthalate，MECPP/5cx-MEPP］，邻苯二甲酸（2-乙基-5羟基己基）酯［mono(2-ethyl-5-hydroxyhexyl)phthalate，MEHHP/5OH-MEHP］等，5OH-MEHP再进一步氧化生成邻苯二甲酸（2-乙基-5-氧己基）酯［mono(2-ethyl-5-oxohexyl)phthalate，MEOHP/5oxo-MEHP］。人群研究发现，尿中5oxo-MEHP及5OH-MEHP的浓度是MEHP的10倍[77]，提示5oxo-MEHP和5OH-MEHP是比MEHP更敏感的DEHP暴露生物标志物。Koch等[78]检测志愿者口服不同剂量DEHP后尿中的代谢产物，发现在口服DEHP 12h内主要是5OH-MEHP，12h后主要是5cx-MEPP，24h后主要是2cx-MMHP。5cx-MEPP和2cx-MMHP清除的半衰期是15～24h。5OH-MEHP和5oxo-MEHP可以作为DEHP短期暴露的生物标志物，5cx-MEPP和2cx-MMHP可以作为DEHP长期暴露的生物标志物。

尿液中PAEs及其代谢物的分析主要采用液-液萃取、液-液微萃取、固相萃取和固相微萃取等手段进行样品前处理，通过高效液相色谱、气相色谱、气相色谱-质谱联用和高效液相色谱-质谱联用等技术对样品进行定性、定量分析[79-84]。其中液-液萃取作为一种传统的前处理方法仍被广泛使用，而液-液微萃取是近年来发展起来的一种新型的前处理技术，该技术具有操作简单、快速、试剂消耗量小、回收率和富集因子高等优点。

三、杂环胺

（一）杂环胺对健康的影响

早在1977年，科学家就发现直接以明火或炭火炙烤的烤鱼提取物在Ames试验（污染物致突变性检测）中具有致突变性，其后观察到烧焦的肉、甚至“正常”烹调的肉的提取物也具有致突变性。之后的研究发现烤鱼和烤肉中的杂环胺类化合物（heterocyclic aromatic amines，HAAs）是一类致癌、致突变的物质。研究表明，杂环胺类化合物有很强的诱变性和致癌性，可诱发小鼠和大鼠结肠癌、乳腺癌和肝癌等。流行病学研究表明，当人们摄入相对大量的过熟肉类时，患结肠癌、直肠癌的风险显著升高，分别增加2.8倍和6倍，这与高温烹调肉类食物有很大的关系[85]。

杂环胺类化合物是动物性食品在煎、炸、烤等烹调过程中由于蛋白质热解导致蛋白质的降解产物色氨酸和谷氨酸形成的一组多环芳胺化合物，杂环胺是带杂环的伯胺。杂环胺类基团所连接咪唑环的*α*-位上有一氨基，在体内转化为*N*-羟基化合物而具有致癌、致突变活性。值得注意的是其他富含蛋白质的食品如牛奶、奶酪、豆腐和各种豆类在高温处理时，虽然严重炭化但仅有微弱的致突变性。杂环胺类化合物从化学结构上可以分为包括氨基咪唑并氮杂芳烃（aminoimidazo azaren，AIA）和氨基咔啉（amino-carbolin congener）两大类。AIA主要包括喹啉类、喹喔类、吡啶类（PhIP）以及呋喃吡啶类（IFP）。喹啉类包括2-氨基-3-甲基咪唑并［4,5-*f*］喹啉（2-amino-3-methyl-imidazo［4,5-

f］-quinoline，IQ）、2-氨基-3，4-二甲基咪唑并［4，5-*f*］喹啉（2-amino-3，4-dimethyl-imidazo［4,5-*f*］-quinoline，MeIQ）等；喹喔类包括2-氨基-3-甲基咪唑并［4,5-*f*］喹喔啉（2-amino-3-methyl-imidazo［4,5-*f*］-quinoxaline，IQx）、2-氨基-3,8-二甲基咪唑并［4,5-*f*］喹喔啉（2-amino-3,8-dimethylimidazo［4,5-*f*］quinoxaline，8-MeIQx）、2-氨基-3,4,8-三甲基咪唑并［4,5-*f*］喹喔啉（2-amino-3,4,8-trimethylimidazo［4,5-*f*］quinoxaline，4,8-DiMeIQx）、2-氨基-3，7，8-三甲基咪唑并［4，5-*f*］喹喔啉（2-amino-3，7，8-trimethylimidazo［4,5-*f*］quinoxaline，7,8-DiMeIQx）等；AIA一般形成于100～300℃的加工温度。由于AIA上的氨基均能耐受2 mmol/L的亚硝酸钠的重氮化处理，与最早发现的IQ性质类似，因此AIA又被称为IQ型杂环胺，即极性杂环胺。氨基咔琳一般是在加热温度高于300℃时才产生，包括*α*-咔琳类，如2-氨基-9H-吡啶并［2,3-*b*］吲哚、2-氨基-3-甲基-9H-吡啶并［2,3-*b*］吲哚；*β*-咔啉类，如9H-吡啶并［3,4-*b*］吲哚、1-甲基-9H-吡啶并［3,4-*b*］吲哚；以及*γ*-咔啉和*ζ*-咔啉。氨基咔啉类环上的氨基不能耐受2mmol/L的亚硝酸钠的重氮化处理，在处理时氨基脱落转变成为*C*-羟基而失去致癌、致突变活性，因此称为非IQ型杂环胺，即非极性杂环，其致癌、致突变活性较IQ型杂环胺弱[86]。在烹调食物时，杂环胺的形成受多种因素的影响[87]。首先，加热温度是杂环胺形成的重要影响因素。当温度从200℃升至300℃时，杂环胺的生成量可增加5倍。杂环胺的前体物质是水溶性的，加热后水溶性前体物质向表面迁移并逐渐干燥，其加热后的主要反应是产生AIA类杂环胺。其次，烹调时间对杂环胺的生成也有一定影响。在200℃油炸温度时，杂环胺主要在前5min形成，在5～10min形成减慢，进一步延长烹调时间则杂环胺的生成量不再明显增加。但我们的许多美味食品都是快炸而成，即便慢炸也很难达到10min以上。再者，食品中的水分是杂环胺形成的抑制因素。因此，加热温度越高、时间越长、水分含量越少的食物，产生的杂环胺越多；而烧、烤、煎、炸等直接与火接触或与灼热的金属表面接触的烹调方法，由于可使水分很快丧失且温度较高，产生杂环胺的数量远远大于炖、焖、煨、煮及微波炉烹调等温度较低、水分较多的烹调方法[88]。

（二）杂环胺代谢产物的检测

鉴于杂环胺类化合物的健康危害，其生物监测成为国内外研究热点，而检测尿中杂环胺代谢物水平是较好的杂环胺短期暴露评价方法。因为8-MeIQx和2-氨基-1-甲基-6-苯基咪唑并［4,5-*b*］吡啶（2-amino-1-methyl-6-phenylimidazo［4,5-*b*］pyridine，PhIP）是肉食高温烹调过程中产生最多的杂环胺类致癌物质，所以在尿中杂环胺代谢产物的监测研究中，关于MeIQx和PhIP代谢产物的报道比较多。细胞色素CYP1A2（P4501A2）和*N*-乙酰转移酶的同工酶（NAT2）能催化杂环胺类化合物生成具有致突变/致癌作用的化合物，MeIQx、PhIP的代谢反应主要通过CYP1A2介导。*N*2-葡萄糖苷酸共轭物是尿中MeIQx重要的代谢产物标志物，其尿中含量的监测是测定MeIQx代谢水平一种间接方法[89]；IQx-8-COOH是8-MeIQx的另一种代谢产物，是其在尿中的主要氧化产物，是一种前致癌物，也可以作为MeIQx暴露的生物标志物[90]。5-OH-PhIP作为PhIP-DNA加合物的副产物，是PhIP的最终代谢产物，在研究PhIP长期暴露中常用来作为尿中PhIP代谢的生物标志物[91]。因为MeIQx和PhIP的代谢产物在尿液中的含量低于ppb级别，所以针对其含量的检测方法也不断推陈出新，力争建立更精确的检测方法。关于从尿液中提取MeIQx和PhIP的代谢产物的方法，文献报道的有溶剂萃取法[90]、固相萃取法[92]、分子印迹聚合物法[93]和免疫亲和层析法[94]等。针对提取到的物质进行定量化检测也有多种方法，有文献报道高效液相色谱-电喷雾串联质谱法可以直接测定MeIQx和PhIP的代谢产物在尿液中的含量[92,95]；另有研究将PhIP代谢物进行还原反应或酸水解反应后再用高效液相色谱-电喷雾串联质谱法或者气相色谱-负化学电离质谱法进行含量测定[93]。

四、丙烯酰胺

（一）丙烯酰胺对健康的影响

丙烯酰胺（acrylamide）是工业上常用的化工原料，广泛应用于聚丙烯酰胺和油漆生产、污水处理、造纸、化妆品添加剂等。在实验室中，丙烯酰胺常用于凝胶层析和凝胶电泳。丙烯酰胺也存在于油炸和烧烤的淀粉类食品中，如炸薯条、炸土豆片、谷物、面包等。食品中的丙烯酰胺主要是由还原糖（如葡萄糖、果糖等）和某些氨基酸（主要是天冬氨酸，是土豆和谷类中的代表性氨基酸）在油炸、烘焙和烤制等高温加工过程中发生美拉德（Maillard）反应而生成的。食物用煮的方式加工并不产生丙烯酰胺，但通过烘烤、油炸、微波炉加工均能产生丙烯酰胺。吸烟也是人体接触丙烯酰胺的途径之一。综上所述，丙烯酰胺的暴露途径有多种，包括职业接触、食用高温油炸食品、吸烟、使用某些化妆品等。研究表明丙烯酰胺可通过消化道、呼吸道、皮肤黏膜等多种途径被吸收，在体内各组织广泛分布，包括乳汁；还可以通过胎盘屏障进入胎儿。丙烯酰胺进入人体后90%被代谢，只有少量以原型形式排出体外。丙烯酰胺在细胞色素氧化酶P450 2E1的作用下生成环氧丙酰胺。丙烯酰胺和环氧丙酰胺均能与血红蛋白、谷胱甘肽及DNA形成加合物，但环氧丙酰胺的亲和力更强。上述加合物经进一步代谢，最终通过尿液排出体外。血液中丙烯酰胺与血红蛋白结合形成的加合物、环氧丙酰胺与血红蛋白及DNA结合形成的加合物、尿液中丙烯酰胺的代谢产物AAMA［*N*-乙酰基-*S*-(2-氨基甲酰乙基)-L-半胱氨酸］和GAMA［*N*-乙酰基-*S*-(2-氨基甲酰-2-羟基乙基)-L-半胱氨酸］是反映丙烯酰胺暴露的生物标志物[96]。尿液中丙烯酰胺的代谢产物可反映丙烯酰胺的短期暴露；丙烯酰胺/环氧丙酰胺-血红蛋白加合物可反映4个月以内的丙烯酰胺暴露；丙烯酰胺/环氧丙酰胺-DNA加合物可反映丙烯酰胺长期暴露。

丙烯酰胺是一种白色晶体物质，分子量为71.08，是1950年以来广泛用于生产化工产品聚丙烯酰胺的前体物质。丙烯酰胺主要在高碳水化合物、低蛋白质的植物性食物加热（120℃以上）烹调过程中形成，140～180℃为生成的最佳温度。食品在加工前检测不到丙烯酰胺，在加工温度较低如用水煮时，丙烯酰胺的水平相当低。水含量也是影响其形成的重要因素，特别是食品在烘烤、油炸的最后阶段水分减少、表面温度升高后其丙烯酰胺生成量更高。由中国疾病预防控制中心营养与食品安全研究所提供的资料显示，在检测的100余份样品中，薯类油炸食品、谷物类油炸食品和烘烤食品以及其他食品（如速溶咖啡、大麦茶、玉米茶）中都检测到含量不等的丙烯酰胺。

虽然聚合的丙烯酰胺是无毒的，但丙烯酰胺单体是有毒的，对人和动物都具有神经毒性。对接触丙烯酰胺的职业人群和因事故偶然暴露于丙烯酰胺的人群的流行病学调查，均表明丙烯酰胺具有神经毒性作用。亚慢性低剂量丙烯酰胺职业暴露可导致人类出现共济失调、肌无力、手足麻木等症状；给予啮齿类动物丙烯酰胺后同样出现肌无力和共济失调症状[97,98]。丙烯酰胺引起的神经毒性病理学表现为外周神经系统及中枢神经系统远端轴突的肿胀和退行性病变，在中枢神经系统主要位于脊髓小脑后束、薄束和小脑灰质，在外周神经系统则先影响胫神经和足底外侧神经。关于丙烯酰胺导致神经系统病变的具体机制尚不完全清楚，目前有三种学说：①通过抑制驱动蛋白 kinesin 而影响轴突的快速转运功能；②影响神经递质水平；③直接抑制神经传导。较大剂量丙烯酰胺才能对人类引起神经毒性。虽然许多研究者认为食物来源的低水平丙烯酰胺暴露不会引起临床上可见的神经病变，但有些神经毒理学家认为丙烯酰胺可能具有累积性神经毒性，这一推测尚有待于进一步研究[98]。

神经毒性是丙烯酰胺对人类的主要毒性。人和动物大剂量暴露于丙烯酰胺后，引起中枢神经系统的改变；而低水平长期暴露，则导致周围神经系统的病变，同时也可能伴有中枢神经系统的损害。动物实验和离体细胞实验发现丙烯酰胺具有遗传毒性、发育毒性、雄性生殖毒性和致癌性，因此食品中丙烯酰胺的污染引起了国际社会和各国政府的高度关注。

（二）丙烯酰胺代谢产物的检测

丙烯酰胺通过饮食、吸烟甚至化妆品进入体内，约90%被代谢，仅少量以原型形式经尿液排出。丙烯酰胺在体内有2条主要的代谢途径：在谷胱甘肽 *S*-转移酶的作用下，与还原型谷胱甘肽结合生成丙烯酰胺-谷胱甘肽结合物，再降解生成 *N*-乙酰基-*S*-（2-氨基甲酰乙基）-L-半胱氨酸［*N*-acetyl-*S*-(2-carbamoyl-ethyl)-L-cysteine，AAMA］[99]；或在细胞色素P450酶系的CYP2E1催化下，生成环氧丙酰胺[100]。环氧丙酰胺比丙烯酰胺更容易与DNA上的鸟嘌呤结合形成加合物，导致遗传物质损伤和基因突变。因此环氧丙酰胺被认为是丙烯酰胺的主要致癌活性代谢产物。环氧丙酰胺可以与谷胱甘肽结合后降解生成 *N*-乙酰基-*S*-(2-氨基甲酰-2-羟基乙基）-L-半胱氨酸［*N*-acetyl-*S*-(2-carbamoyl-2-hydroxy-ethyl)-L-cysteine，GAMA］和异GAMA；或在环氧化物水解酶的作用下转化成无毒的1,2-二羟基丙酰胺[101,102]。上述的AAMA、GAMA、异GAMA、1,2-二羟基丙酰胺甚至少量游离的丙烯酰胺都可以通过尿液排出体外[100]。因为，AAMA的量约为GAMA的10倍，而异GAMA含量远远低于GAMA[103]。所以

AAMA 是尿液中丙烯酰胺主要的结合物，一些研究中选择 AAMA 作为评价人体暴露于丙烯酰胺的生物标志物。此外，丙烯酰胺和环氧丙酰胺都是蛋白质的烷化剂。它们能和血红蛋白的氨基末端缬氨酸结合，生成性质稳定的加合物 AA-Hb 和 GA-Hb[104,105]。这两种加合物在血液中的残留时间较长，通常超过 1 周[106]。由于血液中的 AA-Hb 和 GA-Hb 的性质稳定，在一些研究中也作为评价生物体丙烯酰胺暴露水平的重要指标。例如在流行病学研究中，正是通过测定人群的 AA-Hb 和 GA-Hb 含量后发现，丙烯酰胺的暴露量与乳腺癌发病率存在一定的正相关性[107,108]。由于 AA-Hb、GA-Hb、AAMA、AAMA 亚砜、GAMA 和异 GAMA 这六种生物标志物在体内的低含量、高度特异性以及敏感性等特点，因此选取超高效液相色谱-串联质谱法（UHPLC-MS/MS）作为对这些生物标志物进行定量的首选方法。

五、拟除虫菊酯

（一）拟除虫菊酯对健康的影响

农药是目前农业生产中最为重要的生产资料之一，在农业生产中发挥着重要的作用。拟除虫菊酯类农药是模拟天然除虫菊酯化学结构而合成的一类含有苯氧烷基的环丙烷酯类化合物，多为黏稠液体或固体，几乎不溶于水，溶于有机溶剂，遇碱分解，在酸性和中性介质中稳定，有些遇高温会分解。拟除虫菊酯类农药是一类高效、广谱的杀虫剂，广泛用于蔬菜、果树、粮食作物、烟草等的除虫。果蔬中常用的拟除虫菊酯类杀虫剂包括联苯菊酯、甲氰菊酯、三氟氯氰菊酯、氯菊酯、氯氰菊酯、氰戊菊酯、氟胺氰菊酯、溴氰菊酯。由于使用量大且频率较高，此类农药在果蔬等农作物产品中的残留水平较高。拟除虫菊酯类杀虫剂进入人体的途径除消化道外，还可通过呼吸道及皮肤被吸收。

人类短期内接触大量拟除虫菊酯类农药后，主要中毒症状表现为神经系统症状，轻者出现头晕、头痛、恶心和呕吐等；重者表现为精神萎靡或烦躁不安、肌肉颤动甚至抽搐和昏迷等[109]。流行病学和动物实验也显示拟除虫菊酯类农药是神经毒剂，可能对神经行为和神经发育也产生不良影响[110]。Sinha 等的研究表明大鼠发育早期每天吸入 8h 拟除虫菊酯类杀虫剂（3.6g/100mL）可导致学习、记忆功能障碍[111]。此外，拟除虫菊酯具有内分泌干扰作用，具有拟雌激素活性，可能具有潜在的生殖内分泌毒性[112]。Rodriguez 等[113]通过饲喂成年小鼠氯氰菊酯观察其对精囊腺的影响，发现氯氰菊酯短期作用（24h）能增加精囊腺上皮细胞高度并促进其增殖，短期和长期作用都能促进肥大细胞在精囊腺浸润，这些结果提示氯氰菊酯可能通过影响精囊腺功能以及诱导炎症反应而对雄性生殖能力产生不利影响。

（二）拟除虫菊酯类代谢产物的检测

拟除虫菊酯类农药进入体内后在肝脏快速代谢，半衰期为 6h[114]，生成不同的代谢产物，其活性远远高于原型。在已知的拟除虫菊酯代谢产物中，顺式-3-（2,2-二氯乙烯基）-2,2-二甲基环丙烷-1-羧酸（*cis*-Cl2CA）、反式-3-（2，2-二氯乙烯基）-2，2-二甲基环丙烷-1-羧酸（*trans*-Cl2CA）和3-苯氧基苯甲酸（3-PBA）是主要的代谢产物。由于其代谢较快，拟除虫菊酯在血液中的浓度比尿液中低很多。基于尿液样品取样简便、检测方法成熟、易于操作，拟除虫菊酯尿液代谢产物浓度常被用来评价拟除虫菊酯实际暴露水平[115]。气相色谱-质谱联用技术是测定尿中拟除虫菊酯代谢物、评估体内拟除虫菊酯暴露水平的有效方法。

（赵亚男、乐颖影）

第三节　问题与展望

暴露生物标志物监测在食品安全风险评估中具有重要的价值，理想的暴露生物标志物必须是可以定量、特异和易于测定的，而且必须与真实剂量的生物化学机制和毒作用有关。虽然在食品安全评估中重金属等有毒有害物质的暴露和毒性效应的早期指示方面已取得了很大进展，但仍然存在一些问题需要解决，主要有以下几个方面。

第一，暴露生物标志物的可靠性还依赖于监测方法的进一步规范化。多种食品安全相关有毒化合物暴露生物标志物监测方法的标准化和质量控制问题还未形成统一的标准，对生物样品的取样、保存、测定、结果的统计处理及质量控制等还没有制定详细的规定，这就导致了不同检测机构得到的检测结果间存在差异，直接影响到检测结果的可靠性。另外，由于各个体吸收、代谢、易感性存在差异，实验样品量少等原因也导致实验室之间的检测结果差异较大，影响暴露生物标志物的开发和应用。

第二，暴露生物标志物在评估既往暴露情况时具有一定的局限性。在实际情况下，人体往往受到来自多种途径、多种污染物的综合影响（即联合暴露问题），而大多数研究工作往往局限于关注单一污染物或单一暴露途径下的响应，这样会忽视不同污染物之间可能存在的交互作用，可能会低估潜在的不良效应风险。许多化合物及其代谢产物在体内的稳定性也是应该考虑的问题，它们在体内的水平随时间变化有一定的规律，并且此规律对化合物产生毒性起着决定性的作用，机体对化合物的降解是随时间而发生变化的过程，从而也改变了化合物的毒性。并且化合物的排泄过程也可能是单阶段、双阶段或者三阶段的消除过程，即刚进入机体往往有一个快速的消除过程，之后消除速率会不断下降。因此在评价历史接触和慢性接触时，选择合适的暴露生物标志物、利用历史检测记录并保留以往的检测标本非常重要。

第三，体内暴露生物标志物的检测不能明确化合物的来源和暴露的方式，也无法确定具体化合物的中毒剂量。暴露生物标志物只能作为对某种外源化学物质的接触情况进行危险度评价的指标，并不能揭示有毒化合物是如何进入人体的。另外，由于多种环境污染物常常同时存在，有些化合物的致病机理尚未完全明了，暴露生物学标志物也不一定真正反映污染物暴露与疾病间的关系。因此需进一步加强食品中有害物质的形式、富集程度、致毒机理、毒性量效关系等方面的基础研究和流行病学研究，以便系统地评价食品中不同有害物质的健康风险。

随着实验检测技术的不断革新，实验数据的大量积累，以及基因组学、蛋白质组学、代谢组学、离子组学等学科的不断发展，结合生物信息学和系统生物学的各种信息挖掘手段，会有更多新的切入点值得进一步探讨，以发现更为敏感特异的食品安全相关的新型生物标志物，从而为食品安全风险评估提供新的策略和手段，为有毒化合物对人体的危害提供有效的参考指标，以识别和减少有害暴露。

（叶小丽、赵亚男、张焱、乐颖影）

参考文献

[1] 郁建栓．浅谈重金属对生物毒性效应的分子机理．环境污染与防治，1996，18（4）：28-31.

[2] 张笑一，潘渝生．重金属致毒的化学机理．环境科学研究，1997，10（2）：45-49.

[3] 黄秋婵，韦友欢，黎晓峰．镉对人体健康的危害效应及其机理研究进展．安徽农业科学，2007，35（9）：2528-2531.

[4] 朱善良，陈龙．镉毒性损伤及其机制的研究进展．生物学教学，2006，31（8）：2-5.

[5] Nordberg M，Jin T，Nordberg G F. Cadmium，metallothionein and renal tubular toxicity. IARC Sci Publ. 1992（118）：293-297.

[6] 徐慧，吴晓萍，杨捷，等．食品中镉的检测方法研究进展．中国食物与营养，2010，4：61-63.

[7] 杨振宇．钯盐作为改进剂在微波消化-石墨炉原子吸收法测量食品中微量元素的应用．光谱实验室，2005，22（3）：607-617.

[8] 彭荣飞，黄聪，张展霞．有机基体改进剂消除GFAAS测定补钙食品中铅和镉干扰的研究．中国卫生检验杂志，2005，15（8）：903-906.

[9] 梁晓聪，朱参胜，李天来，等．石墨炉原子吸收分光光度法测定食品中镉．微量元素与健康研究，2005，22（3）：49-50.

[10] 马戈，谢文兵，于桂红，等．石墨炉原子吸收光谱法测定蘑菇中的镉、铅．分析化学，2003，31（9）：1109-1111.

[11] 邓世林，李新凤，邓富良．固体悬浮液进样石墨炉原子吸收法测定茶叶中的微量镉．食品科学，2004，25（2）：141-143.

[12] 高文秦．石墨炉原子吸收法悬乳浊液直接进样测定固体饮料中的镉．成都大学学报（自然科学版），1998，17（3）：30-34.

[13] 彭谦，王光建，张克荣．冷蒸气发生原子吸收光谱法测定食品中痕量镉．理化检验-化学分册，2003，39（3）：133-134+137.

[14] 奚旦立．环境监测．3版．北京：高等教育出版社，2004.

[15] 李冰，杨红霞．电感耦合等离子体质谱技术最新进展．分析试验室，2003，22（1）：94-100.

[16] Needleman H L，Rabinowitz M，Leviton A，et al. The relationship between prenatal exposure to lead and congenital anomalies. JAMA. 1984，251（22）：2956-2959.

[17] 韩云辉，孙兰成．接装纸中汞、砷、铅等8种元素的分析研究．中国烟草学报，2001，7（4）：1-6.

[18] 李咏梅．甲基汞的分离和测定．厦门科技，1998（3）：19-20.

[19] 吴广臣，刘峥颢，夏立娅．食品中汞的检验方法研究——原子荧光法．食品工业科技，2006，27（8）：176-177+179.

[20] 童玉贵，郑志明．微波消解-氢化物发生与ICP-AES法测定鳗鱼中的汞．检验检疫科学，2003，13（5）：46-47.

[21] Goldhaber S B. Trace element risk assessment：essentiality vs. toxicity. Regul Toxicol Pharmacol，2003，38（2）：232-242.

[22] Atsushi T. Manganese action in brain function. Brain Research Review，2003，(41)：79-87.

[23] 郑军恒，李海洋，茹刚，等. 金属硫蛋白清除羟自由基功能的研究. 北京大学学报（自然科学版），1999，35 (4)：573-576.

[24] Park J D，Liu Y，Klaassen C D. Protective effect of metallothionein against the toxicity of cadmium and other metals. Toxicology，2001，163 (2-3)：93-100.

[25] Suhy D A，Simon K D，Linzer D I，et al. Metallothionein is part of a zinc-scavenging mechanism for cell survival under conditions of extreme zinc deprivation. J Biol Chem，1999，274 (14)：9183-9192.

[26] 陈春，周启星. 金属硫蛋白作为重金属污染生物标志物的研究进展. 农业环境科学学报，2009，28 (3)：425-432.

[27] Barka S，Pavillon J，Amiard J. Influence of different essential and non-essential metals on MTLP levels in the Copepod Tigriopus brevicornis. Comp Biochem Physiol C Toxicol Pharmacol，2001，128 (4)：479-493.

[28] Takaia Y，Tsutsumi O，Ikezuki Y，et al. Preimplantation exposure to bisphenol A advances postnatal development. Reprod Toxicol，2001，15 (1)：71 -74.

[29] Markey C M，Rubin B S，Soto A M，et al. Endocrine disruptors：from wingspread to environmental developmental biology. J Steroid Biochem，2002，83 (1-5)：235-244.

[30] Recchia A G，Vivacqua A，Gabriele S，et al. Xenoestrogens and the induction of proliferative effects in breast cancer cells via direct activation of oestrogen receptor alpha. Food Addit Contam，2004，21 (2)：134-144.

[31] Kurosawa T，Hiroi H，Tsutsumi O，et al. The activity of bisphenol A depends on both the estrogen receptor subtype and the cell type. Endocr J，2002，49 (4)：465-471.

[32] Sohoni P，Sumpter J P. Several environmental oestrogens are also anti-androgens. J Endcrinol，1998，158 (3)：327-339.

[33] Moriyama T，Tagami T，Akamizu T，et al. Thyroid hormone action is disrupted by bisphenol A as an antagonist. J. Clin. Endocrinol. Metab，2002，87 (11)：5185-5190.

[34] Lang I A，Galloway T S，Scarlett A，et al. Association of urinary bisphenol A concentration with medical disorders and laboratory abnormalities in adults. JAMA，2008，300 (11)：1303-1310.

[35] Takeuchi T，Tsutsumi O，Ikezuki Y，et al. Positive relationship between androgen and the endocrine disruptor，bisphenol A，in normal women and women with ovarian dysfunction. Endocr J，2004，51 (2)：165-169.

[36] Kurebayashi H，Nagatsuka S，Nemoto H，et al. Disposition of low doses of 14C-bisphenol A in male，female，pregnant，fetal，and neonatal rats. Arch Toxicol，2005，79 (5)：243-252.

[37] Pottenger L H，Domoradzki J Y，Markham D A，et al. The relative bioavailability and metabolism of bisphenol A in rats is dependent upon the route of administration. Toxicol Sci，2000，54 (1)：3-18.

[38] Crawford J M，Korman T P，Labonte J M，et al. Structural basis for biosynthetic programming of fungal aromatic polyketide cyclization. Nature，2009，461 (7267)：1139-1143.

[39] Wogan G N，Kensler T W，Groopman J D. Present and future directions of translational research on aflatoxin and hepatocellular carcinoma. A review. Food Addit Contam Part A Chem Anal Control Expo Risk Assess，2012，29 (2)：249-257.

[40] Magnussen A，Parsi M A. Aflatoxins，hepatocellular carcinoma and public health. World J Gastroenterol，2013，19 (10)：1508-1512.

[41] Soini Y，Chia S C，Bennett W P，et al. An aflatoxin-associated mutational hotspot at codon 249 in the p53 tumor suppressor gene occurs in hepatocellular carcinomas from Mexico. Carcinogenesis，1996，17 (5)：1007-1012.

[42] Dohnal V，Wu Q，Kuca K. Metabolism of aflatoxins：key enzymes and interindividual as well as interspecies differences. Arch Toxicol，2014，88 (9)：1635-1644.

[43] Leong Y H，Latiff A A，Ahmad N I，el al. Exposure measurement of aflatoxins and aflatoxin metabolites in human body fluids. A short review. Mycotoxin Res，2012，28 (2)：79-87.

[44] Mykkanen H，Zhu H，Salminen E，et al. Fecal and urinary excretion of aflatoxin B_1 metabolites（AFQ_1，AFM_1 and AFB-N7-guanine）in young Chinese males. Int J Cancer，2005，115 (6)：879-884.

[45] Scott P M. Recent research on fumonisins: a review. Food Addit Contam Part A Chem Anal Control Expo Risk Assess, 2012, 29 (2): 242-248.

[46] Stockmann-Juvala H, Savolainen K. A review of the toxic effects and mechanisms of action of fumonisin B_1. Hum Exp Toxicol, 2008, 27 (11): 799-809.

[47] Martins H M, Almeida I F, Camacho C R, et al. Occurrence of fumonisins in feed for swine and horses. Rev Iberoam Micol, 2012, 29 (3): 175-177.

[48] Lemmer E R, Gelderblom W C, Shephard E G, et al. The effects of dietary iron overload on fumonisin B_1-induced cancer promotion in the rat liver. Cancer Lett, 1999, 146 (2): 207-215.

[49] Fazekas B, Bajmocy E, Glavits R, et al. Fumonisin B_1 contamination of maize and experimental acute fumonisin toxicosis in pigs. Zentralbl Veterinarmed B, 1998, 45 (3): 171-181.

[50] Burel C, Tanguy M, Guerre P, et al. Effect of low dose of fumonisins on pig health: immune status, intestinal microbiota and sensitivity to Salmonella. Toxins, 2013, 5 (4): 841-864.

[51] Collins T F, Shackelford M E, Sprando R L, et al. Effects of fumonisin B_1 in pregnant rats. Food Chem Toxicol, 1998, 36 (5): 397-408.

[52] Hahn I, Nagl V, Schwartz-Zimmermann H E, et al. Effects of orally administered fumonisin B_1 (FB_1), partially hydrolysed FB_1, hydrolysed FB_1 and N-(1-deoxy-D-fructos-1-yl) FB_1 on the sphingolipid metabolism in rats. Food Chem Toxicol, 2015, 76: 11-18.

[53] 权伍英，谷晶．伏马菌素检测方法研究进展．中国卫生检疫杂志，2010，20 (4): 948-950.

[54] Rota M, Bosetti C, Boccia S, et al. Occupational exposures to polycyclic aromatic hydrocarbons and respiratory and urinary tract cancers: an updated systematic review and a meta-analysis to 2014. Arch Toxicol, 2014, 88 (8): 1479-1490.

[55] Carnow B W, Meier P. Air pollution and pulmonary cancer. Arch Environ Health, 1973, 27 (3): 207-218.

[56] 段小丽，魏复盛，Zhang Jim，等．用尿中 1-羟基芘评价人体暴露 PAHs 的肺癌风险．中国环境科学，2005，25 (3): 275-278.

[57] Boogaard P J. Urinary biomarkers in the risk assessment of PAHs. Occup Environ Med, 2008, 65 (4): 221-222.

[58] Forster K, Preuss R, Rossbach B, et al. 3-Hydroxybenzo [a] pyrene in the urine of workers with occupational exposure to polycyclic aromatic hydrocarbons in different industries. Occup Environ Med, 2008, 65 (4): 224-229.

[59] Preuss R, Koch H M, Wilhelm M, et al. Pilot study on the naphthalene exposure of German adults and children by means of urinary 1-and 2-naphthol levels. Int J Hyg Environ Health, 2004, 207 (5): 441-445.

[60] Ni K, Lu Y, Wang T, et al. A review of human exposure to polybrominated diphenyl ethers (PBDEs) in China. Int J Hyg Environ Health, 2013, 216 (6): 607-623.

[61] 刘早玲．多溴联苯醚对甲状腺激素干扰毒性的研究进展．环境与职业医学，2010，27 (2): 107-112.

[62] Costa L G, de Laat R, Tagliaferri S, et al. A mechanistic view of polybrominated diphenyl ether (PBDE) developmental neurotoxicity. Toxicol Lett, 2014, 230 (2): 282-294.

[63] Dingemans M M, Van den Berg M, Westerink R H. Neurotoxicity of brominated flame retardants: (in) direct effects of parent and hydroxylated polybrominated diphenyl ethers on the (developing) nervous system. Environ Health Perspect, 2011, 119 (7): 900-907.

[64] Rahn A K, Yaylayan V A. Isotope labeling studies on the electron impact mass spectral fragmentation patterns of chloropropanol acetates. J Agric Food Chem, 2013, 61 (37): 8743-8751.

[65] Cho W S, Han B S, Nam K T, et al. Carcinogenicity study of 3-monochloropropane-1, 2-diol in Sprague-Dawley rats. Food Chem Toxicol, 2008, 46 (9): 3172-3177.

[66] Kwack S J, Kim S S, Choi Y W, et al. Mechanism of antifertility in male rats treated with 3-monochloro-1, 2-propanediol (3-MCPD). J Toxicol Environ Health A, 2004, 67 (23-24): 2001-2011.

[67] Jelds K B, Miller MG. α-Chlorohydrin inhibits glyceraldehyde-3-phosphate dehydrogenase in multiple organs as well as in sperm. J Toxicol Sci, 2001, 62 (1): 115-123.

[68] Lee J K, Byun J A, Park S H, et al. Evaluation of the potential immunotoxicity of 3-monochloro-1,2-propanediol in Balb/c mice. I. Effect on antibody forming cell, mitogen-stimulated lymphocyte proliferation, splenic subset, and natural killer cell activity. Toxicology, 2004, 204 (1): 1-11.

[69] Skamarauskas J, Carter W, Fowler M, et al. The selective neurotoxicity produced by 3-chloropropanediol in the rat is not a result of energy deprivation. Toxicology, 2007, 232 (3): 268-276.

[70] Bakhiya N, Abraham K, Gürtler R, et al. Toxicological assessment of 3-chloropropane-1, 2-diol and glycidol fatty acid esters in food. Mol Nutr Food Res, 2011, 55 (4): 509-521.

[71] Berger-Preiss E, Gerling S, Apel E, et al. Development and validation of an analytical method for determination of 3-chloropropane-1, 2-diol in rat blood and urine by gas chromatography-mass spectrometry in negative chemical ionization mode. Anal Bioanal Chem, 2010, 398 (1): 313-318.

[72] Rudel R A, Perovich L J. Endocrine disrupting chemicals in indoor and outdoor air. Atmos Environ (1994), 2009, 43 (1): 170-181.

[73] Hazardous substances data bank query for Butyl Benzyl Phthalate. National library of Medicine's TOXNET system [EB/OL] . http: //toxnet . nlm. nih. gov/2009.

[74] Pedersen G A, Jensen L K, Fankhauser A, et al. Migrtion of epoxidized soybean oil (ESBO) and phthalates from twist closures into food and enforcement of the overall migration limit. Food Addit Contam Part A Chem Anal Control Expo Risk Assess, 2008, 25 (4): 503-510.

[75] Kato K, Silva M J, Needham L L, et al. Determination of total phthalates in urine byisotope-dilution liquid chromatography-tandem mass spectrometry. J Chromatogr B Analyt Technol Biomed Life Sci, 2005, 814 (2): 355-360.

[76] Blount B C, Silva M J, Caudill S P, et al. Levels of seven urinary phthalate metabolites in a human reference population. Environmental Health Perspectives, 2000, 108 (10): 979-982.

[77] Kato K, Silva M J, Reidy J A, et al. Mono (2-ethyl-5-hydroxyhexyl) phthalate and mono- (2-ethyl-5-oxohexyl) phthalate as biomarkers for human exposure assessment to di- (2-ethylhexyl) phthalate. Environ Health Perspect, 2004, 112 (3): 327-330.

[78] Koch H M, Bolt H M, Preuss R, et al. New metabolites of di (2-ethylhexyl) phthalate (DEHP) in human urine and serum after single oral doses of deuterium-labelled DEHP. Arch Toxicol, 2005, 79 (7): 367-376.

[79] Chen J A, Liu H, Qiu Z, et al. Analysis of di-n-butyl phthalate and other organic pollutants in Chongqing women undergoing parturition. Environ Pollut, 2008, 156 (3): 849-853.

[80] Blount B C, Milgram K E, Silva MJ, et al. Quantitative detection of eight phthalate metabolites in human urine using HPLC-APCI-MS/MS. Anal Chem, 2000, 72 (17): 4127-4134.

[81] Silva M J, Slakman A R, Reidy J A, et al. Analysis of human urine for fifteen phthalate metabolites using automated solid-phase extraction. J Chromatogr B Analyt Technol Biomed Life Sci, 2004, 805 (1): 161-167.

[82] Kato K, Silva M J, Needham L L, et al. Determination of 16 phthalate metabolites in urine using automated sample preparation and on-line preconcentration/high-performance liquid chromatography/tandem mass spectrometry. Anal Chem, 2005, 77 (9): 2985-2891.

[83] Silva M J, Samandar E, Preau J L, et al. Quantification of 22 phthalate metabolites in human urine. J Chromatogr B Analyt Technol Biomed Life Sci, 2007, 860 (1): 106-112.

[84] Guo Z Y, Gai P P, Duan J, et al. Simultaneous determination of phthalates and adipates in human serum using gas chromatography-mass spectrometry with solid-phase extraction. Biomed Chromatogr, 2010, 24 (10): 1094-1099.

[85] Joshi A D, Kim A, Lewinger J P, et al. Meat intake, cooking methods, dietary carcinogens, and colorectal cancer risk: findings from the Colorectal Cancer Family Registry. Cancer Medicine, 2015, 4 (6): 936-952.

[86] Robert J. Turesky, and Loic Le Marchand, Metabolism and biomarkers of heterocyclic aromatic amines in molecular epidemiology studies: lessons learned from aromatic amines. Chem Res Toxicol, 2011, 24 (8): 1169-1214.

[87] Turesky R J. Formation and biochemistry of carcinogenic heterocyclic aromaticamines in cooked meats. Toxicol Lett,

2007，168（3）：219-227.

[88] 姚瑶，彭增起，邵斌，等．加工肉制品中杂环胺的研究进展．食品科学，2010，31（23）：447.

[89] Gu D，McNaughton L，Lemaster D，et al. A comprehensive approach to the profiling of the cooked meat carcinogens 2-amino-3，8-dimethylimidazo［4，5-*f*］quinoxaline，2-amino-1-methyl-6-phenylimidazo［4，5-*b*］pyridine，and their metabolites in human urine. Chem Res Toxicol，2010，23（4）：788-801.

[90] Alexander J，Reistad R，Hegstad S，et al. Biomarkers of exposure to heterocyclic amines：approaches to improve the exposure assessment. Food Chem Toxicol，2002，40（8）：1131-1137.

[91] Frandsen H. Biomonitoring of urinary metabolites of 2-amino-1-methyl-6-phenylimidazo-［4，5-*b*］pyridine（PhIP）following human consumption of cooked chicken. Food Chem Toxicol，2008，46（9）：3200-3205.

[92] Holland R D，Taylor J，Schoenbachler L，et al. Rapid biomonitoring of heterocyclic aromatic amines in human urine by tandem solvent solid phase extraction liquid chromatography electrospray ionization mass spectrometry. Chem Res Toxicol，2004，17（8）：1121-1136.

[93] Frandsen H. Deconjugation of *N*-glucuronide conjugated metabolites with hydrazine hydrate—biomarkers for exposure to the food-borne carcinogen 2-amino-1-methyl-6-phenylimidazo［4，5-*b*］pyridine（PhIP）. Food Chem Toxicol，2007，45（5）：863-870.

[94] Stillwell W G，Kidd L C，Wishnok J W，et al. Urinary excretion of unmetabolized and phase II conjugates of 2-amino-1-methyl-6-phenylimidazo［4，5-*b*］pyridine and 2-amino-3，8-dimethy-limidazo［4，5-*f*］quinoxaline in humans：Relationship to cytochrome P450 1A2 and *N*-acetyltransferase actvity. Cancer Res，1997，57（16）：3457-3464.

[95] Kulp K S，Knize M G，Fowler N D，et al. PhIP metabolites in human urine after consumption of well-cooked chicken. J Chromatogr B Anal Technol Biomed Life Sci，2004，802（1）：143-153.

[96] 张志荣．丙烯酰胺的生物标志物研究概况．毒理学杂志，2011，25（2）：149-152.

[97] Pennisi M，Malaguarnera G，Puglisi V，et al. Neurotoxicity of acrylamide in exposed workers. International Journal of Environmental Research and Public Health，2013，10（9）：3843-3854.

[98] Erkekoglu P，Baydar T. Acrylamide neurotoxicity. Nutritional Neuroscience，2014，17（2）：49-57.

[99] Fuhr U，Boettcher M I，Martina K S，et al. Toxicokinetics of acrylamide in humans after ingestion of a defined dose in a test meal to improve risk assessment for acrylamide carcinogenicity. Cancer Epidemiol Biomarkers Prev，2006，15（2）：266-271.

[100] Fennell T，Sumner S C，Snyder R W，et al. Metabolism and hemoglobin adduct formation of acrylamide in humans. Toxicol Sci，2005，85（1）：447-459.

[101] Odlund I，Romert L，Clemedson C，et al. Glutathione content，glutathione transferase activity and lipid peroxidation in acrylamide-treated neuroblastoma NIE 115 cells. Toxicol in Vitro，1994，8（2）：263-267.

[102] Tong G C，Cornwell W K，Means G E. Reactions of acrylamide with glutathione and serum albumin. Toxicol Lett，2004，147（2）：127-131.

[103] Sumner S C，Williams C C，Snyder RW，et al. Acrylamide：a comparison of metabolism and hemoglobin adducts in rodents following dermal，intraperitone，oral，or inhalation exposure. Toxicol Sci，2003，75（2）：260-270.

[104] Fennel T R，Snyder R W，Krol W L，et al. Comparison of the hemoglobin adducts formed by administration of *N*-methylolacrylamide and acrylamide to rats. Toxicol Sci，2003，71（2）：164-175.

[105] Perez H L，Segerback D，Osterman-Golkar S. Adducts of acrylonitrile with hemoglobin in nonsmokers and in participants in a smoking cessation program. Chem Res Toxicol，1999，12（10）：869-873.

[106] Chevolleau S，Jacques C，Canlet C，et al. Analysis of hemoglobin adducts of acrylamide and glycidamide by liquid chromatography-electrospray ionization tandem mass spectrometry，as exposure biomarkers in French population. Journal of Chromatography A，2007，1167（2）：125-134.

[107] Olesen P T，Olsen A，Frandsen H，et al. Acrylamide exposure and incidence of breast cancer among postmenopausal women in the Danish Diet，Cancer and Health Study. Int J Cancer，2008，122（9）：2094-2100.

[108] Pedersen G S, Hogervorst J G, Schouten L J, et al. Dietary acrylamide intake and estrogen and progesterone receptor-defined postmenopausal breast cancer risk. Breast Cancer Res Treat, 2010, 122 (1): 199-210.

[109] 赵创开. 拟除虫菊酯类农药中毒17例分析. 医药与保健, 2014, (12): 161.

[110] Soderlund D M, Clark J M, Sheets L P, et al. Mechanisms of pyrethroid neurotoxicity: implications for cumulative risk assessment. Toxicology, 2002, 171 (1): 3-59.

[111] Sinha C, Seth K, Islam F, et al. Behavioral and neurochemical effects induced by pyrethroid-based mosquito repellent exposure in rat offsprings during prenatal and early postnatal period. Neurotoxicol Teratol, 2006, 28 (4): 472-481.

[112] Han Y, Xia Y, Han J, et al. The relationship of 3-PBA pyrethroids metabolite and male reproductive hormones among non-occupational exposure males. Chemosphere, 2008, 72 (5): 785-790.

[113] Rodriguez H, Tamayo C, Inostroza J, et al. Cypermethrin effects on the adult mice seminal glands. Ecotoxicol Environ Saf, 2009, 72 (2): 658-662.

[114] Leng G, Leng A, Kuhn K H, et al. Human dose-excretion studies with the pyrethroid insecticide cyfluthrin: urinary metabolite profile following inhalation. Xenobiotica, 1997, 27 (12): 1273-1283.

[115] Barr D B, Barr J R, Driskell W J, et al. Strategies for biological monitoring of exposure for contemporary-use pesticides. Toxicol Ind Health, 1999, 15 (1-2): 168-179.

Chapter 05

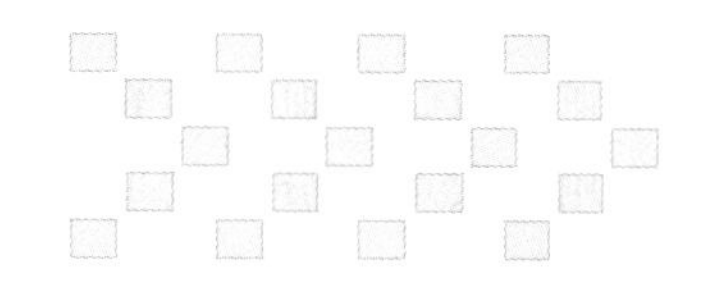

第五章 食品安全风险评估中的效应生物标志物

第一节　血液毒性生物标志物

血液是机体的重要组成部分。它为机体其他部位的器官、组织和细胞提供必需的营养物质和养分的同时将机体不需要的代谢产物运送到排泄器官以排出体外。血液主要由液体成分和有形成分两个部分组成：液体成分即血浆，其中包含许多蛋白质、无机盐和其他有机物质；有形成分即血细胞，包括红细胞、白细胞和血小板。在正常情况下，血液中各种物质成分都有一定的浓度或数量，这些物质成分的过多或过少都会不同程度地损害人体的正常生理功能，导致相关疾病的发生，如外源有毒化学物质引起红细胞减少时会出现贫血症状等。同样的当某些器官或组织发生病变时也可能继发影响血液中的一些成分的变化，如细菌感染会使血液中的白细胞增多等。因此血液的毒性效应也分为两种：一种是原发血液毒性效应，即血液中一种或多种细胞和生物分子成分直接受到了毒物的影响而产生的改变；另一种是继发血液毒性效应，即毒性效应的产生是由于其他组织损伤或系统紊乱导致的结果。在这一部分讨论的血液毒性效应相关内容主要是指原发血液毒性效应。机体血液成分和血细胞所执行的重要功能以及骨髓造血系统对毒物的易感性，使血液成为毒物作用的重要靶器官。血液作为外源化学物的主要攻击靶器官之一，进入机体的外源化学物在被机体吸收后首先会进入到血液循环系统中，外源化学物在分布、代谢和排泄等过程中都依靠血液来运输，因此血液中的各种成分与外源化学物或其代谢产物存在许多接触机会。另外，外周血中的各种细胞均由骨髓中的造血干细胞增殖分化而来，处于不同分化阶段的高度增殖的各种未成熟细胞对外源化学物具有较高的易感性。此外血液的成分和功能的复杂性使血液很容易受到外源化学物的影响，从而导致其受损。

在研究血液毒性效应时主要的研究对象是指血液中的红细胞、白细胞及血小板，以及骨髓造血系统。外源化学物致血液损伤的毒性表现主要是对外周血中红细胞、白细胞、血小板、凝血因子和骨髓未成熟细胞的毒性表现。因此外源化学物对血液造成的毒性作用大致可以分为以下三类：一是血细胞生成异常，毒性效应表现为外周血中一种或多种细胞的减少或增多，如巨幼红细胞贫血、粒细胞缺乏症、再生障碍性贫血、血细胞增多症和白血病等；二是血红蛋白异常和溶血性贫血，如高铁血红蛋白血症、硫化血红蛋白血症、碳氧血红蛋白血症、溶血性贫血等；三是出血性疾病，如血小板减少症、外源化学物引起的凝血机制障碍而发生的出血等。

食品药品中的有害物质及化学污染物对血液的毒性作用一直都是毒理学研究的重要部分和临床中对毒性观察的重要指标。能引起血液毒性的一些食品性外源化学物或食品污染物很多，以下将其中常见的一些做个简单的介绍。一些环境中的重金属污染物如铅、铜等及其化合物是引起食源性血液毒性的重要因素。由于工业“三废”污染，重金属类化合物容易积累在食用性植物和动物中，另外一些特殊的或不合格的食品加工工艺，如某些罐装食品、饮料糖果包装等都会间接地将一些重金属污染引入食品中，因此重金属污染引起的食品安全问题非常广泛。砷及其化合物如三氧化二砷和氢化砷也具有一定的血液毒性。砷及其化合物的食源性暴露主要是由地下水污染以及一些海产品腐烂后有机砷转化而来的。同样作为工业污染及食品加工中间物质对人类食品安全产生威胁的还有芳香族烃类、芳香族氨基化合物、芳香族硝基化合物和放射性核素等，它们的暴露会对人体产生很强的血液毒性。另外一些食品加工中的污染物如氮的无机化合物亚硝酸盐以及农药及肥料的残留物，如有机磷、有机氯等也具有一定的血液毒性。这些食品安全涉及的污染物都以血液作为原发性靶点或继发性靶点，因此对它们产生血液毒性的生物标志物的临床研究和总结显得尤为重要。

一、血液毒性生物标志物概述

（一）红细胞内游离原卟啉

卟啉（porphyrin）是一类由四个吡咯类亚基的 α-碳原子通过次甲基桥（═CH—）互联而形成的大分子杂环化合物。其母体化合物为卟吩（porphin，$C_{20}H_{14}N_4$），有取代基的卟吩即称为卟啉。卟啉环有 26 个 π 电子，是一个高度共轭的体系，并因此而呈现深色。卟啉多以与金属离子配合的形式存在于自然界中，例如含铁卟啉化合物血红素、含镁卟啉化合物叶绿素、含钴卟啉化合物维生素 B_{12} 等，它们都在生物体内发挥着重要的生理功能。

原卟啉是构成血红素的重要组成部分，它通过与二价铁配位形成正常的血红素。红细胞内游离原卟啉（free erythrocyte protoporphyrin）是指未与铁配位的处于游离状态的原卟啉分子。血细胞内游离原卟啉的异常增多最初是在遗传性疾病“卟啉症”的检测中被发现的，并从此被认定为检测卟啉病的一个重要的生物指标[1]。在缺铁性贫血的人群中，同样可以检测到血细胞内游离原卟啉的异常增多。在研究一些重金属暴露超标的人群如铅中毒人群时，人们发现这类人群会出现一些症状与卟啉症和贫血相似。由于外周血中的铅水平（即血铅水平）只能反映大剂量急性铅暴露的情况而无法反映那些慢性铅暴露人群的中毒情况，因此找到能更准确地反映铅暴露情况的效应生物标志物变得更为迫切。基于当时实验室的研究结果，即铅可以阻碍血液中血红素的合成的现象[2]，人们开始探索将血红素合成途径过程中的一些代谢物作为慢性铅暴露的潜在生物标志物的可能性。原卟啉作为血红素合成代谢中重要的组成成分，其作为慢性铅暴露的生物标志物的可行性和可操作性因此而开始被研究和开发[3]。

红细胞内游离原卟啉的检测随着科学技术的发展已经日趋成熟和快捷。早期对红细胞内游离原卟啉的检测多使用荧光光谱法进行测量。原卟啉在酸性溶液中主要有两段荧光光谱，它们的最大值分别在605nm和655nm处，尽管605nm处的荧光光谱更强，但是由于大多数污染物自身的光谱范围对此段光谱影响更大，因此在检测红细胞内游离原卟啉时多用655nm的荧光光谱进行定量分析。卟啉在酸性溶液中的两段荧光光谱最大值的强度比值是其重要特征，例如在Granick等人所设置的实验条件下，原卟啉两段光谱最大值强度比为2.05（605nm∶655nm），而尿卟啉的这个比值为1.28，粪卟啉的这个比值为1.23。因此低于2.05的值可以被认为是在原卟啉中掺杂有其他类型的卟啉。检测原卟啉可以指示慢性铅暴露的情况，这是因为在骨髓中，原卟啉往往是在正在趋向成熟阶段的红细胞的线粒体中形成，而在成熟的红细胞中由于缺乏线粒体使原卟啉产生减少。在Granick等人所检测的人群中，正常人群的红细胞内原卟啉的正常值水平（平均值 ±SD）为（51.4±8.4）μg/100mL，而在一些铅中毒的个体中这一值可达到222μg/100mL到1098 μg/100mL[4]。现在，卟啉的检测方法更加多样化，有荧光法、分光光度法、高效液相色谱法和色谱-质谱联用法等[5-8]，其检测结果也日趋灵敏和准确。

虽然从20世纪30年代人们发现了血细胞内游离原卟啉含量的升高与铅中毒具有相关性起，其提取检测方法在不断更新，血细胞内游离原卟啉作为铅中毒的生物标志物的敏感性不断增强，但是血细胞内游离原卟啉含量的升高作为铅中毒的生物标志物的特异性不强。这是因为血细胞内游离原卟啉含量的升高不仅与铅中毒相关，同时也与其他生理失调如红细胞生成型原卟啉症、缺铁性贫血症及溶血性贫血症等也具有一定相关性[9]。

红细胞内游离原卟啉作为生物标志物虽然最初是在铅中毒病人中被发现的，但在此之后的研究中也发现了在因为其他一些重金属离子如铬、镉、铜等而中毒的情况下，红细胞内游离原卟啉也都可以作为中毒引起的血液毒性效应的生物标志物而使用。

（二）红细胞锌原卟啉

锌原卟啉（zinc protoporphyrin）是指原卟啉与锌络合后形成的络合物。继之前发现血细胞中游离原卟啉可以作为重金属中毒的标志物后，对卟啉及其化合物作为标志物的研究大量增多。1974年研究人员Lamola等人在《科学》（*Science*）杂志上发文称其检测到了血细胞内游离原卟啉并不是完全以“游离”形式存在于血细胞中，部分游离原卟啉会与锌离子络合，形成锌原卟啉而蓄积在血细胞中[10]。随后的研究显示这种锌原卟啉其实是血红蛋白（Hb）合成时形成的一种微量的正常代谢产物，但是在一些重金属中毒的情况下由于血红素合成受阻，二价铁无法与游离原卟啉结合，游离原卟啉与锌离子螯合形成锌原卟啉而积聚在红细胞中，因而临床上会检测到锌原卟啉增多的现象。因此血液中锌原卟啉的水平能代表重金属的平均接触浓度，亦可反映酶的抑制水平。

锌原卟啉的检测方法与血细胞中原卟啉的检测方法类似，主要采用荧光检测法。锌原卟啉具有特征性荧光光谱，血液中锌原卟啉在 425nm 入射光的激发下，发射光波长为 594nm，可以使用校准过的锌原卟啉血液荧光计进行表面荧光法测量检测其荧光强度并直接读出每单位血红蛋白中锌原卟啉含量的μg/g 值进行定量[11]。

红细胞中锌原卟啉是反映卟啉代谢非常灵敏的指标，它的浓度可代表铅等重金属对造血系统造成的影响。例如轻度铅吸收患者血液中的锌原卟啉值的变化与自身尿铅含量变化是成正比的，锌原卟啉的值会随着驱铅治疗的进行而逐渐下降，在无缺铁性贫血情况下，能较快恢复至正常水平，与临床表现一致。在铅接触人群中，锌原卟啉的值不仅能配合尿铅、血铅作为铅中毒诊断的可靠指标，而且对铅接触者的普查和生物监测铅的毒性作用也是一项很有用的初筛指标。

锌原卟啉的测定方法相较于血细胞中游离原卟啉的检测更为简便、灵敏，并且不受其他污染物干扰，因此锌原卟啉水平的测定可以作为重金属接触和重金属中毒早期诊断的一项重要指标。1991 年美国疾病预防控制中心明确提出，无论是游离原卟啉还是锌原卟啉的水平检测都适用于对婴幼儿和青少年中慢性铅暴露患者的筛查试验，后来医学界将这一结论扩展至所有年龄段。当存在铅等重金属中毒或者缺铁性贫血时，患者血液中锌原卟啉的水平会明显升高，而血液中原卟啉浓度在红细胞生成性原卟啉症患者中也是明显升高的，所以使用锌原卟啉检测重金属中毒的情况更具有特异性，这对铅等污染的环境监测也具有重要意义[12]。

（三）红细胞δ -氨基乙酰丙酸脱水酶

δ-氨基乙酰丙酸脱水酶（δ-aminolevulinic acid dehydratase，δ-ALAD）是由 *ALAD* 基因编码的酶，由 8 个相同的亚基组成。δ-ALAD 可以催化 δ-氨基-γ-酮戊酸脱水形成胆色素原（porphobilinogen，PBG），胆色素原是血红素、细胞色素及其他血红素蛋白的前体。δ-ALAD 催化卟啉和血红素合成途径的第二步反应，此催化过程需要锌的参与。

δ-ALAD 的酶活性可以被重金属如铅所抑制，在此过程中主要是它的还原性巯基基团（—SH 基团）活性被影响。由于 δ-ALAD 是血红素合成过程中必需的酶，因此 δ-ALAD 酶活性的降低会阻碍血红素的合成，从而影响到血红蛋白的正常功能。但是由于 δ-ALAD 的酶活性在缺铁性贫血中并未降低，因此 δ-ALAD 作为重金属引起的血液毒性方面的生物标志物其特异性要明显优于卟啉类的生物标志物[4]。

在对铅中毒的研究中发现，δ-ALAD 的酶活性是接触低浓度铅时反应最为灵敏的生物指标。当血铅浓度在 50～400μg/L 范围内时，血铅浓度的 lg 值与 δ-ALAD 的酶活性呈良好的线性关系，但当血铅浓度大于 400μg/L 时，δ-ALAD 活性下降进入平台期，下降速度缓慢，并与血铅浓度的 lg 值无线性关系。由于其敏感性太高，δ-ALAD 不适于作铅中毒的诊断指标，但是可作为环境评价与就业前体检的生物指标。

最近的研究表明，δ-ALAD 在人群的分布具有遗传多态性，存在 3 种不同的表现型。δ-ALAD 的遗传表现型与个体对铅毒性作用的易感性和恢复力有关。

（四）尿δ -氨基-γ -酮戊酸

δ-氨基-γ-酮戊酸（δ-ALA）是一种具有 5-氨基-4-氧戊酸结构的化合物，其分子式为 $C_5H_9NO_3$，分子量为 131.2，熔点为 149～151℃，是白色或类白色固体[13]。它在 1979 年被美国伊利诺斯大学的一个研究光合作用的科学家发现。它是植物体内代谢活跃的生物活性物质，后被发现广泛分布于各种生物体内。在体内，δ-ALA 通常由琥珀酰 CoA 与甘氨酸经由 α-氨基-β-酮己二酸生物合成。2 分子的 δ-氨基-γ-酮戊酸在 δ-氨基酮戊酸脱水酶催化作用下脱水缩合可以生成胆色素原。

由于 δ-氨基-γ-酮戊酸是 δ-氨基酮戊酸脱水酶的反应底物，如前所述，一些外源化学物可以影响 δ-氨基酮戊酸脱水酶的酶活性，因此当 δ-氨基酮戊酸脱水酶的酶活性降低时，δ-氨基-γ-酮戊酸会在血液中堆积，经小便排出的水平增加。尿液中 δ-ALA 在经乙酸酸化处理的标本中稳定性良好，一般可以测定尿液中 δ-ALA 浓度来间接反应铅等重金属的负荷状态。

δ-氨基-γ-酮戊酸的检测原理如下，在 pH＝4.6 及温度为 100℃的条件下，尿中 δ-ALA 与乙酰乙酸乙酯缩合形成吡咯化合物。此化合物用乙酸乙酯提取，并与显色剂对二甲氨基苯甲醛作用生成红色化合物，因此可以根据颜色深浅进行比色定量。

同 δ-ALAD 一样，δ-ALA 浓度上升是对铅等重金属物毒性的特异性反应，但是本项测定敏感性及稳定性较差，对早期诊断不够理想。但在铅中毒测定中，δ-ALA 浓度与血铅、尿铅浓度相关性良好，是诊断铅中毒特异性较高的指标，也是目前监测职业性铅危害的一个常用生物标志物。

（五）高铁血红蛋白

高铁血红蛋白（methemoglobin）为血红蛋白的氧化物。高铁血红蛋白中血红素基团中的铁为三价铁（Fe^{3+}），而在正常的血红蛋白中血红素基团中的铁为二价铁（Fe^{2+}）。高铁血红蛋白通常呈赤褐色，其在弱酸性的条件下具有 60nm 波长的特异性吸收而呈现微绿色，称为酸性高铁血红蛋白；在碱性条件下，这种特异性吸收消失，会呈现出较深的红色，称为碱性高铁血红蛋白。

与正常的血红蛋白不同，高铁血红蛋白不能与 O_2、CO_2 结合，但可以与 CN^-、N^{3-}、F^-、过氧化物等结合。在红细胞内高铁血红蛋白可通过自氧化而产生，依赖还原型辅酶的高铁血红蛋白还原酶可以将高铁血红蛋白还原为正常血红蛋白。高铁血红蛋白的生理含量通常被控制在总血红蛋白的 1％以下[14]。高铁血红蛋白还原酶缺乏症、血红蛋白症（血红蛋白异常的一种）病人，具有先天性高铁血红蛋白含量高的特征。而在饮用含有亚硝酸盐等氧化剂的水，或苯胺、硝基苯等工业原料导致中毒的情况下，血红蛋白的二价铁会被氧化为三价铁，从而使血红蛋白失去携带氧的能力而造成机体的组织缺氧，产生后天性的高铁血红蛋白血症[15]。促使高铁血红蛋白形成的机制，可分为间接氧化作用和直接氧化作用，苯的氨基、硝基化合物多为间接高铁血红蛋白形成剂，因而形成的高铁血红蛋白症是可逆的。在停止与毒物的接触后，红细胞中的酶还原系统能使高铁血红蛋白还原[16]。其中红细胞中的酶还原系统主要包括还原型辅酶Ⅰ-高铁血红蛋白还原系统和还原型辅酶Ⅱ-高铁血红蛋白还原系统。还原型辅酶Ⅰ-高铁血红蛋白还原系统是在正常生理情况下使少量高铁血红蛋白还原的主要途径，而还原型辅酶Ⅱ-高铁血红蛋白还原系统仅在中毒时发挥作用[17]。当高铁血红蛋白浓度超过总血红蛋白的2%时，血液呈暗褐色而出现青紫症。

高铁血红蛋白作为一些外源化学物质对血液毒性效应的生物标志物也存在着一些缺点。首先并不是所有的苯的氨基、硝基化合物均可引起高铁血红蛋白血症，例如5-硝基邻甲苯胺、2-甲基-4-硝基苯和3-氯-2-甲基苯胺等则较少引起此类病症[18]。另外由于高铁血红蛋白不稳定，对保存时间较长的血液样品进行检测时，其结果往往不可靠，因此以高铁血红蛋白作为生物标志物检测时应在采血后1h内完成，以提高其准确性。此外急性中毒患者入院后如不及时检测高铁血红蛋白水平，会影响中毒程度的判断。宋平平等人[18]对病例汇总的研究表明苯的氨基、硝基化合物急性中毒后，高铁血红蛋白多在0.5～3h出现，少数出现于中毒后4～5h，未见超过5h者。Käfferlein等人报道的19例工人接触空气水平为8.3mg/m^3的苯胺6h，停止接触6h后高铁血红蛋白水平最高，其值达到（1.2±0.3）%，6～12h时迅速降低，24h后恢复原水平[19]。

（六）变性珠蛋白小体

变性珠蛋白小体，也称为“海因茨体”（Heinz bodies），由德国物理学家Robert Heinz于1890年发现并命名。变性珠蛋白小体主要是由于α、β珠蛋白链的病变而引起的溶解度和稳定性降低所致，是一种不稳定的血红蛋白。变性珠蛋白小体的形成是由于氧化等因素对血红蛋白造成损害而变性形成的细胞内包涵体，它沉积于红细胞膜上并对其造成损害，受损的红细胞易被脾脏的巨噬细胞吞噬。变性珠蛋白小体的形成过程不可逆，并可进一步发展为亨氏小体溶血性贫血（Heinz's small body hemolytic anemia）。使用亚甲基蓝对变性珠蛋白小体染色较吉姆萨染色更为清晰。电镜观察，变性珠蛋白小体使红细胞膜变形并有褶皱，原有双层膜消失，正常红细胞不含有变性珠蛋白小体。含有5个以上变性珠蛋白小体的红细胞，正常人占0～28%，平均值为11.9%。

还原型辅酶Ⅱ（NADPH）缺乏、葡萄糖-6-磷酸脱氢酶（G6PD）缺乏以及慢性肝脏疾病都会使红细胞内累积异常的变性珠蛋白小体。同时在一些因外源化学物如苯的氨基、硝基化合物等而导致的中毒的情况下，也会在红细胞中积累大量的变性珠蛋白小体。苯的氨基、硝基化合物进入机体后，其中间产物苯基羟胺可消耗红细胞膜上的谷胱甘肽而发生溶血。这些中间产物还可作用于珠蛋白分子的巯基，使珠蛋白变性成为直径1～2 μm的圆形或椭圆形有折光性的小体，即变性珠蛋白小体[20]。非接触者的红细胞内没有或仅偶见几个（<1%）变性珠蛋白小体。变性珠蛋白小体出现的时间与中毒种类及中毒程度有关，其出现越早，数量越多，表示病情越严重，故可作为临床中毒程度的一个辅助生物指标。同时变性珠蛋白小体的出现也是溶血性贫血的先兆，当其检出率>50.0%时，应及早进行换血治疗，以防止溶血的发生[21]。变性珠蛋白小体一般于中毒后7～24h检出，高峰期常出现在24～72h，并持续3～4天，呈现一个相对的平台期。变性珠蛋白小体的检测通过活体染色后油镜镜检计数[22]。虽然变性珠蛋白小体的检测灵敏性不高，不是中毒诊断的必需指标，但是一旦检出，表明病情较重。

（七）血红蛋白加合物

环境中的一些化合物进入机体后，可与体内大分子的血红蛋白以原型或代谢产物的形式通过共价键结合，形成血红蛋白加合物（hemoglobin adduct）。Ehrenberg等人率先提出了烷化剂可以与血红蛋白共价结合形成加合物，形成的加合物可作为生物监测和危险性评价的指标。到20世纪80年代，血红蛋白加合物更得到人们的重视和广泛的应用。

苯的氨基、硝基化合物容易与血红蛋白结合产生血红蛋白加合物，两者结合后产生的共价键相当牢固，可以在相当长的一段时间内，以大分子形式存在直到红细胞生命周期终止[23]。正常的红细胞生命周期为120天，故在长期低剂量接触苯的氨基、硝基化合物时，其与血红蛋白所形成的加合物可反映近4个月的累积剂量，是长期低剂量接触者接触水平的较好检测指标[24]。苯胺和硝基苯类化合物均能通过代谢产物亚硝基苯产生血红蛋白加合物。血红蛋白加合物是衡量一段时间内毒物接触水平的较好指标，硝基苯类化合物形成高铁血红蛋白的能力没有苯胺类化合物强，但是其形成血红蛋白加合物的能力较苯胺类化合物强[25]。

血红蛋白加合物的测定方法如下。采集新鲜血液，经离心后分离红细胞与血浆。测定前加冰水使红细胞膜破裂，血红蛋白溢出，经离心取上清液即得血红蛋白样品，可长期保存。不同的化合物采用的测定方法不尽相同。对于苯胺可以先用弱酸或弱碱处理加合物后，使加合物的化学残基与珠蛋白分离，采用高效液相色谱法、气相色谱法或气相色谱-质谱联用法对化学残基进行测定。

血红蛋白加合物作为外源化学物质中毒的血液毒性效应的生物标志物有以下几个缺点。苯的氨基、硝基化合物在体内大多可形成血红蛋白加合物，但苯胺类化合物形成血红蛋白加合物具有个体差异，易受体内*N*-乙酰基转移酶2水平的影响。在苯胺水平相同的情况下，由于体内乙酰化水平的不同，血红蛋白加合物生成的量不同，苯胺乙酰化后的代谢产物乙酰苯胺与血红蛋白加合物的量成反比。另外并不是所有苯的氨基、硝基化合物均能形成血红蛋白加合物，如杂环胺类不会生成血红蛋白加合物。此外某些加合物水平易受吸烟的影响，4-氨基联苯-血红蛋白加合物是接触4-氨基联苯的工人的接触生物标志物及效应标志物，研究发现吸烟者与非吸烟者体内4-氨基联苯-血红蛋白加合物水平差异较大，吸烟者红细胞内4-氨基联苯-血红蛋白加合物水平是非吸烟者的2倍以上。另外，邻甲苯胺、对甲苯胺、2-萘基胺以及3-氨基联苯的血红蛋白加合物在吸烟者体内也有不同程度的升高[26]。

（八）中性粒细胞碱性磷酸酶

中性粒细胞碱性磷酸酶（neutrophil alkaline phosphatase，NAP）是中性粒细胞的标志酶，主要存在于成熟中性粒细胞内，是其胞质特殊颗粒释放的一种在碱性条件（pH 9.3～9.6）下能催化各种醇和酚的单磷酸酯水解的非特异性水解酶。中性粒细胞碱性磷酸酶活力可反映成熟中性粒细胞的成熟程度和功能，随着细胞的成熟，酶的活性也逐渐增强。当中性粒细胞活化后，在病理情况下中性粒细胞碱性磷酸酶阳性率会升高。食用有农药残留的瓜果蔬菜可能造成人体的不适，研究显示雄性Wistar大鼠暴露于毒死蜱、氰菊酯等杀虫剂中28天会引起大鼠体重以及肝脏、肾脏等质量的改变，白细胞、血小板和中性粒细胞等增加，血清中碱性磷酸酶、胆固醇等水平降低[27]。在一些食品污染物如苯慢性暴露的情况下，也会产生一些血液病变，因此中性粒细胞碱性磷酸酶可以作为血液毒性的一种效应生物标志物。

碱性磷酸酶的阳性反应为在胞质中出现灰色到棕黑色颗粒，反应强度分为5级，即一、＋、2＋、3＋、4＋。反应结果以阳性反应细胞的含量和积分值来表示。血涂片经染色反应后，在油镜下，连续观察100个成熟中性粒细胞，记录其阳性反应细胞所占的含量即为阳性率，并对所有阳性反应细胞逐个按其反应强度作出＋～4＋的分级，将各级所占的比例乘以级数，然后相加，即为积分值。

（九）血液中DNA加合物

DNA加合物（DNA adduct）是化学毒物经生物系统代谢并活化后的亲电活性产物与DNA分子特异位点结合形成的共价结合物，是DNA化学损伤的最重要和最普遍形式。目前认为外源化合物与DNA发生共价结合，形成的结合物一旦逃避自身的修复，就可能导致某些特异位点的基因突变。因此，DNA加合物的形成被认为是致肿瘤过程的一个重要阶段。它既可以作为接触生物标志物，反映毒物到达靶位的内接触剂量；又可以作为一种效应标志物，反映DNA受到有毒化学物质损伤的效应剂量[28,29]。

DNA加合物的检测有助于对某种受试化学物质的遗传毒性作用或致突致癌的潜能作出评价。检测DNA加合物的方法很多，传统方法有加速器质谱法（AMS）、连接物介导的聚合酶链反应法（LMPCR）、^{32}P后标记法（^{32}P-postlabeling）、碱洗脱法、核磁共振法，新研究的方法有高效液相色谱法、质谱法、纳米探针测定法、微流控芯片法等。目前^{32}P后标记法已成为最为灵敏的DNA加合物检测方法，可以测定1个加合物/$10^{10\sim11}$正常核酸（即1个双倍基因组中检出1个加合物）[30]。

（十）其他血液毒性生物标志物

1. 外周血白细胞、红细胞和血小板指标

血液中各种实体细胞的检测是血常规检测的重要项目，也是外源化学物致血液毒性检测的重要的生化指标。其主要包括红细胞的计数、平均值、形态检测，白细胞的计数和分类，以及血小板的计数、平均值和形态检测。不同的血象在临床上可以预测不同的血液中毒症状。

2. 髓过氧化物酶

髓过氧化物酶（myeloperoxidase，MPO）又称过氧化物酶，是一种重要的含铁溶酶体，存在于髓系细胞（主要是中性粒细胞和单核细胞）的嗜苯胺蓝颗粒中，是髓系细胞的特异性标志[31,32]。研究显示髓过氧化物酶的基因多态性可以作为一些中毒性血液异常的易感性指标。研究人员对慢性苯中毒患者、苯作业工人和健康工人进行 MPO 基因测序发现，MPO 基因上游 G/G 基因型个体发生苯中毒的危险性高于 G/A 及 A/A 基因型[33]。在百草枯中毒患者体内，死亡患者血清 MPO 水平高于生存组，高血清 MPO 的百草枯患者预后较差[34]。在草鱼中，随着草鱼摄入环境中的铅及其化合物浓度的增加，MPO 活性随之增加[35]。

3. 硫化血红蛋白

硫化血红蛋白是一种络合物。与正常血红蛋白相比，硫化血红蛋白不能与氧可逆结合，因此失去携带氧的能力。正常人体硫化血化红蛋白含量约为 0～2%，超过这个数值即成为硫化血红蛋白血症（sulfhemoglobinemia，SulfHb）。当体液中硫化血红蛋白＞0.5g/dL 时，即可出现发绀等症状，但相比于高铁血红蛋白血症症状较轻，一般不威胁生命。硫化血红蛋白是血红蛋白与可溶性硫化物，如硫化氢等，在氧化剂（通常是过氧化氢）存在的条件下发生作用而产生的。有些人服用磺胺类或非那西丁等药物后也会出现硫化血红蛋白血症，并可能伴有溶血。三硝基甲苯、乙酰苯胺、代森锌等外源化学物均增加硫化血红蛋白的产生形成硫化血红蛋白血症。

4. microRNA

microRNA（miRNA）是一类小分子非编码 RNA，能够在转录后水平调控蛋白合成，它几乎参与到了调控细胞活动的各个环节。同时 miRNA 能够方便地从血液和尿液样本中提取和检测到，这为检测细胞和器官损伤提供了便利，因此它作为生物标志物的潜能备受关注。研究发现在外源物质如病毒、酒精及有毒化合物导致的肝脏毒性损伤中，血浆中 miR-122 的水平比一些传统的肝脏毒性标志物如转氨酶等更早发生变化。但是 Zhang 等人也表示 miR-122 作为外源化学物质对机体的毒性的效应生物标志物似乎只在肝脏器官毒性损伤中比较稳定和可靠，而在其他器官的毒性损伤中没有此作用。此外，现在还没有发现特别稳定和可靠的 miRNA 可以作为血液毒性损伤的标志物，因此 miRNA 作为血液的毒性的生物标志物还需要进一步研究。

二、展望

食品中的污染物及有毒物质对血液毒性效应主要是指食品中的一些污染物或有害物质对外周血细胞和造血组织产生的毒害效应。在外源化学物存在的情况下，外周血细胞和造血组织会在一定程度上出现毒性反应，早期研究由于检测能力的限制只能观察和分析血液中各类细胞数量的改变，随着检出低剂量化合物和点突变能力的提高，血液毒理学研究跟随着这些技术的发展研究更加深入，对血液毒性的生物标志物的发现和研究也越来越广泛。

随着功能基因组时代的到来，更多组学内容如蛋白质组学（proteomics）、转录组学（transcriptomics）、代谢组学（metabonomics）和糖原组学（glycogenomics）等系统生物科学将融入血液毒性效应的研究中。而各种芯片技术如基因芯片、RNA 芯片、蛋白质芯片、组织芯片等也将为血液毒性的生物标志物的筛选提供新的方法和途径。欧美各国的研究机构都在积极建设芯片方面的数据库，以促进生物标志物领域知识的共享，有效推动了国际范围内生物标志物研究的协同发展。如今生物标志物已取得了许多突破性的成果，产品也运用到实际的临床治疗中，同时生物标志物的发展也促进了研究模式的转变。在诊断领域，简单考察一种或两种生物标志物已向结合多种标志物的诊断测试转变，体外诊断多变量数法（IVDMIA）得到了快速发展。而血液作为一种重要外源化学物攻击的靶器官，对其毒性效应的生物标志物的研究也需要更多被确证和应用。发展血液毒性的生物标志物需要有更好的准确性、特异性和敏感性，而现在蓬勃发展的各种新的检测技术如高效液相色谱技术、纳米技术与芯片技术等也正在为更准确快速检测出相关的标志物提供了可能[36]。

（郭婧妤、詹丽杏）

第二节 免疫毒性生物标志物

免疫毒性研究是从整体、细胞和分子水平研究外来因素对机体免疫系统的影响，是食品药品安全性评价的一项重要内容，也是全面评价食品药品毒性的重要组成部分[37]。由于外源毒性暴露，可能引起机体免疫抑制、自身免疫和超敏反应等发生[38]。近年来，为了能够准确预测外来免疫毒物对免疫系统的损害，国内外开展了大量的免疫毒性生物标志物研究，也出现了许多新的技术方法和手段。在某种程度上，监管机构和行业都热衷的生物标志物将有助于早期发现毒性，因此，应大力研究免疫毒性的生物标志物、效应标志物及易感性生物标志物，这些标志物的建立，对评价人群由于接触外源化学物而引起免疫系统微小变化是十分重要的[39]。免疫毒性的生物标志物分为一般的免疫细胞功能指标、免疫分子功能指标及细胞因子等[40]。

一、免疫细胞毒性生物标志物

（一）T淋巴细胞毒性生物标志物[41, 42]

T淋巴细胞来源于骨髓的多能干细胞（胚胎期则来源于卵黄囊和肝脏）。在人体胚胎期和初生期，骨髓中的一部分多能干细胞或前T细胞迁移到胸腺内，在胸腺激素的诱导下分化成熟，成为具有免疫活性的T细胞。按免疫应答中的功能不同，可将T细胞分成若干亚群，一致公认的有：辅助性T细胞（helper T cell，Th）、抑制性T细胞（suppressor T cell，Ts）、效应T细胞（effector T cell，Te）、细胞毒性T细胞（cytotoxic T cell，Tc）。其中，Th细胞又被称为CD4＋细胞，因其表面表达CD4。Tc细胞又名为CD8＋细胞，其表面表达CD8。

1. T淋巴细胞亚群免疫检测

用单克隆抗体检测T淋巴细胞亚群，常用的方法有免疫荧光法、免疫组化法、酶标法、碱性磷酸酶抗碱性磷酸酶法（APAAP）、流式细胞术等多种测定方法，其中以流式细胞术较好。T细胞膜表面有100多种特异性抗原，现已制备了多种单克隆抗体，WHO在1986年，将其统称为分化群（cluster of differentiation，CD）。例如CD3＋代表总T细胞，CD4＋代表辅助性T细胞（Th），CD8＋代表细胞毒性T细胞（Tc）等。应用这些细胞的单克隆抗体与T细胞表面抗原结合后，再与荧光标记二抗（兔或羊抗鼠IgG）反应，在荧光显微镜下或流式细胞仪中计数，得到CD的含量。

2. 免疫细胞功能检测

免疫细胞功能检测包括T淋巴细胞增殖转化实验、T淋巴细胞花环试验等。

T淋巴细胞增殖转化实验有形态学方法：放射性核素掺入法、5-溴-2-脱氧尿嘧啶掺入法、细胞能量代谢方法（MTT法）等。

① 形态学方法　根据淋巴母细胞转化的形态学特征，借助光学显微镜进行检测，此方法简便，无需特殊仪器设备，但因依靠肉眼观察，准确性较差。

② 放射性核素掺入法　细胞增殖时细胞内DNA合成增加，需要从外部摄取DNA合成原料，观察放射性核素具有一定的污染危险。本方法可常规用于大标本量的测定，方法的特异性受细胞株依赖程度的影响，测定结束后废物处理比较繁琐。

③ 5-溴-2-脱氧尿嘧啶掺入法　原理与放射性核素掺入法相似，用人工合成的BrdU代替胸腺嘧啶核苷酸，当细胞内DNA合成增加，其摄取BrdU的量也增加，用免疫组化方法染色，可观察细胞中的BrdU掺入水平。此法灵敏、准确、无污染。

④ 细胞能量代谢方法（MTT法）　活细胞内有活性的线粒体作用于MTT产生蓝黑色的化合物，其生成量与细胞代谢活跃程度成正比，由此可以间接定量分析细胞增殖水平。

T淋巴细胞花环试验：T细胞表面有绵羊红细胞（SRBC）的受体，可与SRBC形成花环样细胞，称为红细胞玫瑰花环或E玫瑰花环。

（二）B 淋巴细胞毒性生物标志物[43]

哺乳类动物 B 细胞的分化过程主要可分为前 B 细胞、不成熟 B 细胞、成熟 B 细胞、活化 B 细胞和浆细胞五个阶段。其中前 B 细胞和不成熟 B 细胞的分化是抗原非依赖的，其分化过程在骨髓中进行。抗原依赖阶段是指成熟 B 细胞在抗原刺激后活化，并继续分化为合成和分泌抗体的浆细胞，这个阶段的分化主要是在外周免疫器官中进行的。

B 淋巴细胞生物标志物检测包括：B 淋巴细胞膜免疫球蛋白（mIg）测定、B 淋巴细胞表面抗原测定、B 淋巴细胞亚群检测。

1. B 淋巴细胞膜免疫球蛋白测定

利用免疫荧光、免疫组化的方法，检测 B 细胞表面免疫球蛋白，确定 B 细胞活化的发生以及发挥免疫作用的程度。

2. B 淋巴细胞表面抗原测定

B 淋巴细胞表面抗原包括：CD19、CD20、CD21、CD22。该测定方法是间接免疫荧光法或通过外周血淋巴细胞进行鉴定和计数。

3. B 淋巴细胞亚群检测

B 淋巴细胞亚群检测主要通过检测 B 细胞表面 CD5 分子表达以鉴别 B1 和 B2 细胞。常用的方法有免疫荧光法、免疫组化法。

（三）吞噬细胞毒性生物标志物[44]

单核细胞由骨髓中的单核细胞前体发育分化而成，约占血液中白细胞总数的 3%～8%，其体积较淋巴细胞略大。单核细胞在血液中仅停留 12～24h，然后进入结缔组织或器官，发育成熟为巨噬细胞。定居巨噬细胞有不同的名称，在肝脏中为肝巨噬细胞，在脑中为小胶质细胞，在骨中为破骨细胞，等。人体内专职吞噬细胞分为两类：一类是小吞噬细胞，主要是中性粒细胞，还有嗜酸性粒细胞；另一类是大吞噬细胞即单核吞噬细胞系统，包括末梢血液中的单核细胞和淋巴结，脾、肝、肺以及浆膜腔内的巨噬细胞，神经系统内的小胶质细胞，等。

机体产生免疫毒性的检测方法主要有对中性粒细胞趋化功能和中性粒细胞吞噬功能的检测。

中性粒细胞趋化功能检测方法包括：滤膜渗透法、琼脂糖平板法。

中性粒细胞吞噬功能检测方法包括：显微镜检测法、硝基蓝四氮唑法、化学发光法、巨噬细胞吞噬功能和巨噬细胞毒作用实验。

（四）人外周血自然杀伤细胞毒性生物标志物[45]

自然杀伤细胞（natural killer cell，NK）是一群 CD3 抗原阴性，T 细胞受体（α、

β、γ、δ）阴性，Sig^- 和 FcR^+ 的大颗粒淋巴细胞，细胞表面标志在人类为 CD16 和 CD56。自然杀伤细胞（NK）介导天然免疫应答，它不依赖抗体和补体，即能直接杀伤靶细胞，如肿瘤细胞或受病毒感染的细胞等；此外，尚有免疫调节功能，也参与移植排斥反应和某些自身免疫病的发生发展。成熟的 NK 细胞主要分布于人和动物的外周血、脾脏、肺脏中，骨髓和胸腺中很少，外周血中 NK 细胞约占淋巴细胞总数的 15%。NK 细胞是直接从骨髓中衍生而来的重要免疫细胞，具有识别靶细胞、杀伤介质等作用。自然杀伤细胞不仅与抗肿瘤、抗病毒感染和免疫调节有关，而且在某些情况下参与超敏反应和自身免疫性疾病的发生。

NK 细胞可通过多种途径被活化，包括膜表面的 CD2、CD3 分子和多种细胞因子。自然杀伤细胞活性测定方法包括：MTT（四唑盐）比色法和乳酸脱氢酶（LDH）释放法。

① MTT（四唑盐）比色法　将 NK 细胞和靶细胞共同培养，NK 细胞可杀伤靶细胞，活细胞线粒体中的琥珀酸脱氢酶可使外源性的黄色 MTT 还原变成蓝紫色结晶，沉淀在细胞里，而死细胞无此功能。通过比色法测定其吸光值，即可测算得到 NK 细胞活性大小。

② 乳酸脱氢酶释放法　乳酸脱氢酶（LDH）存在于细胞内，正常情况下，不能透过细胞膜。当细胞受到损伤时，由于细胞膜通透性改变，LDH 可从细胞内被释放至培养液中。释放出来的 LDH 在催化乳酸的过程中，使氧化型辅酶Ⅰ（NAD^+）变成还原型辅酶Ⅰ（$NADH_2$），后者再通过递氢体——吩嗪二甲酯硫酸盐（PMS）还原碘硝基氯化四氮唑蓝（INT）或硝基氯化四氮唑蓝（NBT）形成有色的甲基化合物，在 490nm 或 570nm 波长处有一个吸收峰，利用读取的 *A* 值，即可测得杀伤细胞毒活性。

二、免疫分子类免疫毒性生物标志物

（一）免疫球蛋白类免疫毒性生物标志物[46]

免疫球蛋白（immunoglobulin，Ig）是生物体内具有抗体活性或化学结构上与抗体相似的球蛋白。人血浆内的免疫球蛋白大多数为丙种球蛋白（γ-球蛋白）。免疫球蛋白可以分为 IgG、IgA、IgM、IgD、IgE 五类。

免疫球蛋白的检测方法主要有单向免疫扩散法、速率散射比浊法。

① 单向免疫扩散法的原理　将抗载脂蛋白血清均匀地混合于琼脂糖凝胶内，打孔、加样。孔中待测样品的抗原呈辐射状向含抗体的胶内扩散，至抗原与抗体的量达到一定比例时形成可见的沉淀环。一定条件下沉淀环的直径或面积与相应的抗原载脂蛋白（Apo）含量成正比。

② 速率散射比浊法的原理　一定波长的光通过溶液遇到抗原抗体复合物时，光线被折射，发生偏转。偏转角度在 0°～90°之间，偏转角度因光线的波长和复合物大小不同而有所区别。散射光的强度与复合物的含量成正比，即待测抗原越多，形成的复合物就

越多，散射光也越强；同时也和散射夹角成正比，和波长呈反比。

其测定方法有终点法和速率法两种。

终点法是在抗原抗体反应达到平衡时，即复合物形成后作用一定时间，通常是 30～60min，复合物浊度不再受时间的影响，但又必须在聚合产生絮状沉淀之前进行浊度测定。

速率法是在抗原抗体结合反应的过程中，检测在单位时间内两者结合的速度。速率法是测最大反应的速度，即反应达到顶峰时的峰值。抗原抗体结合反应在几十秒内得出结果，峰值的高低与抗原的量成正比，峰值出现的时间和抗体浓度、抗原抗体的亲和力直接相关。速率法的灵敏度和特异性都比终点法好。

（二）补体类免疫毒性生物标志物[47]

补体是存在于血清和组织液中的一类不耐热的具有酶活性的蛋白质。早在 19 世纪末 Bordet 即证实，新鲜血液中含有一种不耐热的成分，可辅助和补充特异性抗体，介导免疫溶菌、溶血作用，故称为补体。补体是由 30 余种可溶性蛋白、膜结合性蛋白和补体受体组成的多分子系统，故称为补体系统（complement system）。根据补体系统各成分的生物学功能，可将其分为补体固有成分、补体调控成分和补体受体（CR）。

补体功能的检测一般包括总补体 CH50、单项补体（C1q、C1r、C1s、C3～C9）的检测。

总补体 CH50 可以通过应用致敏脂质体，在补体介质溶解后释放荧光标记物的方法检测。补体 C3 和 C4 可采用免疫投射比浊或免疫散射比浊法检测，其他单项补体多采用酶联免疫法、放射免疫测定法等，另外还可以采用测定补体 C1 抑制因子、补体 C3 裂解产物（C3SP）等方法测定。

（三）循环免疫复合物[48]

循环免疫复合物（circulating immune complex，CIC）是一类在抗原量稍过剩时，形成中等大小的可溶性免疫复合物（IC）（8.8～19S），它既不能被吞噬细胞清除，又不能通过肾小球滤孔排出，可较长时间游离于血液和其他体液中，当血管壁通透性增加时，此类 IC 可随血流沉积在某些部位的毛细血管壁或嵌合在肾小球基底膜上，激活补体导致 ICD（免疫复合物病）的发生。检查组织内循环 IC 的存在有助于某些疾病的诊断、发病机制的研究、预后估计、病情活动观察和疗效判断等。

循环免疫复合物的测定及其原理如下所述。

① 抗补体试验　血清中如有 CIC 存在时，可与内源性 C1 结合。将被检血清于 56℃加热 30min，能破坏结合的 C1，空出补体结合位置。当加入豚鼠血清（外源性 C1）与指示系统（致敏羊红细胞）时，CIC 又可与外源性 C1 结合，使致敏羊红细胞的溶血反应受到抑制。其结果是以 50%溶血管作为判定终点，凡测定管比对照管溶血活性低 1 管以上者，即为抗补体试验阳性，提示有 CIC 分子的存在。

② 聚乙二醇（PEG）沉淀试验　CIC分子量较大，相互结合的抗原抗体的构象发生改变，易被低浓度PEG自液相析出。PEG还可抑制CIC的解离，促进CIC进一步聚合成更大的凝聚物而被沉淀，最后利用透射比浊或散射比浊法可测出CIC的含量。

③ SPA夹心ELISA试验　金黄色葡萄球菌A蛋白（SPA）可与免疫复合物中IgG的Fc段结合。将待测血清由低浓度PEG沉淀后加至SPA包被的固相载体上，再以酶标记的SPA与之反应，即可检测检样中有无CIC。

④ 胶固素结合试验　胶固素（conglutinin）是牛血清中的一种正常蛋白成分，能与CIC上的补体C3活化片段C3bi结合。将其包被于固相载体上，待测血清中CIC与之结合，再加酶标记的抗人IgG，通过底物溶液显色，即可测知CIC的含量。

三、细胞因子类免疫毒性生物标志物[49]

细胞因子（cytokine）是指主要由免疫细胞分泌的、能调节细胞功能的小分子多肽。在免疫应答过程中，细胞因子对于细胞间相互作用、细胞的生长和分化有重要调节作用。20世纪80年代以来，由于基因工程、细胞工程研究的飞速发展，人们不仅克隆了早先发现的生物活性肽的cDNA，而且发现了许多新的细胞因子，并对各种细胞因子产生来源、分子结构、基因、相应的受体、生物学功能以及与临床的关系等进行了大量的研究，细胞因子研究成为当今基础免疫学和临床免疫学研究中一个活跃的领域。

细胞因子根据其主要的功能可分白细胞介素、集落刺激因子、干扰素和肿瘤坏死因子。

细胞因子生物学活性检测法和免疫学检测法如下所述。

细胞因子生物学活性检测法是根据某些细胞因子特定的生物学活性，应用相应的指示系统和标准品来反映待测标本中某种细胞因子的活性水平，一般以活性单位来表示。生物学检测法一般敏感性较高，直接表示待测标本的活性水平；但实验周期较长，如集落形成法需10～14天；易受细胞培养中某些因素的影响，如血清、pH、药物；易受生物学活性相同或相近的其他细胞因子的影响，如检测IL-2时可受IL-4的干扰，TNF-α和TNF-β（淋巴毒素）表现出极为相似的生物学作用；易受待检样品中某些细胞因子抑制物的干扰，如IL-1的活性可被IL-1受体拮抗物（IL-1ra）所抑制，TNF-α可被TNF-BP所阻断；不能区分某些细胞因子的型和亚型，如IFN-α、β和γ，以及IFN-α中不同的亚型；某些指示细胞长期培养易发生突变；不同指示细胞对同一种细胞因子的敏感性不同，所获结果难于标准化；此外，某些人源的细胞因子如hIL-2对小鼠细胞起作用，但鼠源性的IL-2对人的细胞则无刺激作用。生物学检测的方法大致可分为增殖或增殖抑制、集落形成、直接杀伤靶细胞、保护靶细胞免受病毒攻击、趋化作用以及抗体形成法等。

细胞因子的免疫学检测法是常用的检测手段，免疫学检测法的基本原理是细胞因子（或受体）与相应的特异性抗体（单克隆抗体或多克隆抗体）结合，通过同位素、荧光或酶等标记技术加以放大和显示，从而定性或定量显示细胞因子（或受体）的水平。这类方法的优点是实验周期短，受抑制物或相似生物学功能因子的干扰较少，如抗体的高特异性可区分不同型或亚型的细胞因子（如 IFN），一次能检测大量标本，易标准化。与生物学活性检测方法相比，免疫学检测法在许多情况下敏感性低于前者，所得结果不表示生物学活性，有的单克隆抗体（McAb）只能识别重组的细胞因子，在检测天然的细胞因子中受到限制。

免疫学检测的方法多采用 ELISA 和 RIA 法，可以分为夹心法、竞争法和间接法。

四、研究进展和展望

我国食品安全事件频发严重影响了社会大众的身心健康和国民经济的良性发展，是我国政府面临的一项重大挑战[50]。而目前我国食品安全现状并不乐观，主要还是体现在源头污染（种植、养殖过程）问题较严重，生产加工环节隐患巨大，同时批发零售和储藏等环节也存在问题。引发食品安全问题的因素主要有重金属化学品污染、农药残留、发霉的动物饲料、添加抗生素生长剂和仍具有争议性的转基因食品。目前的科学水平还不能准确地预测转基因生物可能出现的所有性状和遗传变异效应，转基因生物对人类健康和环境生态的影响还难以估计预测，故转基因生物的食用安全性也日益受到人们的广泛关注。除了与一般食品所共有的安全性问题外，转基因作物及其产品可能有其他引入的安全性问题，即外源基因表达蛋白质的毒性和致敏性，以及由于基因导入引起的作物本身营养成分、天然毒素和抗营养物质含量的变化等不可预估的问题[51]。

免疫学评价是评价外源物质毒性的一个敏感性指标，也是致敏性指标[52]。通过筛查免疫毒性生物标志物，可以帮助我们了解机体的健康状态。在第二次世界大战期间，由于食用镰刀菌滋生的越冬谷物制成的面包，苏联爆发了大规模的摄食性白细胞缺乏症（ATA）。ATA 是一种常见的致命疾病，它涉及免疫系统和胃肠道系统，症状包括腹泻、呕吐、白细胞减少、出血和休克[53]。其中呕吐毒素是污染范围最广的一种 B 型单端孢霉烯毒素，也称脱氧雪腐镰孢霉烯醇（deoxynivalenol，DON），对于呕吐毒素的研究当中有大量文献是关于免疫毒性的研究，呕吐毒素主要作用靶标是骨髓、肠上皮、肝脏、淋巴组织的原代培养和细胞系[54]。白细胞家族中，单核吞噬细胞家族似乎对 DON 反应尤其明显。巨噬细胞和单核细胞暴露于低或中等浓度的 DON 中将选择性地诱导促炎基因的表达，但延长暴露时间或是高浓度的 DON 则会导致细胞死亡。DON 能够诱导促炎细胞因子（IL-1α、IL-1β、IL-6、IL-11、TNF-α、TGF-β）、T 细胞的细胞因子（IFN-γ、IL-2）、趋化因子（MIP-2、MCP-1、CRG-2、CINC-1、MCP-3）等表达。诱导促炎细胞因子表达可能导致动物食欲和体重的下降并直接影响大脑和神经系统功能[55]。长时间给小鼠喂食呕吐毒素，会引起血清 IgA 和血清 IgA 免疫的复合物（IgA-IC）显著升高[56]。从小鼠饮食中去除 DON 后，上升的血清 IgA、IgA-IC、系膜 IgA 和血尿会持续存在几个月[57]。

如前所述，转基因生物的食用安全性也日益受到人们的广泛关注。目前，在全世界范围内已开展了一些关于转基因作物及外源基因表达的蛋白质的免疫毒性研究。其中抗虫转基因植物的研究中，世界上应用最广、产量最大的是苏云金芽孢杆菌（*Bacillus thuringiensis*，Bt）杀虫蛋白基因。Bt是一种革兰氏阳性菌，该菌在形成芽孢时会产生一种蛋白性质的伴孢晶体，具有特异性的杀虫活性。例如，欧盟一个项目中的转基因食品安全性新方法研究，对两种转基因玉米Mon810进行了免疫毒性评价，通过掺入饲料给予雌雄Wistar Han RCC大鼠转*Cryl Ab*基因玉米和含纯化Cryl Ab蛋白的玉米90天后，未见对免疫系统产生毒性作用[58]。但也有报道指出，转基因作物及外源基因编码的蛋白可能会对实验动物及人的免疫系统造成一定影响。如Finamore等进行的转基因玉米研究发现，连续30天和90天经掺入饲料喂食小鼠含50%转基因玉米（Mon810）饲料后，小鼠T淋巴细胞、B淋巴细胞、Th细胞、Ts细胞含量均出现异常，血清IL-6、IL-13、IL-12p70和MIP-1β水平显著升高[59]。上述研究提示转基因作物及外源基因表达的蛋白质可能会对实验动物及人的免疫系统造成一定影响，有必要对转基因作物的免疫毒性开展评价。Kroghsbo等人在Wistar大鼠28天和90天的喂养研究中，检测了苏云金芽孢杆菌（Bt）中Cry1Ab蛋白和菜豆（*Phaseolus vulgaris* L）中红细胞凝集素的免疫调节作用。给大鼠喂食对照水稻、表达Cry1 Ab蛋白的转基因水稻或含有纯化重组蛋白的转基因水稻。研究结束时检测了绵羊红细胞总免疫球蛋白水平、丝裂原诱导的细胞增殖、T细胞依赖性抗体对绵羊红细胞的反应以及血清中抗原特异性抗体的反应。单独喂养大鼠PHA-E转基因水稻90天后，可以观察到肠系膜淋巴结重量和总免疫球蛋白A的剂量依赖性增加，表明在肠道中存在淋巴细胞活化刺激剂PHA-E的局部影响，但未发现Cry1 Ab蛋白的不良反应。综上所述，在给大鼠喂食90天，只发现PHA-E凝集素具有免疫调节作用。由于PHA-E凝集素和Cry1 Ab蛋白均能够诱导抗原抗体特异性反应，所以在让转基因食品面向市场之前应谨慎考虑并做充足的实验研究[60]。

除了食物源头安全隐患之外，还有需要注意食品加工过程中辅助吸收材料，例如利用纳米材料制成的食品、药品包装。纳米材料是纳米技术的基础，是由纳米粒子组成的一种超微颗粒材料，尺寸为1～100nm。在该尺寸范围内的纳米材料由于具备大分子材料不具备的特殊性能而被广泛利用，然而，这些纳米材料潜在的免疫毒性及其可能引起不良反应的机制没有得到足够的重视。纳米材料的用途取决于它们的特性和组合物，可以与免疫系统以多种方式相互作用，可以增强或抑制免疫系统的功能。在一项研究中，检测到几种细胞因子（IL-1a、IL-1b、IL-6、KC、IL-10、IFN-g、TNF-a）释放在用脂质纳米颗粒喂养的小鼠血浆中[61]。同样有类似研究，在与肾毒性相关的体内实验中，TiO_2纳米颗粒能够诱导急性炎症细胞因子（IL-1、TNF-a、IL-6、IL-8）产生[62]。在另一个体外研究中，使用钴铬纳米颗粒处理角膜双层，在暴露的1h和24h后检测27种细胞因子的释放量，在27种细胞因子中，IL-6、GM-CSF、生长调节致癌基因（GRO）、MCP-1和IL8在暴露1h后有明显表达[63]。目前，国内外很多课题组对常用纳米材料的安全性均展开了广泛研究，但是得到的实验结论并不相同，有些甚至相互矛盾，所以对于纳米材料的安全性至今仍没有明确的结论。另外，纳米材料进入到体内后的归宿如何、作用如何等问题都尚未解决。所以，要确定纳米材料是否真正安全还需要进行大量的后续研究[64]。

目前，免疫毒性生物标志物已在食品安全试验研究中广泛应用，当然还需要开展更广泛、更深入的动物替代试验或直接进行人体试验研究。国内外许多研究机构通过毒理基因组学技术和体外免疫评价试验开展了大量的免疫生物标志物的验证性研究，寻找免疫毒性生物标志物已成为免疫毒性评估的关键组成部分[65]。目前正在验证能够评价免疫功能障碍及调节紊乱的新免疫毒性检测方法，并应用毒理基因组生物标志物或免疫毒性体外测定方法来替代复杂的体内或间接体内测定方法[66,67]。而深入的免疫毒性生物标志物研究才能阐述包括过敏、自身免疫性疾病等在内的众多免疫系统健康问题。

（杨云霞、武爱波）

第三节 神经毒性生物标志物

神经毒性是指生物、化学或物理因子导致的中枢神经系统或外周神经系统永久性的或可逆性的结构或功能改变。理想的神经毒性生物标志物应该是神经系统出现结构或功能损害之前出现的可逆的生物化学改变，这种改变能预测后期的结构或功能损害。虽然具有神经毒性的食品相关有毒有害物质种类不少，比如有机磷类杀虫剂、重金属（锰、汞、铅等）、砷、丙烯酰胺、海产品中的藻类毒素软骨藻酸（domoic acid）等，但大多数神经毒性物质的致病机理尚不完全清楚。有机磷酸酯类化合物的神经毒性作用及神经毒性生物标志物是目前研究得比较多的，其他食品相关有毒有害物质的神经毒性标志物研究报道则很少。本节主要介绍有机磷酸酯类杀虫剂和丙烯酰胺的健康危害及神经毒性生物标志物。

一、有机磷酸酯化合物

有机磷酸酯化合物（organophosphate compounds，OPs）广泛应用于农业（如作为杀虫剂）和工业（如作为阻燃剂和润滑剂）生产，有些OPs也被用作家用杀虫剂。除了这些有益的用途，OPs也被用作自杀、投毒和化学武器（神经毒剂）。OPs虽然对控制病虫害、提高农作物产量等有诸多好处，但也给环境和公众健康带来危害。OPs可通过皮肤、呼吸道和消化道进入人体，例如农民在配制和喷洒农药时可通过皮肤和呼吸道吸收OPs；进食残留OPs的水果、蔬菜、粮食时则通过消化道吸收。

（一）OPs的健康危害

很多OPs对人及敏感动物具有神经毒性作用[68-70]，主要包括以下3种。①急性神经毒性，在OPs暴露后几小时内发生，轻度中毒表现为头晕、头痛、恶心、呕吐、多汗、胸闷、视力模糊、无力、瞳孔缩小。中度中毒除上述症状外，还有肌纤维颤动、瞳孔明显缩小、轻度呼吸困难、流涎、腹痛、步态蹒跚，但意识清楚。重度中毒除上述症状外，会出现昏迷、肺水肿、呼吸麻痹、脑水肿。②有机磷诱导的迟发性神经病（organophosphorus-induced delayed neuropathy，OPIDN），有些 OPs 在人类和其他敏感动物中能引起迟发性神经病变，即 OPIDN，在 OPs 单次或多次暴露后几周发生。其表现为外周和中枢神经系统的部分轴突发生退行性病变，出现下肢痉挛性疼痛、远端感觉异常、进行性肌肉无力、腱反射减弱，严重者上肢也出现上述症状，累及锥体系导致痉挛性共济失调。③慢性神经毒性，包括神经行为和神经功能障碍，可以持续多年。此外，有报道有些 OPs 具有发育神经毒性。

（二）OPs 神经毒性生物标志物

目前对于 OPs 神经毒性标志物的研究主要是急性神经毒性标志物和 OPIDN 生物标志物。

1. OPs 急性神经毒性生物标志物

OPs 的急性神经毒性是由 OPs 抑制胆碱能突触的乙酰胆碱酯酶（acetylcholinesterase，AChE）而导致的。胆碱酯酶能催化乙酰胆碱和其他胆碱酯类化合物水解，包括 AChE（又称真性胆碱酯酶、特异性胆碱酯酶）和丁酰胆碱酯酶（butyrylcholine esterase，BChE，又称假性胆碱酯酶、非特异性胆碱酯酶）两种类型。AChE 及 BChE 的底物特异性不同，AChE 水解乙酰胆碱的速度最快，水解丙酰胆碱、乙酰-3-甲基胆碱的速度较慢，对丁酰胆碱几乎没作用。BChE 水解丁酰胆碱的速度最快，水解丙酰胆碱、乙酰胆碱的速度较慢，对乙酰-3-甲基胆碱几乎没作用。AChE 主要存在于神经突触、神经-肌肉接头和血细胞（红细胞和淋巴细胞），BChE 主要存在于肝脏和血浆/血清（由肝脏合成后释放到血浆）中。OPs 对神经系统 AChE 的抑制是 OPs 急性中毒的分子机制，OPs 通过与 AChE 活性部位的丝氨酸侧链的羟基呈非可逆结合而抑制其活性，使乙酰胆碱降解减少而在神经-肌肉接头和中枢神经系统神经突触处蓄积，过度激活突触后的毒蕈碱型受体和烟碱样受体，导致先兴奋后衰竭的一系列毒蕈碱样、烟碱样和中枢神经系统等症状，严重时患者可因昏迷和呼吸衰竭而死亡[68]。虽然 AChE 和 BChE 在红细胞和血浆中的功能尚不清楚，但这两种酶的活性也能被 OPs 抑制，因此血液胆碱酯酶抑制常被用作 OPs 暴露的生物标志物。动物实验发现 OPs 对血液和脑组织胆碱酯酶活性的抑制作用具有相关性[71-73]。在动物单次暴露 OPs 时，全血或红细胞胆碱酯酶活性与血浆胆碱酯酶活性相比，与脑组织或膈肌 AChE 的活性相关性更加密切[72]。动物重复暴露于乙拌磷时，淋巴细胞 AChE 活性较好地反映脑组织 AChE 的活性[73]；但在恢复期，淋巴细胞 AChE 活性的恢复比脑组织 AChE 活性恢复得快，红细胞 AChE 更能反映脑组织 AChE 的活性。虽然尚需要进一步研究不同类型的 OPs 在不同的暴露条件下血细胞/血浆胆碱酯酶活性与脑组织 AChE 活性的相关性，全血或红细胞胆碱酯酶仍是目前判断 OPs 暴露神经毒性的重要生物标志物。但在应用过程中需要注意以下问题：①有些 OPs 对 AChE 和 BChE 的抑制程度不同，比如马拉硫磷、二嗪农、毒死蜱、敌敌畏对血浆

BChE 的抑制作用大于对红细胞 AChE 的抑制作用；②血清 AChE 和 BChE 的活性受药物（如可卡因）、生理因素（年龄、性别、怀孕）和病理因素（肥胖、肝脏疾病等）影响[74-76]；③胆碱酯酶的活性（尤其是 BChE）存在较大的个体差异，由于遗传变异，有些人先天性缺乏 BChE 或 BChE 活性很低[76-78]，故在以患者血浆 BChE 活性作为 OPs 中毒的依据时应考虑这种情况。

2. OPIDN 生物标志物

OPIDN 的发生不依赖于 OPs 对 AChE 的抑制，神经病靶酯酶（neuropathy target esterase，NTE）被认为是 OPs 引起迟发性神经病变的靶标[69]。NTE 是一种存在于脊椎动物神经元细胞膜的丝氨酸酯酶，与 AChE 同 OPs 的结合相似，NTE 活性部位丝氨酸残基的羟基能与 OPs 结合，其催化活性被抑制和随后的老化（aging）是发生 OPIDN 的起始步骤，老化是发生 OPIDN 的必需步骤。并非所有的 OPs 均可能导致 OPIDN，那些仅仅能抑制 NTE 活性的 OPs 并不能引起 OPIDN，只有既抑制 NTE 活性又引起其老化的 OPs 才能导致 OPIDN，如丙胺氟磷、三甲苯磷酸酯、毒死蜱、敌百虫等[70-79]。目前对 OPIDN 发生的分子机制尚不完全清楚。OPs 对 NTE 的抑制作用存在种属和年龄差异，人和鸡比较敏感，啮齿类则不敏感，成年动物比幼年动物敏感，因此成年鸡是常用的 OPIDN 模型动物。研究发现除神经元外，淋巴细胞和血小板也有 NTE，在 OPs 暴露后 24～48h 之间，鸡淋巴细胞的 NTE 抑制和脑组织 NTE 抑制有很好的相关性[80]。全血 NTE 活性抑制也与脑组织 NTE 抑制呈正相关[81]。有报道在服用毒死蜱自杀未遂的患者，其淋巴细胞 NTE 的抑制预测了急性中毒缓解之后发生的迟发性神经病变[82]。这些动物实验结果和临床病例提示淋巴细胞 NTE 抑制可以作为预测或早期诊断 OPs 引发迟发性神经病变的生物标志物。

（三）OPs 神经毒性生物标志物检测方法

1. 胆碱酯酶活性测定

胆碱酯酶活性测定的一般原理是在一定 pH 和一定离子强度的缓冲系统中，以胆碱酯类化合物为底物，经待测样品内的胆碱酯酶催化水解，每分子底物产生一分子酸和一分子胆碱类化合物，然后检测反应产物、剩余底物或反应体系 pH 值的变化。检测方法包括比色法、分光光度测定法、荧光测定法、放射测定法、电化学法等。传统的胆碱酯酶活性检测方法大多是在 20 世纪 60～70 年代建立的，在最近 20 年又有不少新的发展[83]，如采用电化学生物传感器、光生物传感器、芯片技术等，但测定原理与以前基本相同。下面介绍胆碱酯酶活性测定的基本方法。

（1）Ellman 法以及在其基础上改良的方法[78,83-85]

检测原理是胆碱酯酶催化硫代乙酰胆碱生成乙酸和硫代胆碱（thiocholine），后者与 5,5′-二硫双-（2-硝基苯甲酸）［5,5′-dithiobis（2-nitrobenzoic acid），DTNB］反应，形成黄色化合物 5-硫-2-硝基苯甲酸（5-thio-2-nitrobenzoic acid，TNB），在 412nm 波长下比色定量。TNB 的光吸收强度与形成的硫代胆碱成比例关系，因此可以反映胆碱酯酶的活性。此法的优点是操作简便，灵敏度较高，需用样品量较小，费用较低廉。经过改良可以用自动化分析仪或酶标仪进行大批量样品的检测。Ellman 法的不足之处是在检测血液样品时，血红蛋白在 410nm 处有较强的光吸收率，会干扰 TNB 的测定。解决这一问题的方法有以下几种：① 用阳离子去垢剂氯化苄乙氧铵代替硫酸奎尼丁终止酶反应，使 TNB 的最大吸收波长偏移至 435nm 处，而血红蛋白则形成高铁血红蛋白，吸收波长偏移至 405nm 处且吸光值降低约一半；② 用二硫二烟酸（dithiodinicotinic acid，DTNA）代替 DTNB，其与硫代胆碱结合生成的产物吸收波长在 344nm；③ 采用多酶系统检测，胆碱酯酶/乙酰胆碱酯酶催化琥珀酰胆碱、苯甲酰胆碱或乙酰胆碱生成胆碱，胆碱在胆碱氧化酶作用下生成的过氧化氢在过氧化物酶催化下与 4-氨基安替比林和苯酚反应生成粉红色产物，其最大吸收波长在 500nm。

（2）羟肟酸铁比色法[86]

检测原理是胆碱酯酶催化乙酰胆碱分解为胆碱和乙酸。未被胆碱酯酶水解而剩余的乙酰胆碱与碱性羟胺反应，生成乙酰羟胺，后者与三氯化铁在酸性溶液中反应，形成红色羟肟酸铁络合物，其颜色深度与剩余乙酰胆碱的量成正比，在波长 520nm 比色定量，由水解的乙酰胆碱的量计算胆碱酯酶活性。

（3）pH 测定法和指示剂比色法[83,87-89]

检测原理是乙酰胆碱在胆碱酯酶作用下分解生成的乙酸会导致溶液 pH 值发生改变。测定方法包括：①通过测定反应前后 pH 值的变化计算酶活力，玻璃电极、离子敏感场效应管传感器（ion-sensitive field-effect sensor）以及 pH 敏感电位计等都可以用于测定 pH 值变化；②用碱将反应后的 pH 值滴定至原 pH，以耗碱量代表酶活力；③加入 pH 指示剂（如酚红、甲酚红、溴甲酚紫、石蕊、溴麝香草酚蓝、间硝基苯酚），观察指示剂颜色的变化，与标准色列比较，直接读取胆碱酚酶的活性百分数，也可制作含有乙酰胆碱和 pH 指示剂的试纸，将待测样品滴到试纸上，经过一定时间后，将纸片颜色与比色板对照可得胆碱酯酶活性。

（4）荧光测定法[83]

检测原理是根据胆碱酯酶催化非荧光底物生成荧光产物，或胆碱酯酶催化底物生成的产物与非荧光物质反应生成荧光物质，通过测定荧光物质的量计算胆碱酯酶的活性。例如：①非荧光底物试卤灵丁酸酯（resorufin butyrate）、吲哚乙酸、*N*-甲基吲哚乙酸等在胆碱酯酶催化下生成荧光化合物；②胆碱酯酶催化硫代乙酰胆碱生成乙酸和硫代胆碱，后者与 7-二乙氨基-3-(4-马来酸亚胺苯基)-4-甲基香豆素反应生成发射光谱为 473nm 的绿色荧光物质；③AChE 催化乙酰胆碱生成胆碱和乙酸，胆碱在胆碱氧化酶作用下氧化生成甜菜碱和过氧化氢，后者在辣根过氧化酶作用下与 Amplex Red 试剂（10-乙酰基-3,7-二羟基吩噁嗪）生成荧光物质试卤灵（resorufin）。

（5）检压法

在密闭系统内，以 pH7.4 的碳酸氢钠缓冲液为基液，底物经胆碱酯酶水解后产生的酸使碳酸氢钠释放出二氧化碳，引起压力变化，由检压计读数。此法适用于各种底物，但需要检压计，操作较复杂，费时。

(6) 放射测定法[90]

放射测定法的原理是胆碱酯酶催化 [^{3}H] 乙酰胆碱生成 [^{3}H] 乙酸和胆碱，抽提 [^{3}H] 乙酸后通过液闪仪测定，计算胆碱酯酶活力。

2. NTE 活性测定

NTE 活性的检测方法包括比色法和电化学法，原理是 NTE 能水解戊酸苯酯 (phenyl valerate) 生成苯酚，通过检测苯酚的量来计算 NTE 的活性。苯酚的检测方法主要有两种。一种是根据苯酚与4-氨基安替比林反应生成4-*N*-(苯并醌亚胺) 安替比林，后者的最大吸收波长在510nm，可以通过分光光度计测定[11,91]。另一种测定方法是根据苯酚在酪氨酸酶作用下先氧化生成邻苯二酚，再进一步氧化生成邻苯醌，通过氧电极作为电化学传感器测定这两步氧化反应中氧的消耗量而计算苯酚的生成量[92]。此外，通过酪氨酸酶碳糊电极 (tyrosinase carbon-paste electrode) 生物传感器检测邻苯醌还原生成邻苯二酚也可以用于苯酚定量检测[93,94]。检测 NTE 活性的电化学法近年来又有一些新的改良[95]，与比色法相比，耗时短，敏感性和特异性更好。

二、丙烯酰胺

对丙烯酰胺的一般介绍及其对健康的影响详见第四章第二节 (四、丙烯酰胺)。

本章节我们只简要介绍“丙烯酰胺神经毒性生物标志物”这一生物学特性。

研究发现，丙烯酰胺职业暴露者丙烯酰胺-血红蛋白加合物浓度与出现的外周神经系统症状存在明显的剂量-反应关系[96]，提示血液中丙烯酰胺-血红蛋白加合物可以作为反映丙烯酰胺神经毒性剂量-效应关系的生物标志物。丙烯酰胺中毒引起的外周神经病变会引起神经电生理的改变。有报道职业暴露丙烯酰胺中毒患者的神经肌电图检测出现神经传导速度减慢、潜伏期延长[97]，急性丙烯酰胺中毒患者出现神经传导速度下降及诱发电位波幅下降[98]。因此神经电生理指标的改变可以在一定程度上反映丙烯酰胺对人体神经系统的损害情况。神经微丝 (neurofilament，NF) 是神经元细胞骨架的重要组成成分，神经微丝的表达水平影响神经轴突的直径，而后者是决定神经冲动沿神经轴突传导速度的重要因素。在大鼠丙烯酰胺中毒模型中 (每千克体重腹腔注射丙烯酰胺 40mg，3次/周，共8周) 发现，大鼠出现外周神经损伤行为表现，坐骨神经的神经微丝亚单位减少，血浆神经微丝亚单位水平也减少[99]。因此，血浆神经微丝亚单位水平有可能作为丙烯酰胺神经毒性的效应标志物，间接反映丙烯酰胺对神经系统的损伤作用。

三、展望

虽然具有神经毒性的食品相关有毒有害物质种类不少，但大多数神经毒性物质的神经毒性反应多样，致病机理尚不完全清楚，使得寻找灵敏、特异的神经毒性生物标志物极其困难。此外，神经系统结构复杂，难以获得非创伤性样本，采用体液样本 (如血、尿等）生物标志物往往不能完全反应神经系统的变化。因此，与其他系统的毒性效应生物标志物相比，神经毒性生物标志物的研究比较困难，进展较慢。

由于 OPs 暴露具有神经毒性作用，其对人类的可能危害已引起广泛关注。近年来有些西方国家已禁止或限制使用某些 OPs，例如，二嗪农被限制或禁止用于家庭杀虫剂（美国）、农业杀虫剂（欧盟）、绵羊药浴（澳大利亚）。对于 OPs 急性毒性机制了解得比较清楚，全血或红细胞胆碱酯酶是目前判断 OPs 暴露神经毒性的重要生物标志物。但对于 OPs 引起的 OPIDN、神经发育毒性，由于发病机制尚不完全清楚，需要进一步研究以寻找特异的毒性效应生物标志物。

关于丙烯酰胺的神经毒性研究已经进行了数十年，在食品中发现丙烯酰胺后，丙烯酰胺的毒性引起了更为广泛的关注，但至今丙烯酰胺神经毒性机理尚未完全阐明。目前关于丙烯酰胺神经毒性效应生物标志物的研究较少，深入探讨丙烯酰胺神经毒性作用的分子机制，不仅能发现特异性好、敏感度高的神经毒性效应生物标志物，而且有可能为低剂量长期接触丙烯酰胺的职业工人提供有效的健康筛查指标。

（乐颖影）

第四节 内分泌毒性生物标志物

一、内分泌系统和内分泌干扰物

内分泌系统由多种组织和器官组成。人体的内分泌系统主要包含松果体、下丘脑、垂体、甲状腺、甲状旁腺、胸腺、肾上腺、胰岛、脂肪组织和性腺等器官和组织。同时，心脏和消化道也能分泌诸如信号肽之类的分子，参与到复杂的内分泌调节中。这些组织和器官间的协调作用通过激素来维持。研究发现，日常生活中许多人类接触到的化合物具有干扰内分泌系统调节的作用[100]。当人体内分泌系统的功能调控出现紊乱时会出现诸如甲状腺功能失调、胰岛素抵抗、2 型糖尿病、肥胖和代谢综合征等疾病。

2002 年，世界卫生组织的国际化学品安全规划署（International Programme on Chemical Safety，IPCS）将内分泌干扰物（endocrine disrupter）定义为能够改变内分泌系统并且最终产生不利于人类及其后代健康的单一或者混合的外源化合物。这类化学物质往往存在于食物原材料、食品加工和保存各个环节中，如农作物种植过程中使用的农药、食品包装所用的塑料制品甚至食物表面所残留的粉尘或油脂等污染物中。由于某些具有内分泌干扰作用的化合物被人体吸收后难以代谢清除，经过积累后对人体的内分泌系统造成不良影响。再者，内分泌干扰因子也能够通过母体传递给胎儿和婴儿，因此处于快速生长发育阶段的婴幼儿的内分泌系统功能极易受到不良影响。有证据显示，在生命早期受到的这些内分泌干扰因子的影响能够持续很久。因此，内分泌干扰因子带来的内分泌功能紊乱不容忽视。

在研究中，我们常常结合流行病学调查、动物模型研究和体外系统来了解内分泌干扰因子对人体健康产生的影响和作用机制。内分泌干扰因子或者其代谢产物发挥内分泌干扰作用的分子机制主要可以归纳为以下几类：第一，通过影响核受体的稳定性、核受体与辅助因子的结合或者核受体与DNA的结合来影响核受体对下游转录的调控作用；第二，通过影响内源激素代谢酶类的活性来影响机体内激素的水平；第三，通过影响激素在血液中的运输来影响激素的水平。值得注意的是，越来越多的证据显示，同一个内分泌干扰因子可能会影响多种内分泌调控途径，在个体水平造成的总体效应往往是这些调控途径的协同效果。

二、内分泌毒性物质

（一）双酚A

对双酚A的一般描述及其对健康的影响详见第四章第一节（二、双酚A）。

本节主要介绍双酚A的内分泌毒性性质。

许多研究发现日常生活用品中所含有的双酚A会被释放出并被人体摄取。在日常生活中接触到双酚A的途径很多：瓶装水的水瓶、易拉罐、收银纸[101-105]。食品中的双酚A主要是由与食品接触的包装材料释放的。温度升高是促使双酚A释放的重要因素[106]。双酚A是已知的内分泌干扰素。毒理学研究确定对双酚A的最大耐受剂量是1000mg/(kg·d)[107]。在二十世纪三十年代，对人工合成雌激素的研究过程中双酚A的功能得到进一步阐释。一系列的研究表明，虽然雌激素样作用得到了证实，但是双酚A并没有被投入到药物的研发使用过程中，这是因为研究人员发现了具有更强效果的己烯雌酚。

双酚A与多种内分泌常见疾病具有相关性。研究发现，尿液中双酚A的水平和儿童、青少年中发生的超重、肥胖具有相关性[108-110]。Carwile等人在年龄为18～74岁的美国人群中开展的研究表明暴露于相对高剂量的双酚A与肥胖、向心性肥胖具有相关性[111]。Wang等人对3390名年龄为四十岁或超过四十岁的人群研究发现，尿液中双酚A的水平和中国中老年人群中出现的肥胖、腹部肥胖以及胰岛素抵抗症状具有正相关性[112]。这些研究都表明，双酚A的暴露增加和肥胖的发生率升高具有密切联系。Lee等人对处于青春期之前的女性少年的跟踪研究发现，尿液中双酚A含量较高人群的雄烯二酮、睾酮、雌二醇、胰岛素和稳态模型胰岛素抵抗指数（homeostasis model assessment of insulin resistance，HOMA-IR）的基线水平均高于双酚A含量较低的组别[113]，说明暴露于含有双酚A的环境会影响青春期之前女性少年的内分泌代谢。

鉴于双酚A对内分泌系统的广泛影响，许多研究试图阐明双酚A的作用机制。研究发现双酚A能够激活雌激素受体ER，改变相关基因的表达水平[114]。高剂量的双酚A具有生殖毒性，能够影响实验动物的细胞发育。此外，双酚A会干扰甲状腺激素的作用。Moriyama等人的研究发现双酚A能够减少甲状腺激素T3和甲状腺激素受体的结合，导致更多的核受体辅助抑制因子 N-CoR 结合，从而使甲状腺激素介导的转录受到抑制[115]。Zoeller 等人通过动物实验研究发现孕鼠或哺乳期的母鼠摄入含有双酚 A 的食物会导致幼鼠血清中甲状腺激素 T4 水平升高；同时，在幼鼠体内，受甲状腺激素调控基因的表达量会升高[116]。Sheng 等人的研究还发现，低剂量的双酚 A 还能通过非转录的途径影响甲状腺激素的功能[117]。

检测食品中的双酚 A 有多种方法，较为常用的是利用双酚 A 的物理性质进行检测的仪器分析法。色谱法是检测食品和包装材料中双酚 A 含量的常用方法。其中液相色谱的优势在于样品制备简单、不需要衍生化处理，而且能与质谱检测、紫外检测、荧光检测或者电化学检测等多种方法联用；而气相色谱-质谱联用的方法则需要对所要检测的物质提取后进行衍生化。色谱法的缺点是仪器造价较为昂贵、实验周期较长。利用抗原-抗体特异相互作用的性质的免疫分析法也是检测双酚 A 的一类重要方法，其中最为常用的是酶联免疫吸附实验分析法（ELISA），这种方法的优势是易于商品化。此外，传感器是双酚 A 检测的新型研究领域[118-130]，其优点是便携、检测效率高而且准确，有利于快速当场检测。

（二）二噁英

二噁英（dioxin），又被称为二氧杂芑，是二噁英类（dioxins）的一个简称，它指的并不是一种单一的物质，而是指结构和性质相似的包含众多同类物或异构体的两大类有机化合物。由 2 个氧原子联结 2 个被氯原子取代的苯环为多氯二苯并对二噁英（polychlorinated dibenzo-*p*-dioxin，PCDDs），有 75 种异构体；由 1 个氧原子联结 2 个被氯原子取代的苯环为多氯二苯并呋喃（PCDFs），有 135 种异构体。城市生活垃圾焚烧以及聚氯乙烯塑料、某些农药的生产环节等过程都可向环境中释放二噁英。二噁英还作为杂质存在于一些农药产品中。二噁英能够扩散到土壤和空气中，进而污染食物和饮用水。二噁英在自然条件下很难被降解，因此很容易在自然环境中积累。二噁英类物质通常熔点较高，极难溶于水，可溶于大部分有机溶剂，是无色无味的脂溶性物质。因此，二噁英类物质非常容易在生物体内积累，并且能够通过食物链富集，对人体危害严重。由于较强的脂溶性，二噁英在人体内主要聚集在人体的脂肪组织中[131]。

大量研究表明二噁英具有生殖发育毒性和致畸性。不仅如此，还有研究表明二噁英能够影响其他内分泌器官。Yoshizawa K 等人通过在动物模型中开展的研究发现，2,3,7,8-四氯二苯并-对-二噁英（2,3,7,8-tetrachlorodibenzo-*p*-dioxin，TCDD）以及其类似物质的摄取和甲状腺滤泡细胞增生具有联系；血清中甲状腺激素 T4 水平降低，T3 水平则随着二噁英类处理物质的不同而表现出各异的变化[132]。但是他们的研究表明二噁英的摄取并不会影响甲状腺肿瘤的发生。Calvert 等人的研究表明，暴露于含有 TCDD 环境的工人血液中的游离 T4 水平显著高于对照人群，说明 TCDD 可能影响了甲状腺的功能[133]。Nishimura 等人研究发现，在孕期和哺乳期受到 TCDD 处理的大鼠，其后代会出现促甲状腺素水平升高、甲状腺滤泡细胞增生的现象[134]。二噁英可以通过子宫或哺乳的方式由母亲传递给胎儿或婴儿。在实验动物水平的研究发现，初生动物的甲状腺功能减退和母体暴露于多种环境污染物有关。Baccarelli 则在人群中研究了二噁英的类似效应[135]。他们检测了新生儿血液中的促甲状腺素水平，发现这一激素的水平和母亲血浆中的 TCDD 水平具有相关性。他们的研究证实二噁英具有持久的生物学效应，能够影响新生儿的甲状腺功能。这种持久的生物学效应也被多项研究所证实[136-138]。二噁英的暴露水平还和胰岛素水平、2 型糖尿病的发生具有相关性[139-142]。二噁英对血糖调节的影响部分是通过影响胰岛和胰岛β细胞的功能实现的[143,144]。Hsu 等人的研究发现，TCDD 能够抑制脂肪细胞分化，降低胰岛素所引起脂肪细胞摄取葡萄糖的能力，而这两种效应并非通过芳香烃受体（aromatic hydrocarbon receptor）来实现[145]。

二噁英类物质可以通过气相色谱-高分辨率质谱联用的技术进行检测[146-148]，但是这种检测方法要求的样本体积较大，价格昂贵。Minomo 等人采用气相色谱-质谱联用技术检测了五种具有代表性的二噁英的同类物（congerners）：2,3,4,7,8-五氯二苯并呋喃、1,2,3,4,6,7,8 -七氯二苯并对二噁英、1,2,3,7,8-五氯二苯并对二噁英和国际理论（化学）与应用化学联合会（IUPAC）编号＃126 和＃105 的两种多氯联苯类物质来估算诸如水源中的等效毒性量，他们所得到的结果和当时官方检测方法所得到的结果相符[149]。化合物激活的荧光素酶报告基因系统（chemically activated luciferase gene expression，CALUX）是一种在细胞水平进行的定量检测系统。在这种检测系统中，细胞中所包含特定的核酸序列能够被某种或者某类化合物激活，从而诱导下游荧光素酶基因的表达，荧光素酶的水平直接和检测中的荧光强度相关，指示样品中所含特定化合物的含量。另外，Kojima 等人在 DR-EcoScreen cells 中使用报告基因检测的方法检测了鱼类和海产品中二噁英类物质的含量[150]，效果堪比高灵敏度气相色谱-高灵敏度质谱联用技术，而且价格低廉。Croes 等人优化了 CALUX 的方法，能够在体积仅 5mL 的人乳中对所含二噁英类物质进行定量[151]，并且具有经济实惠、检测周期短的优点。

（三）多氯联苯类

多氯联苯（polychorinated biphenyls，polychlorodiphenyl，PCB）是德国人 H. 施米特和 G. 舒尔茨在 1881 年首次合成的。1968 年及 1979 年，日本及中国台湾相继出现米糠油中毒事件，原因是在生产过程中有多氯联苯漏出，污染米糠油。在多氯联苯中，苯环上的部分氢原子被氯原子置换。在常温下多氯联苯是液态的，比水重，不溶于水，易溶于有机溶剂及脂肪。多氯联苯具有良好的耐热性及电绝缘性，化学性质稳定。多氯联苯在使用过程中能够通过多种途径进入食物链，经传递后进入人体并在人体内富集，对人体的内分泌稳态产生不良影响。

一些动物实验表明多氯联苯能够影响甲状腺激素的水平[152-155]，但是在人群中开展的流行病调查研究并没有得到确切的结论[156-159]。另外，Giera 等人的研究表明，多氯联苯对甲状腺激素调控的影响具有组织特异性，这可能和不同组织代谢得到的多氯联苯产物存在差异有关[160]。多氯联苯还和糖尿病、肥胖等一系列的内分泌常见疾病具有相关性。Cave 等人在人群中开展的调查发现，多氯联苯水平和谷丙转氨酶水平具有相关性，而谷丙转氨酶水平升高是非酒精性脂肪肝病的特征之一[161]。Chen 等人研究了多氯联苯水平和怀孕妇女胰岛素敏感性的关系[162]。他们发现在没有患上糖尿病的孕妇中，三种多氯联苯和胰岛素的活性具有显著相关性；多氯联苯和胰岛素敏感性的降低有关系。Dirinck 等人对多氯联苯和肥胖的联系进行了研究[163]。通过分析他们发现，血清中多氯联苯的水平和体重指数、腰围、脂质比例、脂肪组织总含量以及皮下脂肪组织的含量具有负相关性。Lee 等人开展的一项长达二十年的跟踪调查研究发现，包括多氯联苯在内的难降解有机污染物的水平和诸如体重指数升高、高密度脂蛋白胆固醇水平升高具有相关性[164]。

Boll 等人在雌性大鼠的肝脏中研究了多氯联苯对糖异生和脂质合成相关酶的影响[165]。他们通过体内实验发现，肝脏中蓄积的多氯联苯含量和其在饮食中的暴露量具有相关性，同时，品系是影响大鼠对多氯联苯敏感性的因素之一。此外，大鼠肝脏中的参与糖异生关键酶的活性能够被多氯联苯显著抑制；相反，脂质合成相关酶的活性能够被多氯联苯显著提高。体外实验的结果也能得到相应的结论。

多氯联苯类物质在人体内经过多种酶的催化大多会形成 OH-PCB 和 $MeSO_2$-PCB[166,167]。色谱-质谱联用技术是检测多氯联苯类的主要方法。Dmitrovic 等人采用固相萃取的方法对样品进行前处理，应用气相色谱-质谱联用的方式检测了人乳中所含有的 25 种多氯联苯类物质[168]。但气相色谱的分离方式要求所检测的物质要经过衍生化，增加了检测前准备工作的工作量。相比之下，液相色谱-质谱/质谱联用的方式具有一定优势[166]。免疫学分析法也是检测生物样本中多氯联苯的重要手段[169,170]。传感器也被应用到多氯联苯类物质的检测中[171-174]。

（四）多溴联苯醚类

多溴联苯醚（polybrominated diphenyl ethers，PBDEs）是一类传统的阻燃剂。在高温状态下，多溴联苯醚通过释放自由基来阻断燃烧反应。工业化生产中常用的为五溴联苯醚、八溴联苯醚和十溴联苯醚三个品种。任何一个多溴联苯醚品种都是几种多溴联苯醚的混合物，其中一种多溴联苯醚占主要部分，同时掺杂有少量的其他多溴联苯醚。多溴联苯醚的亲脂性高，亲水性低。作为一种有机污染物，多溴联苯醚能够远距离传输，因此存在范围很广。同时，多溴联苯醚的存在具有持久性，在生物和人体内容易蓄积，进一步增加其毒害效应。多溴联苯醚通过土壤和水体传递到农作物等食物中，最终通过饮食进入人体，对人体的内分泌稳态造成不良影响[175-177]。由于相关材料越来越广泛地被投入使用，在过去的三十年间，人类血液、母乳和组织中的多溴联苯醚类物质的水平增加了两个数量级，其增长达到了约每五年翻一倍的速度[178]。

大量研究表明多溴联苯醚能够干扰甲状腺激素的功能。Huang 等人在中国北方人群中开展的一项研究中发现，血清中某些多溴联苯醚的水平和甲状腺激素水平具有相关性，说明即使在多溴联苯醚浓度很低的情况下，甲状腺激素的水平也会受到影响[179]。

Abdelouahab等人对怀孕妇女的研究发现，脐带血中所含多溴联苯醚的水平和甲状腺激素T3、T4的水平呈相反的关系[180]。多溴联苯醚通过影响甲状腺激素的运输来部分实现对甲状腺激素功能的影响[181,182]。Zhang等人在对大鼠的研究中探讨了一种常见多溴联苯醚BDE209对肝脏糖代谢的影响[183]。他们发现，经过8周剂量为0.05mg/kg的BDE209处理后，大鼠会出现血糖升高的症状。为了探讨其中的机制，他们采用基因表达芯片检测了受到BDE209处理影响的基因表达水平和相应的信号通路。他们发现和1型糖尿病之类的免疫疾病相关的信号通路在受到BDE209处理的大鼠肝脏内有所改变。此外，他们还发现，BDE209会引起肝脏承受氧化应激的能力下降。这些可能都是BDE209引起血糖水平升高的潜在因素。多溴联苯醚也能够影响脂肪组织的代谢。Hoppe等人的研究发现，相对长期的多溴联苯醚处理会引起脂肪细胞代谢紊乱，主要表现为异丙肾上腺素引起的脂解能力增强、胰岛素引起的葡萄糖氧化能力降低[184]。尽管很多流行病调查研究显示诸如多溴联苯醚和糖尿病的发生具有联系[185,186]，但其中的确切机制还有待进一步研究。

色谱-质谱联用技术是检测生物样本中多溴联苯醚类的常用方法。Iparraguirre A等人利用基质固相分散萃取法提取、气相色谱联用负化学电离质谱法（GC-NCI-MS）分析了莴苣、胡萝卜两种蔬菜中若干多溴联苯醚及其羟基、甲氧基衍生物的含量[187]。Binici等人优化了样品前处理的步骤，采用加压溶剂萃取（PSE）系统的方式能够同时处理6个样品，大大提高了塑料制品中多溴联苯醚的检测效率[188]。同样，通过免疫分析测定多溴联苯醚的方法也在积极研发当中[189]，但是，传感器检测方式的研发还鲜有报道。

（五）邻苯二甲酸酯

邻苯二甲酸酯（phthalate，PAE）是一种增塑剂，用以增加塑料制品的柔韧性、透明度、耐久性和使用寿命。当被用作塑料增塑剂时，一般指的是邻苯二甲酸和4～15个碳的醇所形成的酯。在化工业，邻苯二甲酸酯具有广泛的用途，被用于家庭装饰材料、驱虫剂、发胶、指甲油和油墨等。混合到塑料中的邻苯二甲酸酯并不能与塑料形成共价键，因此在塑料制品的使用过程中可以非常容易释放到环境中。而且，随着塑料制品使用时间的延长，邻苯二甲酸酯的释放速度会逐渐增加，导致其浸出和挥发到食物或空气中的概率增加。由于邻苯二甲酸酯难溶于水、易溶于有机溶剂，因此容易在人体内沉积而不易被清除。

大量研究发现，邻苯二甲酸酯对人体的内分泌稳态具有负面影响。Trasande对2743名年龄为6～19岁青少年的调查研究发现，水果和肉类是邻苯二甲酸酯摄入的重要来源[190]。他们在同一人群中开展的另一项研究表明，邻苯二甲酸酯和儿童肥胖具有关联性[191]。Buser等人开展的人群研究表明，尿液中的多种邻苯二甲酸酯水平和成年人的体重具有相关性，而且这种相关性受到年龄与性别的影响[192]。此外，还有多项研究表明邻苯二甲酸酯和胰岛素抵抗的发生具有相关性[193-195]。Kim等人在老年人群中开展的一项研究表明，血清中邻苯二甲酸二乙基己基酯（diethylhexyl phthalate）两种代谢产物的水平和胰岛素抵抗具有相关性；通过检测尿液中的氧化应激标志物丙二醛（malondialdehyde），还发现氧化应激水平的升高和邻苯二甲酸二乙基己基酯代谢产物水平的升高、胰岛素抵抗的增加具有相关性[196]。过氧化物酶体增殖物激活受体（peroxisome proliferator-activated receptor，PPAR）是调节脂质代谢和脂肪分化的关键因子。其中，PPARα 是调节脂肪酸 β 氧化的关键基因；而 PPAR γ被激活后能够诱导一系列和脂肪细胞分化、脂质积累相关基因的表达。Desvergne 等人的研究发现邻苯二甲酸酯能够调节 PPAR 的活性[197]。其中邻苯二甲酸单乙酯（mono-ethyl-hexyl-phthalate，MEHP）可能参与了 PPAR γ活性的调节，这能够部分解释邻苯二甲酸酯和肥胖的相关性。

气相色谱-质谱联用技术是检测邻苯二甲酸酯最常用的手段[198]。

（六）盐酸克伦特罗

盐酸克伦特罗（clenbuterol）又名平喘素、克喘素、安哮素、双氯醇胺，化学名称为 *α*-[（叔丁氨基）甲基]-4-氨基-3，5-二氯苯甲醇盐酸盐，是白色或类似白色的结晶体粉末，无臭、味苦。盐酸克伦特罗是一种人工合成肾上腺类神经兴奋剂，能够作用于肾上腺素受体β2。盐酸克伦特罗能够扩张支气管，因此是用来防治哮喘和肺气肿等疾病的药物。高剂量的盐酸克伦特罗能够重新分配机体所摄取的能量，使肌肉合成增加、脂肪沉积减少，因此在中国俗称为“瘦肉精”。不法商贩曾通过向饲料中添加盐酸克伦特罗以达到减少猪肉脂肪含量的目的。由于盐酸克伦特罗作为“瘦肉精”的用量较大、难以降解，因此会在猪肉中蓄积。生猪屠宰上市后盐酸克伦特罗仍然会在肉品中有所残留，长期食用这种猪肉势必会扰乱人体的肾上腺激素功能。自 2002 年 9 月 10 日起中国境内已经禁止盐酸克伦特罗在饲料和动物饮用水中添加。

人类食用超过残留限量的肉后会出现急性中毒症状，表现为面色潮红、头痛、头晕、乏力、胸闷、心悸、骨骼肌震颤、四肢麻木等一系列不良反应。心电图检查可出现心动过速、室性早搏、S-T 段压低与 T 波倒置，严重者可发生室上性期外收缩和心房颤动。实验室检查可见白细胞增多、低血钾，血液中乳酸、丙酮酸升高，并可出现酮体，同时可出现血清心肌酶、肌钙蛋白水平增高。长期食用含有盐酸克伦特罗的肉和内脏会引起人体心血管系统和神经系统的疾病。这主要表现为血管壁弹性降低，血压升高，血管扩张，压迫刺激周围神经，使患者产生头痛、胸闷、神经过敏、肌肉疼痛、心悸、恶心、呕吐等症状。另外还会发生代谢紊乱，酮体生成增加，在糖尿病人中可能发生酸中毒或酮中毒。

对盐酸克伦特罗残留的检测方法主要分为色谱技术[199-206]、免疫分析技术[207]和传感器技术[208-212]三大类。

三、研究进展

食品的原材料、加工处理过程、包装材料等都会引入内分泌干扰物质。环境毒理学的研究有助于我们了解食品中内分泌干扰物的来源，帮助我们规范食品加工制造的工艺流程；流行病学调查研究有助于我们发现化合物对内分泌系统的潜在作用；而深入的生物学机制研究不仅有助于我们对替代化合物的开发，还能使我们更深入地理解生命现象。

通过总结我们发现，色谱-质谱联用的方法是检测这些内分泌干扰因子的主流方法。这类方法还有待改进的地方在于简化样品的前处理过程，提高检测的分辨率，以达到在一次上样过程中能尽可能区分和测定种类更多的化合物。免疫学分析方法也越来越多地被应用到内分泌干扰因子的检测中来。以免疫学分析法为基础的传感器的开发也为商品化的快速检测提供了可能性。但是这类方法开发抗体的周期较长，有赖于抗体制备技术的发展。此外，以荧光素酶报告基因系统为代表的细胞水平检测方法也受到越来越多的关注，但是这种检测方法受限于实验条件，多数情况下需要由专业的实验人员在专业的条件下开展，很难做到实时检测。

当前流行病学调查对这些熟知的内分泌干扰因子和内分泌疾病的研究为数众多，但是单纯的流行病学研究并不能很好地阐释其中的因果关系。因此，结合实验动物和体外实验来分析内分泌干扰因子的作用机制能够进一步完善我们对此的认识。诸如阿特拉津（atrazine）、烷基酚类化合物（alkyl phenols）和己二酸二（2-乙基）己酯［di-2-(ethylhexyl) adipate］之类的物质也常常出现在水源和食品中[213-215]。但是有关这些物质对肥胖、糖尿病和代谢综合征等内分泌疾病的影响尚不明确。为了全面评价这些干扰物对内分泌系统的影响，我们需要在研究中引入一些生物标记物来判断机体受影响的程度。

内分泌干扰生物标记物是一类用以评价内分泌干扰物质的内源分子，某一种或一组生物标记物水平的改变意味着生物体受到了内分泌干扰物的影响。寻找方便并且有效的内分泌毒性物质的标记物是检测环境中含量较低的内分泌毒性物质的研究重点。应用较为成熟的内分泌毒性物质生物标记物是卵黄原蛋白（vitellogenin，VTG）。卵黄原蛋白合成能力的改变被广泛地用于雄性和幼年鱼类雌激素暴露量的生物标记物[216,217]。卵黄原蛋白在卵生脊椎动物的肝细胞中合成，其合成受到雌激素的调控。当雌激素水平升高时，肝细胞中相关的酶被诱导，卵黄原蛋白的合成水平升高，通过血液运输到卵巢，在卵巢中经过修饰后储存在卵母细胞中作为胚胎发育的能量储备。作为生物标志物，卵黄原蛋白具有高度的特异性和灵敏性。在实际应用中，肝脏组织中卵黄原蛋白的转录本水平或者组织、血液中的卵黄原蛋白的水平均可以作为标志物来使用[218-221]。

新的生物标志物正在不断被发现。谷胱甘肽 S-转移酶（glutathione-S-transferase，GST）是一类熟知的在解毒过程中发挥重要作用的酶类，能够催化底物以亲水性更强、活性更低的形式存在，从而利于有毒物质排出体外。Wan 等人发现 HdGSTM1 这种分子质量为 25kDa 的 GST 可能成为一种潜在的生物标志物，用以检测生物体所处环境中有机污染物的暴露量[222]。Lee 等人的研究表明，一些鱼类肝脏中卵壳前体蛋白（eggshell precursor protein）的转录本水平受到雌激素水平的影响，因此，受到诸如双酚 A 之类的具有雌激素样作用的化合物刺激后，卵壳前体蛋白的转录水平会呈现剂量依赖性的改变[223]。视黄醇结合蛋白（retinol-binding protein，RBP）主要由肝脏合成分泌到血液中，负责将维生素 A 运输到靶器官中发挥调节胚胎发育、细胞生长和分化之类的作用。视黄醇结合蛋白的合成能够被类固醇性激素所抑制。利用视黄醇结合蛋白的这个性质，Levy 在爪蟾的原代肝细胞中研究了将视黄醇结合蛋白作为评价生物学标志的合理性[224]。他们的研究发现，通过检测视黄醇结合蛋白的转录本水平，可以综合地评价雌激素样作用和多种其他内分泌干扰因素的影响。钙结合蛋白 D9k 是一种维生素 D 依赖性的钙结合胞浆蛋白，和钙离子具有高度亲和性[225]。钙结合蛋白 D9k 在小肠、肾脏、子宫、骨、肺和垂体中都有表达[226-231]。钙结合蛋白 D9k 的水平受到类固醇性激素水平的调节。Dang 等人的研究发现，2,2′,4,4′-四溴二苯醚（BDE-47）能够显著影响未成熟大鼠生殖系统中钙结合蛋白 D9k 转录本水平和蛋白质的水平[232]。Jung Y W 等人、Jung E M等人的研究也有类似的发现[233,234]。Yamano 等人研究了一种在大鼠性成熟特定阶段表达的蛋白精子发生相关因子-2（spermatogenesis-related factor-2，SRF-2）[235]。这种蛋白在 5 周龄大鼠的睾丸中开始有表达，并且一直持续到 63 周龄。通过原位杂交，他们发现精子发生相关因子-2 主要在精原细胞中表达，可能在减数分裂中发挥重要作用。他们研究的关键发现在于哺乳期的大鼠摄取 TCDD 后这种蛋白的水平会显著降低，同时伴有体重和睾丸质量减轻的现象。因此，精子发生相关因子-2 可能也是一个潜在的生物标记物。暴露于内分泌毒性物质会对生物体施加一些压力，影响某些蛋白的表达。Seo 等人发现，剑水蚤（*Cyclops*）中的一种热激蛋白（heat shock protein，HSP）HSP20 的水平能够受到多种内分泌干扰物质的影响[236]，因而是一种潜在的生物标记物，可以用于指示水体中内分泌干扰物的含量。

一些常见的生理指标如甲状腺激素、促甲状腺激素、胰岛素、肾上腺素、瘦素（leptin）、脂联素（adiponectin）等多种激素的水平也会受到内分泌干扰因子的影响，因而在某些情况下也能作为生物标记物来指示内分泌干扰物的毒性。这些激素的水平往往和疾病的发生直接相关，医院或研究机构的常规检测能够高效而准确地评价这些分子的水平，因此数据容易获得。例如，多溴联苯醚能够影响甲状腺激素的代谢和功能，因此在流行病学研究中甲状腺激素的水平可能是一个潜在的多溴联苯醚内分泌毒性生物标志物[159,237-240]。但是值得注意的是，由于影响这类激素水平的因素很多，所以作为生物标记物其特异性较差。

暴露于含有多种内分泌毒性物质的环境中生物标记物的变化实际反应的是多种毒性物质协同作用的结果。因此，在未来的研究中，可以通过结合多种分子水平的改变来评价内分泌干扰物的毒性作用。芯片技术和测序技术的进步使得在单一样品中分析多种信号转导通路上的基因表达水平更加简便快捷；2-D 电泳技术、色谱、质谱检测技术的发展也使蛋白质质谱分析成为可能。Yum 等人检测了暴露于一种多氯联苯化合物 Arochlor 1260 后青鳉鱼等鱼类肝脏中的基因表达谱[241]。通过分析，他们发现和细胞骨架、发育、内分泌、免疫、代谢、核酸/蛋白质结合等功能相关的 26 个基因的转录本水平发生了改变。其中，三种熟知的内分泌感染因子生物标记物卵黄原蛋白、卵壳前体蛋白和雌激素受体 α 的 mRNA 水平显著升高。Laldinsangi 等人采用蛋白质组学的方法分析了鲶鱼（catfish）受到硫丹或马拉硫磷影响后生殖系统中蛋白质谱发生的改变[242]。

他们的研究发现，长达21天的硫丹刺激会引起鲶鱼睾丸和卵巢中泛素和Esco2等蛋白水平下降、黑素皮质素受体2水平升高；马拉硫磷则会引起卵巢中催乳素水平升高。对诸如血液、尿液或组织样本中转录本、蛋白质或者代谢物的谱学分析所反映的多种标记物协同变化能更全面地反映内分泌干扰物对特定组织的影响，因而更有利于我们全面理解和评价毒性物质的作用机制。

四、展望

新的化合物被应用到日常生活当中，这是社会进步的标志之一。但是，随着对这些化合物的认识日益全面，我们不可避免地发现这些化合物发挥功能的同时会带来一些负面效应。诸如本文所讨论的内分泌干扰因子为我们的日常生活带来了方便，但是处理不当会影响人类的整个生存环境。自然环境中的每一个环节息息相关，即使没有直接应用于食品制造和处理，污染物也会通过多种渠道进入食物链，最终被人类摄取。一方面，这些持久存在的有机污染物会造成人类的内分泌紊乱，最直接的证据就是全球范围内肥胖、糖尿病、心血管疾病和代谢综合征等非传染性疾病的发病率逐年上升。另一方面，生态环境中的内分泌干扰因子持久存在，从长远角度来看这些化学物质对整个生物界带来的负面效应会远远超出人们的想象。

在工业生产中，我们习惯于用新型化合物替代那些经过证实具有内分泌干扰作用的化合物。例如，双酚A在某些国家和地区已经被禁止用于婴幼儿食用的食物中，取而代之的是双酚S。但是，双酚S被投入使用只是因为我们对双酚S危害的认识还没有达到双酚A的水平，选择这种化合物只是权宜之计。此外，越来越多的证据也表明，即使暴露于低剂量的内分泌干扰物也会对人体的稳态造成影响，尤其是处于胚胎期的胎儿和生长发育期的少年儿童。而且，这些内分泌干扰因子大多数是难以被降解的脂溶性物质，因此随着时间的推移在自然环境和生物体内的积累也有可能日益增加。当积累的物质超过临界值的时候，也非常有可能带来灾难性的后果。

综上，防患于未然，建立一套完整的评估体系势在必行。

（姚旋、应浩）

第五节　生殖发育毒性生物标志物

内在的遗传因素可以决定生物的正常生殖发育过程，但各种各样的环境毒素暴露也能干扰这个过程，这些证据不但在实验动物模型上得到验证，而且在人类遭受的各种灾害、滥用、事故的后续追踪研究中发现证据。此外，人类进入工业化社会之后，发达国家青少年的青春期发育时间普遍提前，平均身高提升，其中有营养、医疗条件改善的原因，但还可能有环境因素影响了生长激素、内分泌干扰素的原因。几十年来，为了能尽可能早地发现和监控环境因素对生殖与发育的影响，特别是预测人类经常接触的杀虫剂、农药的危害，研究者们一直希望开发以生物标志物为基础的系列技术，能够从解剖学和生理功能角度观测生殖发育的各个阶段，通过提前干预来降低危害[243,244]。这类生物标志物不但要能准确反映生殖发育过程的生理、病理变化，而且必须容易收集、方便检测、灵敏度高、检测费用低，这样才能发挥其推广与应用价值。早在1991年的一篇关于生殖与毒性的综述文献中，Mattison指出生殖发育的过程复杂，化学生殖毒性的评估采用的生物标志物，应该包括可评估易感性、外部暴露剂量、体内吸收剂量、生物活性剂量、发育阶段、发育特点和相关疾病的生物信号[245]。综合评估这些标志物，才能更准确地反映生殖发育毒性。另外，有别于其他类型的风险评估，生殖发育的风险评估还需要区分对男性和女性（雄性或雌性）的生殖能力、配偶关系、自然流产率等其他因素。正是由于环境因素对于生殖发育的影响是长期和复杂的，需要通过5～10年甚至更长时间的研究才能有新的发现，目前对于生殖与发育特异性的毒性标志物研究成果并不多。生殖发育毒性评估中可能涉及的生物标志物按检测目的可以分为几类，包括：①体内暴露量的标志物；②暴露后生物效应的标志物；③对于暴露易感性的标志物，如果按标志物的性质来区分可用于评估生殖发育毒性的标志物，可分为形态和解剖学标志物及分子和细胞学标志物[246]。传统上，对于生殖发育阶段的评估基本上依据男女第二性征发育的状态来判断，如临床医生经常用到的Tanner分期（Tanner stage），其次还有基于骨骼生长速率和身体的肌肉、脂肪比例判断方法。这些方法由于观测周期长，且涉及许多主观判断的因素，可能受到受试者的种族、饮食习惯、社会经济状况，甚至智力与学习能力等因素影响，很难在毒性暴露的诊断和危害预测上发挥作用。近年来，环境毒性物质致病机理研究和检测技术的发展催生了以分子与细胞生物标志物为主的生殖发育毒性诊断与检测领域的快速发展，围绕环境毒素暴露量、易感性和生物效应的生物标志物的实验研究较多，特别是以毒性物质及其代谢物、结合物的化学分析为基础的暴露量检测已经比较成熟。本节将主要根据男性、女性生殖特点分别介绍生殖发育毒性体内效应生物标志物的研究与应用现状以及成熟的检测方法。

一、男性生殖毒性生物标志物

精子产生异常是男性不育的主要原因，无精症和少精症患者可能存在生殖系统发育异常，也可能是高温、放射线或环境毒素暴露引起生殖毒性。直接的证据来自Jurewicz等人的人群研究，多环芳烃类化合物（PAHs），如苯并芘等有机物燃烧产物，不但是强烈致癌物质，而且明显降低精子质量。尿液中PAHs暴露生物标志物1-OHP（1-hydroxypyrene）与精子数目、活力、体积下降存在显著相关[247]。因此，精子质量指标可以作为环境毒素效应的生物标志物。

（一）细胞遗传学缺陷

生殖细胞的染色体的断裂、序列重排和缺失都属于细胞遗传学意义的异常，常常引起生殖健康的问题。精子细胞遗传方面的异常而导致妊娠失败、围产期流产、先天出生缺陷以及各类疾病的原因很多，其中非整倍性是主要原因，占自然流产的35%，新生儿先天出生缺陷的0.4‰[248,249]。引起胎儿或新生儿细胞非整倍性的主要原因是由于精子细胞的异常，不育症患者精子往往显示非整倍体等细胞遗传学异常的特征。除了自然衰老的因素外，生活习惯和职业暴露都是引起精子异常的原因，如有机磷杀虫剂、抗焦虑药物暴露、抽烟、酗酒和咖啡因依赖等。人体精子荧光原位杂交技术已经广泛用于不育症诊断，可以诊断毒性暴露引起的精子细胞遗传学异常，并且可以作为毒性暴露引起的妊娠失败的生物标志物。

1. 原位杂交技术介绍

原位杂交技术中最常用的荧光原位杂交（fluorescent in situ hybridization，FISH）是应用生物化学中核酸分子杂交原理及荧光标记技术，在组织切片、细胞涂片或印片上原位检测某种DNA或RNA序列的一项方法。此外，将分子杂交与组织学相结合的一项技术，也称之为杂交组织化学、细胞杂交或原位杂交组织化学技术。原位杂交的基本原理是利用核酸分子（DNA、RNA）的碱基对形成氢键的互补性（A=T、A=U、C=G），用标记的核酸探针去检测与之碱基互补的靶核酸，这与免疫学中抗原-抗体的反应相似。其优点是分子杂交的特异性强、灵敏度高，同时又有组织细胞化学染色的可见性。既可用新鲜组织，又可用石蜡包埋组织做回顾性研究。所需样本量少，可用活组织细针穿刺和细胞涂片。应用范围广泛，可对特定的基因（如癌基因、病毒基因）DNA、mRNA的表达进行定性、定量、组织细胞分布和杂交电镜的亚细胞定位研究。

荧光原位杂交是通过特定分子的荧光标记探针在细胞内与染色体上特异的互补核酸序列原位杂交，通过激发杂交探针的荧光来检测信号。因为荧光染料受到一定波长（即激发波长）的光激发后会发射荧光（即发射波长），所以就滤光镜选择合适的激发波长的光，即可显示某一特定的荧光染料，于是就可以直接显示特定细胞核中或染色体上的DNA序列间相互位置关系。

2. 男性生殖健康应用

近十年来应用荧光原位杂交（FISH）技术已对成千上万条精子进行检测，大大促进了精子非整倍体的研究。近来的研究采用多色FISH，可同时对精子的多条染色体进行非整倍体的研究，能更全面地了解非整倍体率与男性不育的关系[250]。应用FISH技术研究性染色体异常男性患者精子非整倍体率显示Klinefelter（克兰费尔特）综合征，XYY核型男性表现为精子性染色体超倍体率和二倍体率升高[251,252]，这种异常升高是由于生殖细胞系正常生精细胞受睾丸内不良环境［如LH（黄体生成素）和FSH（卵泡刺激素）高］影响，使生精细胞在减数分裂过程中发生染色体不分离造成的，而不是由染色体异常的XXY/XYY[253]细胞生成。Blanco等[252]研究结果也证实了这一结论。

FISH技术用于研究精子染色体结构，方法简单，适合对大量人精子进行非整倍体的研究。男性不育与精子染色体异常存在潜在相关性，对精液异常的男性不育患者治疗前进行精子非整倍体分析，有助于优生和遗传咨询。

（二）氧化损伤

导致精子功能损伤的另一个主要因素是内因或外因引起的活性氧（reactive oxygen species，ROS）。环境毒素研究发现三氯乙烯（trichloroethylene，TCE）暴露下的大鼠的受精能力下降，这种能力的下降与化合物处理引起的睾丸质量、精子数量与活力变化无关[254]。精子中的过高的脂类过氧化反应与蛋白氧化反应常常暗示着异常高浓度的活性氧存在，活性氧导致DNA损伤或精子形成与定位异常。高浓度ROS通过促进精子细胞膜上的不饱和脂肪酸过氧化反应，降低了细胞膜表面的结构流动性。精子内部的ROS水平检测经常被用于生殖健康的诊断，ROS导致的DNA损伤也可以通过检测8-羟基-2-脱氧鸟苷（8-hydroxy-2-deoxyguanosine，8-OHdG）来判断。这个敏感的DNA氧化损伤生物标记物与精子形态、活力、密度也有很强相关性，因此也与不育、妊娠异常等疾病密切相关[255,256]。

1. 氧化损伤检测方法

细胞的氧化损伤检测方法有：①以二氧荧光素二乙酸酯作为探针头[257]，用荧光酶标法检测细胞内ROS总水平；②彗星试验（comet assay）[258]是公认的、成熟的DNA检测方法，该法又称作单细胞凝胶电泳法，是通过检测DNA链损伤来判别细胞损伤的方法；③线粒体膜势能的检测，ROS刺激细胞产生的自由基使线粒体膜电位下降至阈值时就会诱导细胞凋亡[259]，通过对细胞内Rh123[260]、JC1荧光强度的检测来反映其线粒体内膜电位的变化情况；④DNA片段化检测，氧化导致细胞凋亡时主要生物化学特征是其染色质发生浓缩，染色质DNA在核小体单位之间的连接处断裂，形成50～300kb长的DNA大片段，或者180～200kb整数倍的寡核苷酸片段，通过对这些片段的检测可以知道细胞氧化受损情况；⑤3-OH末端的检测，ROS致细胞凋亡中，染色体DNA双链断裂而产生大量的黏性3-OH末端，可在脱氧核糖核酸末端转移酶的作用下，进行生物标记来进行凋亡细胞检测[261]；⑥其他如caspase-3活性酶的检测、BcL-2基因检测[262]、p^{53}基因检测、核因子κB基因检测[263,264]。

2. 生殖健康应用

男性不育是相对普遍的情况，影响约5%的男性人口。其中一部分是由精子细胞氧化应激损伤引起的[265]，当ROS产生超过精子有限的抗氧化防御时，就会诱导氧化应激，造成精子质膜过氧化损伤和核DNA链的断裂，这不仅破坏了精子的受精潜力，而且也影响其形成正常健康胚胎的能力，对男性精液中ROS水平的检测在男性不育中的作用越来越受到关注。

精子DNA完整性检测也反映了精子DNA的损伤程度，其发生机制可能与精子细胞发生过程中的细胞凋亡发生异常、染色质组装异常或氧化应激反应有关。目前常用的精子DNA完整性检测方法有单细胞凝胶电泳法、原位标记法、精子染色质结构分析法、吖啶橙试验、精子染色质扩散试验和8-羟基-2-脱氧鸟苷（8-OHdG）测定法等。精子DNA完整性检测对揭示男性不育的病因、预测辅助生殖结局以及指导临床治疗具有重要意义[266]。

近年来，随着荧光染色技术的不断发展完善，其在检测精子染色质、质膜完整性、线粒体活性、精子获能状态及顶体状态等方面取得成功。荧光染色技术利用荧光染色试剂能特异地与精子染色质、质膜、线粒体和顶体上某些成分结合，在激发光激发下能发出肉眼可见的荧光并在荧光显微镜下观测，从而迅速、准确地了解精子各方面的功能。该技术的应用有助于了解精子的受精能力，为选择助孕方式提供可靠依据，尤其对原因不明不孕症患者的诊断治疗，更见优势。

（三）肌酸、精子蛋白和卵黄原蛋白

肌酸（creatine） 化学毒性引起的生殖系统损伤还可以由尿液中某些蛋白水平的变化发现。动物实验表明，镉、甲氧乙酸、邻苯二甲酸酯等多种化学毒素暴露引起的大鼠生殖系统损伤可以导致动物尿液中肌酸水平显著增加[267,268]。由于睾丸间质细胞（interstitial cell of testis）的特异毒素乙烷1,2-二甲烷磺酸酯（EDS）并不能引起尿液肌酸上升，所以肌酸作为生物标记物只能检测由生精上皮细胞损伤引起的生殖毒性[269]。

精子蛋白（sperm protein，SP） Klinefelter等首先发现乙烷1,2-二甲磺酸酯诱导的雄鼠受精能力下降与一个表达于精子头部位置的分子质量为22kDa表面蛋白的表达量的减少密切相关[270]。SP22与其他生殖毒性物质，如CEM、EPI及HFLUT，诱导的实验动物生殖能力下降也有高度相关性。化学物质暴露及重组SP22抗体均可以剂量依赖地引起的SP22蛋白表达量或活性的降低，进而影响精子与卵子膜融合的相互作用，导致受精失败[271]。精子顶体蛋白SP10存在于精子顶体内膜及赤道部膜上，具有中性蛋白水解酶的性质，对于水解卵透明带糖蛋白、精子的运动和受精过程都是不可缺少的，顶体酶活力不足可导致男性不育。精子蛋白表达量与受精能力的相关性远高于精子活力和血清睾酮水平，是一个非常好的男性生殖能力生物标志物。

卵黄原蛋白（vitellogenin，VTG） 精子生成是由激素控制的复杂系统产生的，包括睾丸、甲状腺、肾上腺、垂体、下丘脑等组织，非常容易受到内分泌干扰物或类激素化合物的干扰。卵黄原蛋白属于羊膜蛋白前体，一般只表达在成熟雌性体内，但是暴露在雌激素类似物环境中的雄性动物体内也发现表达高水平的VTG，因此被认为是一个非常有希望的内分泌干扰物或生殖毒性的生物标志物。近二十年来，关于有机磷农药、生活污水中人类雌激素类似物及其代谢物对内分泌的影响研究较多[272-274]。

1. 检测方法

（1）肌酸的检测方法

① 高效液相色谱（HPLC）法 高效液相色谱法在医学检验中应用十分广泛，其特

点是高速、高效、灵敏度高，高效液相色谱法是测定人体血清、尿液中的肌酸常用的方法之一。马玉花等[275]用高效液相色谱法同时测定尿液中 4 种常见的非蛋白氮物质——肌酸（Cr）、尿肌酐（Cn）、尿酸（Ua）及假尿嘧啶核苷（Pu）的含量，结果准确可靠，为 2 型糖尿病（T2DM）患者肾功能损坏的研究提供了有效的检测手段。

② 高效毛细管电泳法　高效毛细管电泳法是近年来发展最快的分析方法之一。是以高压电场为驱动力，以毛细管为分离通道，依据样品中各组分之间淌度和分配行为上的差异而实现分离分析的液相分离方法。孔宇等[276]采用高效毛细管电泳法分离分析了尿液中的肌酸、肌酐、尿素和尿酸这四种非蛋白氮代谢产物，用于临床上病人尿液的日常分析和早期肾病的检测。

③ 碱性苦味酸法　应用碱性苦味酸法测定肌酸代谢物肌酐比较常见，而直接测定肌酸含量的文献报道比较少。在应用碱性苦味酸法测定猪骨骼肌中肌酸和肌酐含量[277]的实验中，用 pH 值 12.0 磷酸缓冲溶液配制的碱性苦味酸反应液测定肌酸含量所获得标准曲线的线性关系最好，回收率高。

（2）精子蛋白的测定方法

精子蛋白 SP10 的检测采用基于抗体免疫技术的 ELISA 或胶体金层析，市场已有成熟的商业试剂盒，胶体金试纸条可在 10min 内显示检测结果。SP22 的测定方法可采用类似 SP10 的 ELISA 或胶体金免疫技术，但尚无商业化试剂盒销售。

（3）卵黄原蛋白的测定方法

卵黄原蛋白的生成常作为研究蛋白质基因表达的规律以及对蛋白质诱导进行详细分析的重要工具之一。近年来，卵黄原蛋白作为环境内分泌干扰物质生物标志物的研究成为有毒环境污染物生态毒理研究的热点，对其测定方法的报道很多，主要有以下几种。

① 放射性免疫分析　放射性免疫分析的基本原理是标记抗原和非标记抗原对特异性抗体的竞争结合反应。将抗原-抗体复合物与游离的标记抗原分离，用液体闪烁计数仪或晶体闪烁计数仪测定其放射线强度，就可得其相应含量。Copeland[278]对虹鳟血浆中的卵黄原蛋白进行了测定，在 1～100ng/mL 内具备很好的线性关系。

② 酶联免疫吸附　酶联免疫吸附方法在蛋白质的分析测定中应用十分广泛，根据作用方式的不同，将其分为竞争法、双抗体法和间接法[279]。竞争酶联免疫吸附方法中，定量的抗体首先负载于固相膜上，酶标记的抗原和待测抗原相互竞争抗体形成抗原-抗体复合物，除去未反应的酶标记的抗原和待测抗原，加入酶底物孵育一定时间，测定酶活性。酶活性与吸附于抗体上酶标抗原的量成正比，如果事先作一条标准曲线，就可以测定未知液中待测抗原的量。

③ 蛋白质印迹法　蛋白质印迹法也是蛋白质分析的常用工具之一。其基本原理是蛋白质经十二烷基硫酸钠-聚丙烯酰胺凝胶电泳完全分离后转移至蛋白质印迹法所用的固体载膜上（硝酸纤维素膜或 PVDF 膜），用初级抗体进行吸附孵育，然后把未反应的抗体洗净，与第二抗体一起孵育。除去没有发生吸附的第二抗体，加入酶显色底物显色，用激光密度计或其他测定仪器测定蛋白质相应含量。Parks[280]、Melo[281]、Lomax[282]等采用此方法对卵黄原蛋白进行了测定分析，其结果与 ELISA 方法基本一致。蛋白质印

迹法的灵敏性依赖于电泳是否完全分离与特异性抗体的选择性，其整个过程耗时费力，但仍不失为一种好的蛋白质分析方法。

④ 化学发光免疫　化学发光免疫是将化学发光与免疫技术相结合的一种测定方法，是一种非放射性的免疫技术，其灵敏度可达 10～22mol/L，非常适合痕量蛋白质的分析，近年来已有试剂盒上市。其原理同 ELISA 类似，只是其固相载体为细小的磁粒，标记物质为化学发光物质。Bessho[283]用双抗体夹心法测定了雄性鲽血清中卵黄原蛋白的基线含量。化学发光免疫具有高灵敏度、选择性强等优点。但是也存在一些严重的不足，如发光信号持续时间比较短，稳定性比较差，化学发光物质与蛋白质结合后容易降低发光信号等。Parks[280]和 Brion[284]分别对黑头软口鲦（*Pimephales promelas*）和虹鳟血浆中的卵黄原蛋白进行了测定。

⑤ 荧光免疫　荧光免疫是 20 世纪 40 年代逐步发展起来的。在非放射性免疫中，其灵敏度优于酶联免疫吸附方法，且选择性高，操作简便，但由于适合作蛋白标记的荧光物质相对较少，激发光的杂散光影响及荧光寿命短等原因，荧光免疫的应用受到了一定限制。作为一种很有价值的分析测试方法，在卵黄原蛋白的测定方面也有文献报道[281,282]。

⑥ 免疫电泳　免疫电泳既可作为一种分离手段，也可用作鉴别方法。它通过电泳强迫抗原在含抗体的凝胶中扩散，抗原与抗体反应生成峰形沉淀区。Akihiko 等[285]以 $^{59}FeCl_3$ 作为标志物采用交叉免疫电泳，以放射自显影技术证实了在雌性青鳉鱼（Oryzias latipes）血清中存在雌性特异性蛋白 FS-1、FS-2、FS-3。Michele[286]和 Keith 等[287]用火箭免疫电泳分别在细趾蟾和美洲龙虾血淋巴中分离出了两种卵黄原蛋白。

2. 检测应用现状

肌酸除了在糖尿病、肾病等临床检测应用外，肌酸是一种有效和安全的营养补充品，对运动能力提升有很好的作用[288]。补充肌酸可以提高肌肉肌酸储备，促进肌肉收缩后磷酸肌酸和 ATP 的再合成，从而保证肌肉高强度反复收缩时的能量供应，提高训练效果和运动能力。另外，磷酸肌酸作为细胞内的一种高能磷酸化合物，不仅可以在心肌细胞遭受缺血缺氧时为其提供能量，还可以保护心肌细胞膜免受氧自由基等有害物质的侵袭。新的研究发现，磷酸肌酸还可以透过细胞膜抑制膜通透改变孔道的开放保护线粒体，减少细胞凋亡。此外，磷酸肌酸还可以提高左心室射血分数，改善心脏功能，增加冠状动脉血流量，改善冠状动脉循环。目前磷酸肌酸不但应用于体外循环手术中，还应用于治疗心力衰竭、心肌梗死、心律失常、冠状动脉粥样硬化性心脏病。

精子蛋白 SP10 的检测已运用于生殖健康检测领域的不育症筛查，检测时间短、成本低。SP22 也与生殖功能密切相关。在与生殖功能密切相关的 120 多种精子蛋白中，SP22 是唯一能定量分析精子功能的精子蛋白[289]，抗 SP22 抗体阻断精子受精是在卵子透明带水平上进行的。SP22 可能是将精子定位于卵子透明带并酶解透明带，使精子穿入卵子。所以去除卵子透明带后，抗 SP22 抗体对体外受精的影响大幅度降低，从而证明存在精子表面的 SP22 直接参与顶体反应。SP22 蛋白功能不仅表现在生殖方面，还参与细胞增殖过程[290]。其一个氨基酸的突变可直接引起早年型帕金森病的发生[291]。另外在乳腺癌细胞中低含量 SP22 使核糖体结合位点（RBS）活性过大，促使细胞增生[292]。

环境内分泌干扰物的存在直接威胁野生动物的生存和人类的健康，对其作用机制及筛选方法的研究[293]，已经成为环境科学研究的热点领域。近年来，卵黄原蛋白作为环境内分泌干扰物的“生物标志物”，得到了较深入的研究。卵黄原蛋白的分离测定方法及其在内分泌干扰物筛选中应用的最新进展，为建立更有效的卵黄原蛋白分离测定方法及发展新的环境内分泌干扰物筛选技术提供参考。

二、女性生殖毒性生物标志物

（一）生理指标

基于女性生理发育特点的第二性征发育程度异常、月经周期出现异常，以及妊娠、围产期异常等现象比较易于观察到，通常也可以通过量化指标进行记录，也属于比较有效的生殖发育生物标志物[267]。女性的月经周期是一个受内分泌调控的复杂过程，生殖毒性物质的生物效应可能导致月经周期、出血量、体温、体内激素水平的各种变化。研究证实增塑剂（DEHP）、除草剂等可以引起啮齿类雌性动物生理周期的变化，乙二醇、有机溶剂和杀虫剂也会降低成年女性受孕成功率[293,294]。由于存在生理、心理、环境等各种复杂因素干扰，以生理指标作为生物标志物来判断生殖毒性存在较大争议。因此，在逐步解析了毒性物质的作用机理之后，大部分的研究者逐步聚焦在以内分泌激素作为生殖毒性生物标志物的研究上。

（二）内分泌生物标志物

女性生殖系统的特点导致可用于检测生物标志物的样本比男性更难获得。不同于男性以配子为主要检测对象的方式，女性生殖毒性的生物标志物侧重于检测血液、尿样、唾液中的激素水平来反映毒性物质对内分泌功能的损伤或生殖毒性。但是，由于下丘脑控制的肾上腺和性腺分泌的激素存在交叉和相互作用，内分泌生物标志物和生殖毒性生物标志物之间存在交叉和多变性，还需要专属性更好的分子水平的生物标志物。

1. 绒毛膜促性腺激素

大量证据表明母体内分泌失调可能导致早期流产，但是由于生殖毒性导致的流产与自然流产的区分比较困难，只有妊娠失败的比例超过自然流产正常比例 30%，才能认为是由环境毒素暴露引起的[267]。发现一种在毒性暴露后马上能够检测出妊娠异常与否的生物标志物，才能够提早判断环境毒素的生殖毒性。通过检测尿液中人绒毛膜促性腺激素（HCG）的变化，不但可以判断早期妊娠，而且可以预测早期流产。由于糖化 HCG 亚型的比例会在妊娠早期发生剧烈变化，以及 HCG 的免疫反应与生物活性可以反映妊娠正常与否，它被认为可能是一个有效的内分泌生物标志物，但不能区分引起生殖毒性的物质类型。促性腺激素释放激素（GnRH）由下丘脑分泌，调控促性腺激素 HCG 的分泌与释放，其结合物具有的拮抗能力可能导致流产。虽然 GnRH 也可能作为毒性暴露的生物标志物，但其在妊娠失败的母体内的变化是内分泌干扰引起的还是其他因素引起的次级效应仍不清楚[295,296]。

（1）检测方法

人绒毛膜促性腺激素是由胎盘的滋养层细胞分泌的一种糖蛋白，由 α-和 β-两个亚单位构成，α 亚基与垂体分泌的 FSH（促卵泡激素）、LH（黄体生成素）和 TSH（促甲状腺激素）等基本相似，故相互间能发生交叉反应，而 β 亚基的结构各不相同。常规的实验室 HCG 的检测方法有以下几种。

① 时间分辨荧光免疫分析（TRFIA） 此方法是利用可分别结合 HCG 抗原上 2 个不同位点的 2 个单克隆抗体（单抗），将标准品、质控品或待测血清中的 HCG 首先和已知包被的一株单抗结合，再以其另一结合点与随后加入的另一株以 Eu（铕）标记的单抗结合。生成的复合物的量与反应体系中的 HCG 的量成正比。

② 化学发光免疫分析法（CLIA） 化学发光免疫分析法属于酶免疫分析的一种，只是酶反应的底物是发光剂，操作步骤与酶免疫分析完全相同，以酶标记生物活性物质进行免疫反应，免疫反应复合物上的酶再作用于发光底物，在信号试剂作用下发光，用发光信号测定仪进行发光测定。

③ 电化学发光法免疫分析法（ECLIA） 将待测标本、生物素化的抗 β-HCG 亚单位的单克隆抗体与钌标记的抗 β-HCG 亚单位另一位点单克隆抗体在反应体系中混匀。在磁场的作用下，捕获抗原-抗体复合物的磁性微粒被吸附至电极上，未结合的各种游离成分被吸弃，电极加压后产生光信号，其强度与检样中一定范围的 HCG 含量成正比。

④ 酶联免疫吸附试验法（ELISA） 试验为双抗体夹心法，采用了 HCG 特异性的抗 β-HCG 单克隆抗体，特异性高、操作简单、灵敏度高。此方法与黄体生成素、卵泡刺激素无交叉反应，应用广泛，常作为 HCG 检测的早期筛查试验方法。

⑤ 免疫渗透分析法（GIA） 主要用于尿液 β-HCG 亚基的定性检测，对早孕试验已有普及应用，其优点是简便、快捷、特异性好、有一定的灵敏度但灵敏度有限，适合床旁使用，但不适用于定量检测。

（2）生殖健康检测应用

HCG 的检查对早期妊娠诊断有重要意义，对与妊娠相关疾病、滋养细胞肿瘤等疾病的诊断、鉴别和病程观察等有一定价值：诊断早期妊娠；异常妊娠与胎盘功能的判断（异位妊娠、流产诊断与治疗、先兆流产、产后恢复）；滋养细胞肿瘤诊断与治疗监测（葡萄胎、恶性葡萄胎、绒毛膜上皮癌及睾丸畸胎瘤等患者尿中 HCG 显著升高）。其他更年期、排卵及双侧卵巢切除手术均可致黄体生成素升高，因 LH 与 HCG 的 α 肽链组成相同而使采用抗 HCG 抗体的妊娠试验阳性，此时可用 β-HCG 的酶免疫测定鉴别。内分泌疾病中如脑垂体疾病、甲状腺功能亢进，妇科疾病如卵巢囊肿、子宫癌等 HCG 也可增高。

2. 雌激素

雌激素（estrogen）水平在女性青春期发育开始阶段逐渐增加，是维持生育和妊娠能力的标志。异常变化的雌激素水平往往是生殖毒性或疾病引起的。环境中的雌激素或结构类似物能够结合雌激素受体，激活信号途径，引起流产或妇科肿瘤。Guo 等人在研究中发现，除草剂成分 2,3,7,8-四氯二苯并-对-二噁英（TCDD）的生殖毒性实验证实其引起食蟹猴流产。除了减少 HCG 的分泌外，TCDD 还明显降低血清雌二醇的含量[297]。检测这些内分泌的生物标记物及其代谢物不但可以在外部症状出现前预测可能的毒性暴露，还可以监测排卵期及早期预测乳腺癌风险。

（1）检测方法

① 固相萃取高效液相色谱联用法（SPE-HPLC） 固相萃取是近年发展起来的一种样品预处理及检测技术，由液-固萃取和柱液相色谱技术相结合发展而来，与传统的液-液萃取法相比较可以提高分析物的回收率，更有效地将分析物与干扰组分分离，减少样品预处理过程，操作简单、省时、省力，广泛地应用在医药、食品、环境、化工等领域。郁倩等[298]以固相萃取高效液相色谱法同时测定水中 5 种雌激素（雌二醇、雌三醇、雌酮、炔雌醇和己烯雌酚），结果 5 种雌激素分离效果好，标准曲线线性良好，平均回收率高。该法操作简便、灵敏、准确、无杂质干扰，适合水中雌激素的日常检测。

② 柱前荧光衍生-高效液相色谱法 液相色谱中荧光检测器的灵敏度要比紫外检测器高出几个数量级，但是液相色谱能分离的对象，多数没有荧光，主要依靠荧光衍生化试剂通过衍生化反应在目标化合物上接上能发出荧光的生色基团，达到荧光检测的目的。毛丽莎等[299]利用柱前荧光衍生-高效液相色谱法测定人尿和血清中环境雌激素（双酚 A、4-壬基酚、17α-乙炔基雌二醇、内源性雌激素雌三醇、17α-雌二醇和 17β-雌二醇），检测结果较好。

③ 重组基因酵母检测法 将带有雌激素反应元件（ERE）的报告质粒和带有人类雌激素受体（hER）的表达质粒同时转染酵母细胞，报告质粒上还带有能编码 β-半乳糖苷酶的基因 *Lac-Z*。在雌激素存在时，hER 被激活发生变构，与 ERE 结合，再通过转录因子的协同作用，引起报告基因 *Lac-Z* 的表达，产生 β-半乳糖苷酶。通过检测 β-半乳糖苷酶的活性定量检测出样品的雌激素活性。

④ 酵母双杂交法 在普通重组基因酵母法配体受体结合的基础上，又引入了受体和辅激活蛋白之间的配体依赖作用。将 ER 与酵母转录因子（GAL4）的 DNA 结合域（DNA binding domain，DNA-BD）融合，辅激活蛋白与转录激活域（activation domain，AD）融合分别构建 2 个质粒。当雌激素存在时，ER 与雌激素由于受体配体作用而结合到一起，然后 ER 与辅激活蛋白发生相互作用，导致 DNA-BD 与 AD 在空间上接近，从而激活下游启动子调节的 *Lac-Z* 报告基因表达，产生 β-半乳糖苷酶，以此来检测环境雌激素。

⑤ DNA 阵列玻片筛选法 日本学者 Kim 等[300]将结合有生物素标记的 ERE-DNA 探针的抗生物素蛋白结合于附有琼脂糖凝胶的阵列玻片上，建立了 DNA 阵列玻片筛选雌激素类物质的方法。首先黄色荧光蛋白-人雌激素受体 α 融合蛋白与雌激素结合，再与

凝胶层的 ERE 结合，洗涤后用酶标仪检测通过 ERE 结合在凝胶层上 YEP-hERα-雌二醇复合物的荧光强度，从而对样品中雌激素含量进行定量。

（2）生殖健康或环境毒理方面的应用

环境雌激素（environmental estrogens，EEs）是最重要的一类环境内分泌干扰物，大量研究结果表明，环境雌激素（如双酚 A、邻苯二甲酸酯等）对动物雌激素、睾酮等的生理作用有明显协同或拮抗干扰效应，是生殖障碍、生殖系统畸形、发育异常、代谢紊乱以及某些恶性肿瘤发病率增加的原因之一。气相色谱-质谱联用的化学分析方法对环境雌激素的检测需要复杂的样本前处理过程，并且很难达到所有痕量成分的完全解析，因此，发展高通量的生物学方法，以应对日益增多的雌激素类污染检测十分必要。重组基因酵母检测法、酵母双杂交法、DNA 阵列玻片筛选实验、基于 ERC（配体-ER-DNA 探针复合体）-PCR 检测法、免疫分析法等检测方法的建立，对环境雌激素的监测与控制有十分重要的意义。

3. 黄体生成素

黄体生成素（luteinizing hormone，LH）水平的变化经常被用于检查排卵异常。环境毒素 TCDD 暴露引起血清中 LH 浓度的降低，也同时引起排卵异常。类似能够引起 LH 水平发生变化的化合物还有十氯酮、雷洛昔芬，以及一些除草剂、杀菌剂和植物雌激素[301,302]。

（1）检测方法

① 酶联免疫法　单克隆与多克隆抗体相结合的酶联免疫测定法，检测生育期妇女尿液黄体生成素的分泌峰值期，用以预测排卵时间，是一种新型的检测排卵方法。采用酶联免疫法，利用晨尿定性测定 LH 峰值期，是一种既准确又经济预测排卵的有效方法，可在阳性 48h 内实施不孕症的治疗。尿 LH 酶联免疫法具有操作简便、可连续测定、反应快速敏感、价格低廉、可用于家庭自测等优点。

② 磁性微粒分离酶联免疫技术（MAIA）　磁性微粒分离酶联免疫技术是一种非同位素标记免疫检测的先进技术。用磁性微粒分离酶联免疫法测定血清中黄体生成素，观察其线性范围、试剂显色稳定性、精密度、准确度以及放免配对比较等。该方法重复性好、特异性高、准确可靠、与 RIA 具有良好的相关性，且无放射性污染。

③ 化学发光免疫检测（ECLIA）　ECLIA 是近年发展较快的检测技术，其优点是不使用酶，而直接用发光物质稀土元素钌进行标记抗原和抗体，用链霉亲和素包被的磁颗粒作结合/游离（B/F）分离，利用电极板上的氧化还原反应在电极上施加电压产生化学发光光谱来进行分析测定。

（2）生殖健康应用

黄体生成素由垂体产生的一种激素。在男性中能刺激睾丸间质细胞分泌雄激素，在女性中刺激卵巢分泌雌激素。黄体生成素由腺垂体嗜碱粒细胞分泌。在女性中，LH 协同 FSH（促卵泡激素）共同作用维持卵巢的月经周期，导致排卵与黄体形成。LH 的产生受下丘脑促性腺激素释放激素的控制，同时受卵巢的正、负反馈调控。LH 与

FSH联合检测，在女性主要鉴别原发性（卵巢性）或继发性（垂体性）闭经；在男性用于鉴别原发性或继发性睾丸功能低下；同时可鉴别青春期前儿童真性或假性早熟。LH水平增高多见于：多囊卵巢综合征（持续无排卵及雄性激素过多等）、TUYN-ER综合征、原发性性腺功能低下、卵巢功能早衰、卵巢切除术后、更年期综合征或绝经期妇女。

4. 促卵泡激素

血清中促卵泡激素（follicle-stimulating hormone，FSH）水平通常可以作为卵巢中健康卵泡的指标，尿液中的FSH可以预测排卵期，故也被作为卵巢毒性的生物标志物。在一个关于毒性暴露与FSH水平相关性的研究中，研究者发现工作环境中的苯混合物可能影响脑垂体-下丘脑-卵巢的功能，并引起女性体内FSH水平变化[303]。

（1）检测方法

① 反相高效液相色谱法（RP-HPLC） 反相高效液相色谱法是医药食品领域中常用的一种检测方法，在人促卵泡激素的检测运用中，程宾等[304]采用弱酸水解重组人促卵泡激素（rhFSH），释放出唾液酸，用邻苯二胺衍生化，采用反相高效液相色谱法测定。方法简便、快速，结果准确、可靠、重复性好。

② 光激化学发光免疫分析法（AlphaLISA） 化学发光免疫分析是将具有高灵敏度的化学发光测定技术与高特异性的免疫反应相结合，用于各种抗原、激素、酶等的检测分析技术，是一项最新的免疫测定技术。林冠峰等[305]利用光激化学发光免疫分析法建立人促卵泡激素（hFSH）的快速检测试剂，各项性能指标均能达到临床检测要求，可用于临床血清样本hFSH浓度的测定。

③ 时间分辨荧光免疫分析（TRFIA） 时间分辨荧光免疫分析是一种非同位素免疫分析技术，它用镧系元素标记抗原或抗体，根据镧系元素螯合物的发光特点，用时间分辨技术测量荧光，同时检测波长和时间两个参数进行信号分辨，可有效地排除非特异荧光的干扰，极大地提高了分析灵敏度。吴英松等[306]用时间分辨荧光免疫分析技术建立hFSH的检测试剂，方法是采用双抗体夹心法建立hFSH-TRFIA检测试剂，试剂各项指标均达到临床检测要求，可替代国外同类产品。

（2）生殖健康或环境毒理方面的应用

促卵泡激素检测，对于不孕不育症的治疗具有重要的临床意义。促卵泡激素是由脑垂体分泌出的一种物质，对于男性来说，它能够促进精子和睾丸输精管的成熟，对于女性来说，它能够让卵泡正常发育、成熟，并与黄体生成素共同作用，让成熟的卵泡分泌出雌激素，实现正常排卵，对生殖功能起到非常重要的作用。如果不孕不育患者FSH水平增高，说明女性卵巢功能很差，会怀疑有卵巢发育不全、原发性闭经、垂体性早熟等病症；如果FSH水平低于正常值，会怀疑患有垂体或下丘脑病变，还能够揭示患有肥胖性生殖无能综合征、多囊性卵巢综合征等疾病，长期服用避孕药物及使用性激素过多也会出现FSH水平低的现象。

三、新型生物标志物展望

近年来，分子生物学技术的发展大大带动了遗传学与基因组研究的进步。同时，利用这些技术检测基因组表达的变化来评价毒性物质暴露对动物、人体的影响成为毒理学研究的热点。以 mRNA 表达谱作为毒性生物标志物的方法大大拓展了传统上以检测体内毒性物质及其代谢物、加合物含量为主的暴露测定方法。大量研究已经发现 mRNA 表达谱的变化不但可以确认是否存在毒性暴露，而且可以从类似化合物中鉴定出究竟是哪种化合物暴露[307-309]。Ginger 等人的研究发现甾体激素处理过的雌性大鼠产生的基因表达谱变化一直可以维持到 28 天以后，甚至原始化合物及其代谢物在体内已经检测不出，揭示了化学物质短期暴露对机体产生长期影响的分子机理[310]。因此，采用基因表达谱作为生物标志物不但可以评价化学物质的急性和慢性生殖毒性，而且可以区分毒性暴露的化合物类型和水平。反转录-PCR（RT-PCR）技术常用于 mRNA 表达水平的定性与定量分析。Hannas 等人采用高通量 RT-PCR 方法，以性别决定和生殖发育密切相关的 89 个基因表达水平为生物标志物，鉴定 9 个邻苯二甲酸酯类似物（PAEs）的生殖发育毒性。PAEs 是工业上常用的增塑剂，经常会残留于塑料制的生活用品中，对人体具有潜在危害。PAEs 处理动物 5 天后，与胆固醇转运、雄性激素合成等相关基因出现下调，且这种下调不通过过氧化物酶体增殖物激活受体（peroxisome proliferator activated receptor，PPARγ）[311]途径。这些研究不但阐明了 PAEs 化合物在生殖毒性上的基因表型，区分了这些物质的生殖毒性强弱，而且对以 mRAN 表达谱作为新型生殖毒性生物标志物的探索给出了一个切实的参考。

（王滔、王永兵）

第六节 遗传毒性的生物标志物

一、背景

1947 年 Auebach 发现化学物质可以导致基因突变后，研究者就开始了化学物质对生物体遗传突变影响的研究。现在，对于这个问题的研究已经发展成为毒理学一个非常重要的分支——遗传毒理学。遗传毒理学主要的研究内容是亚毒性剂量水平的化学物质对机体遗传物质造成的损害或者改变，推断其对人体潜在的危害作用。

许多化学物质可以对机体的遗传物质造成损伤。例如：非烷化剂（亚硝酸、羟胺、甲醛等）、烷化剂（烷基硫酸酯、*N*-亚硝基化合物、环状烷化剂和卤代亚硝基脲）、芳香族化合物、碱基的类似物等。这些化学物质可以导致 DNA 的碱基突变，DNA 链内、链间以及 DNA 与蛋白质的交联，DNA 断裂，DNA 二级构象紊乱，甚至影响 DNA 复制和导致染色体异常。

具有遗传毒性的化学物质有些可以攻击 DNA 造成损伤；有些在体内的代谢产物可以攻击 DNA；还有些化学物质可以诱导大量的活性氧或者活性自由基产生，导致 DNA 损伤。化学物质的遗传毒性通常可以导致基因突变、染色体畸变以及基因组突变。DNA 的碱基突变、断裂以及交联可能导致基因碱基的取代、移码突变或者不等交换等。如果 DNA 分子结构的完整性遭到破坏，比如：染色体或者染色单体断裂、重接或者互换，则可能产生多种类型的染色体畸变。常见的染色体突变有末端缺失、微小体、无着丝点的环状结构、有着丝点的环状结构、倒立、对称互换、双着丝点和多着丝点畸变等类型。基因组突变通常是指基因组中的染色体数目发生改变，也被称为染色体数目畸变，即出现单倍体、三倍体、四倍体等现象。

遗传毒性对人体健康的影响主要取决于致毒性的器官和细胞类型。如果仅作用于体细胞，则可能对身体的器官和组织造成不良影响，可能导致或者诱发相关疾病的发生。但是如果化学物质对生殖细胞有遗传毒性影响，则有可能会影响下一代的健康，严重的可能会造成新生儿畸形或者缺陷，有的甚至会导致流产、死胎和新生儿死亡。

二、遗传毒性的检测方法

传统的检测化学物质遗传毒性的实验主要是通过检测遗传学终点或者导致某一终点的 DNA 损伤伴随现象。目前已经发展了一百多种遗传毒理学实验，检测的遗传学终点包括基因突变、染色体畸变、原发性 DNA 损伤以及非整倍体。所用检测对象包括了病毒，细菌，真菌，昆虫、植物和哺乳动物的细胞等。

目前最常用的遗传毒理学检测实验包括沙门菌/哺乳动物微粒体实验（Ames 实验），啮齿动物骨髓微核实验。沙门菌/哺乳动物微粒体实验主要用于检测化学物质的致突变性，通过检测组氨酸营养缺陷型的回复频率，来判定受试物质的诱发突变的能力。骨髓微核实验主要用于检测化学物质导致 DNA 损伤和染色体畸变的能力。

其他常用的遗传毒性检测实验包括：大肠杆菌 WP2 色氨酸回复突变实验，哺乳动物细胞 TK 或 HPRT 基因正向突变实验，果蝇性连锁隐性致死实验，中国仓鼠或人类细胞的染色体畸变和微核实验，哺乳动物 DNA 损伤和修复实验，酵母和果蝇有丝分裂重组实验。还有些常用实验用来检测化学物质对生殖细胞的遗传毒性，主要有小鼠特殊基因座实验，小鼠骨骼或白内障突变实验，细胞遗传学分析或遗传易位实验，啮齿动物生殖细胞 DNA 损伤和修复实验，显性致死实验，等。

三、生物标志物

遗传毒性的生物标志物是指生物体的遗传物质在受到较严重的损伤之前，在分子、细胞、个体和种群水平上因受到污染物影响而异常变化的信号指标。传统的检测方法中，观察染色体畸变、微核、姐妹染色体交换、染色体裂解等都是遗传毒性的生物标志物。随着生物学的发展，分子水平的生物标志物发展迅猛，我们将生物标志物分为两类，一类是遗传毒性的分子标志物，剩余的生物标志物我们归为非分子类生物标志物[312]。

（一）非分子类的生物标志物

非分子类的生物标志物主要以观察遗传物质的形态变化为主。例如染色体畸变和姐妹染色体交换是观察染色体的形态为判定标准；外周血白细胞端粒法则是以端粒的长度作为标准；彗星实验则是以电泳时染色质是否出现彗尾为判定标准。

1. 染色体畸变

在致突变物的作用下，DNA 分子结构的完整性遭到破坏，导致染色体或者染色单体断裂或者交换等染色体异常状况。染色体畸变可以通过观察染色体的数目和形态进行检测。体内的染色体畸变实验通常采用啮齿动物的骨髓和睾丸细胞进行检测，在动物暴露污染物 12～14 天后采样观察分析。体外染色体畸变实验常采用中国仓鼠卵巢、肺或者外周血淋巴细胞进行检测。染色体畸变实验主要是观察染色体的结构异常，包括但不限于裂隙、断裂、断片、缺失、微小体、着丝点环、无着丝点环及各种辐射体。

2. 微核

微核是细胞有丝分裂后期，不能进入子代细胞的细胞核中的染色体断片，或者是迟滞形成的染色体。这些染色体断片或者迟滞染色体在细胞质内形成一个或几个小的核状结构，与细胞核染色一致，通常呈圆形或者椭圆形。最常用的微核检测实验是骨髓多染红细胞微核实验。在红细胞成熟的过程中，细胞的染色体主核会排除细胞质，而微核停留在红细胞的细胞质中。通过观察计数含有微核的多染红细胞率，可以对污染物对骨髓细胞的染色体损伤进行评估。

3. 姐妹染色单体交换

在 DNA 复制期，所有的染色体经复制后形成两条姐妹染色单体。如果在此过程 DNA 发生断裂和重接，则会有一定的概率出现姐妹染色单体交换的现象。姐妹染色体的观察可以采用姐妹染色单体的差别染色法。在细胞培养时加入 5-溴脱氧尿嘧啶核苷(5-BrdU)，5-BrdU 可以与胸腺嘧啶竞争掺入 DNA。经过一次有丝分裂之后，5-BrdU 仅出现在新合成的 DNA 中，也就是只有一条染色体中含有 5-BrdU。由于 5-BrdU 掺入染色体会导致染色体对染料的亲和力下降，所以经过染色会发现一对染色体中的两条染色体呈现一条着色深，一条着色浅的现象。如果发生姐妹染色单体交换，则会出现同一条染色体上既有着色深的片段，又有着色浅的片段。光镜下观察统计发生交换的染色体数目即可。

4. HPRT 突变分析

人的 HPRT 基因位于 X 染色体长臂末端，长约 42kb，一旦 HPRT 基因发生突变，细胞的表型将出现变化。HPRT 参与细胞内的嘌呤核苷酸补救合成途径，HPRT 突变基因对 6-硫代鸟嘌呤（6-TG）有抗性，而正常情况下 6-硫代鸟嘌呤具有毒性，可以替代次黄嘌呤和鸟嘌呤，抑制 DNA 复制过程，导致细胞死亡。外周血淋巴细胞 HPRT 突变分析具有研究基础清晰，自发突变影响小，并且对各种理化因素反应灵敏等优点，是一种非常理想的遗传毒性检测靶标。目前检测 HPRT 基因突变的方法比较多，有放射自显影法、脱氧尿嘧啶法、多核细胞法、单细胞克隆法等。

① 放射自显影法　放射自显影法是在淋巴细胞的培养液中加入放射性同位素，然后刺激细胞分裂时加入 6-硫代鸟嘌呤，这样放射性同位素即可掺入存活的淋巴细胞 DNA 中，最终利用自显影测定细胞的放射强度，可以获取 HPRT 突变的水平。

② 脱氧尿嘧啶法　脱氧尿嘧啶法是指在细胞的培养液中加入 5-溴脱氧尿嘧啶核苷（5-BrdU），然后利用荧光加吉姆萨染色来检测细胞突变。

③ 多核细胞法　多核细胞法则是在细胞培养时加入细胞松弛素 B，然后通过吉姆萨染色法计算在 6-硫代鸟嘌呤存在和不存在的情况下双核或多核淋巴细胞的比例。

这三种方法快速、方便，可以用于快速检测项目，但是不利于进行分子机制上的研究。而单细胞克隆法则可以得到 HPRT 突变的细胞株，可以进行更深入的分子机制研究。

随着技术的发展，目前 HPRT 检测技术也进一步发展，现在有很多新技术可以用于 HPRT 突变的检测，例如：Southern 印记法、单链多态构象分析法、PCR 测序法等。分析方法更为灵敏、快捷[313]。

5. 彗星实验

彗星实验是一种在单细胞水平上检测有核细胞 DNA 损伤与修复的方法。彗星实验中的彗尾是迁移较快的 DNA 断裂片段，增加的迁移与增加的 DNA 单链断裂有关。彗星实验的基本步骤为：获得细胞悬液，制作含有细胞的琼脂糖载玻片，裂解细胞。在碱性溶液中处理，获得 DNA 链，进行碱性条件电泳。中和碱性，然后进行 DNA 荧光染色，观察并计数彗星细胞数目，并统计彗星尾长。彗星实验具有灵敏度高、对样品需求少、适应性强、成本低、操作简单、所需时间比较短等优点。

（二）分子标志物

污染物在进入机体内后，通过运输、代谢等一系列过程，将在靶器官内对遗传物质进行攻击，导致遗传物质受到损伤。在这一系列的过程中，机体内会发生一连串的分子水平上的变化，遗传毒性的分子标志物通常是这一连串发生变化的分子中的某一个或者某几个。

首先化学物质进入机体内需要运输和代谢，这个过程中发生变化的分子可以用以指示机体经受污染物的暴露剂量。作为生物标志物的分子通常可以通过测定体液和组织中特定的化学物质或其代谢物来确定。这些分子标志物一般情况下可以作为体内剂量或者体内有效剂量标志物。

1. DNA 加合物

活性污染物或其代谢产物形成与 DNA 反应的共价活性中间体物质被称为 DNA 加合物。DNA 加合物是在分子水平上发生重要的遗传毒性效应。许多具有低电子密度中心的亲电化合物可以与 DNA 的分子反应形成 DNA 加合物。另外许多致突变或者致癌化合物也可诱导形成相对应的 DNA 加合物[314]。研究发现分别发现将小鼠暴露在二甲基亚硝胺和 AFB_1 环境中会增加其肝脏中的对应的 DNA 加合物 7-甲基鸟嘌呤和 AFB_1 的 DNA 加合物的量，并且在一定的暴露剂量范围内呈现线性相关性。

在 DNA 的碱基上共有 17 个潜在的可以被亲电子集团攻击形成 DNA 加合物的位点（图 5-1）。这些位点受到具有亲电子基团的化学污染物的攻击，形成新的共价键，DNA 与化学污染物结合在一起形成加合物。不同的化学污染物可以攻击 DNA 不同的亲核位点，与 DNA 形成不同的加合物。DNA 加合物通常不是很稳定，容易对 DNA 造成损伤。比如多环芳香类化合物形成的加合物，容易造成 DNA 碱基脱落，形成无碱基位点，导致突变损伤产生；机体暴露在苯乙烯环境中会产生 DNA 加合物环氧烯化氧-*O*-6-鸟嘌呤；黄曲霉毒素 B_1 暴露的机体内会产生其对应的 DNA 加合物 *N*7-脒基-黄曲霉素 B_1，其可以作为黄曲霉毒素 B_1 的暴露剂量标准。

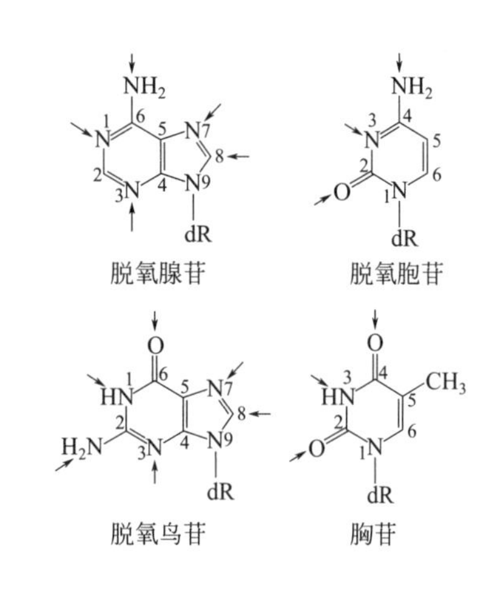

图 5-1 DNA 加合物形成潜在位点[315]

由于 DNA 加合物可以导致 DNA 产生损伤，诱导突变产生，所以 DNA 加合物被认为与癌症的发生相关。许多资料表明，致癌启动可能是从致癌物损伤 DNA 复制过程开始的。许多芳香类化合物和烷基化物的 DNA 加合物形成能力与其体内实验中的致癌性相关，在癌症敏感的动物品系中 DNA 加合物的形成能力高于抗性品系。多种多环芳烃 DNA 加合物都可以导致 *RAS* 基因的突变；DNA 加合物的形成与 P53 蛋白表达和基因断裂之间存在相关性；化学物质诱导的原癌基因和抑癌基因突变通常发生在形成加合物的基因的特定碱基上。多巴胺可以与 DNA 形成加合物，活性氧可以促进多巴胺 DNA 加合物形成，抗氧化剂可以抑制其加合物形成，研究表明多巴胺 DNA 加合物可能与某些神经退行性渐变疾病相关。此外，许多活性氧自由基可以促进其他物质与 DNA 作用形成大量的 DNA 加合物，这种潜在的遗传毒性被认为与人类器官的功能退化等衰老现象相关[316]。

DNA 加合物在体内的含量非常低，大约为每 10^8 个核苷酸会出现 0.1～1 个加合物。为了能准确地测定和鉴别生物体内 DNA 加合物的精确含量，检测 DNA 加合物的技术方法必须具有足够的灵敏度。目前DNA加合物的检测方法主要包括：^{32}P后标记法、免疫分析法、免疫毛细管电泳激光诱导荧光法、气相-液相质谱联用法、毛细管电泳质谱串联法等。

Randerath在20世纪80年代发明了^{32}P后标记法测定DNA加合物的方法，目前此方法已经成为最常用的、高灵敏度的DNA加合物测定方法。该方法需要先将DNA水解为3′-磷酸单核苷酸，然后采用多核苷酸激酶和^{32}P标记的ATP对单核苷酸的5′端进行标记，然后采用多维薄层色谱或者高效液相色谱将正常和含加合物的核苷酸进行分离，最后将核苷酸加合物通过放射自显影制成指纹图谱，或者用液闪计数器进行加合物含量测定。如果在多核苷酸激酶处理前使用核酸酶P1处理DNA水解产物，上述方法的检测灵敏度可以提高3～4个数量级。另外，如果采用丁醇萃取DNA加合物，也可以提高上述方法的检测灵敏度。但是这种方法也存在繁琐、耗时、对实验场地要求条件比较高等缺点[317]。

免疫分析法是利用抗体的特异识别能力，选择性地特异结合DNA加合物，并将这种结合转化为可以检测的信号。这种检测方法检测灵敏度一般可以达到每10^8个核苷酸中检出1～10个加合物的水平。此法一般采用特定加合物的特异性单克隆抗体，然后利用ELISA工作原理，将信号放大至可以检测的水平。免疫分析法具有所需样本少，操作相对简单等优点，但是灵敏度相对^{32}P后标记法等方法较低。

免疫毛细管电泳激光诱导荧光法是在免疫分析法和毛细管电泳的基础上发展而来的。此方法综合了免疫分析法和毛细管电泳的优点，使得分析的步骤简化、时间缩短、操作便捷、可重复性高、消耗样本少。另外，激光诱导的荧光检测器可以大幅度地提升免疫毛细管电泳激光诱导荧光法的检测灵敏度，大大提高了此方法在DNA加合物检测中的应用前景。

气相-液相质谱联用法作为常规定量检测方法在检测DNA加合物时同样具有灵敏度和准确度都很高的优点。与一般的检测相比，DNA加合物需要做以下预处理：首先要对双链DNA进行酶解，将DNA链降解成单核苷酸，然后采用免疫亲和色谱法，或萃取法，或柱切换等技术进行富集，最终所得的富集产物再经过气相-液相质谱联用检测。

毛细管电泳质谱串联法是一种新发明的DNA加合物检测技术。此方法由于毛细管内径很小，分析的产物体积也非常小，在进入电喷雾源时可以获得更加有效的浓缩。这种技术可以改善分离度，同时减少缓冲液和其他污染进入质谱的量，对质谱分析的结果干扰大大减少，从而大幅度提高了质谱检测的灵敏度，成为新的DNA加合物检测技术。

当化学污染物或者其代谢物对靶器官的遗传物质进行攻击时，会引起机体内遗传物质损伤侦测、修复等系统的分子水平的变化。这些发生变化的分子可以作为生物标志物反映遗传物质的损伤情况。

8-羟基-2-脱氧鸟苷是DNA氧化损伤后形成的碱基修饰产物，为DNA脱氧鸟苷的C8位受到羟自由基的攻击而形成。氧化损伤的dGTP与DNA中的脱氧腺苷酸（dA）结合可以导致A→C突变，8-羟基-2-脱氧鸟苷-5-三磷酸焦磷酸键水解酶可以将损伤的三磷酸鸟苷酸水解为单磷酸鸟苷，再经过核苷酶的作用进一步水解8-羟基-2-脱氧鸟苷。8-

羟基-2-脱氧鸟苷在体内的形成量比较大，并且是DNA氧化损伤的特异产物，几乎不受进食等因素的干扰，所以被认为是最能代表DNA氧化损伤的分子标志物。

由于8-羟基-2-脱氧鸟苷是DNA氧化的产物，所以其产生代表着DNA受损，通常情况下会导致DNA的碱基切除修复或者核苷酸切除修复、错配修复等DNA修复行为。DNA修复过程可能会产生突变，最终可能导致癌症等病症。另外，8-羟基-2-脱氧鸟苷水平能很好地反映非特异核酸酶、碱基特异修复糖基酶的活性，而这两种酶的活性随着年龄的增加而降低，与寿命呈一定的负相关性。8-羟基-2-脱氧鸟苷还与精子活力存在相关性，活力低下的精子中的8-羟基-2-脱氧鸟苷水平明显上升，表明精子活力与DNA损伤存在一定的联系。

8-羟基-2-脱氧鸟苷可以被分泌到血液和尿液中，所以可以通过测定血液和尿液中的8-羟基-2-脱氧鸟苷含量来确定DNA氧化损伤水平[318]。最常用的检测样本是尿液，尿液是非常理想的检测8-羟基-2-脱氧鸟苷的生物样本，具有以下优点：

① 尿液比较容易获得，而且可以实现无创采样；

② 尿液中8-羟基-2-脱氧鸟苷含量稳定，不会被氧化；

③ 组织中只存在瞬时的、稳定水平的8-羟基-2-脱氧鸟苷，而且修复非常快，正常细胞中含量非常低，目前技术手段难以检测，而尿液的8-羟基-2-脱氧鸟苷含量丰富，易于检测；

④ 8-羟基-2-脱氧鸟苷在尿液中的水平不受进食类型影响，甚至直接服用核苷酸也不会对尿液中的8-羟基-2-脱氧鸟苷水平造成影响。

8-羟基-2-脱氧鸟苷常用测定方法有气相色谱质谱联用法、酶联免疫吸附法、毛细管电泳法、高效液相色谱-电化学检测器联用法。气质联用法作为常用的检测方法之一有着广泛的适用性，但是检测的条件需要调整优化才能得到理想的结果；酶联免疫法虽然具有时间短、条件要求低、流程简便等优点，但是其测定结果误差较大，区分度比较低；毛细管电泳法虽然具有所需样品量少、时间短等优点，但是其灵敏度低，方法本身仍有改进空间；高效液相色谱-电化学检测器联用法是将样品用高效液相色谱分离后用电化学检测器测定，此方法灵敏度高、检测线性范围大，但是此方法对样品的预处理条件要求比较高。

2. γ-H2AX

组蛋白γ-H2AX是DNA双链损伤侦测系统中的重要组成部分。γ-H2AX一般在双链DNA断裂后受到ATM蛋白的活化，在断裂后半小时左右出现浓度高峰。γ-H2AX可以招募NBS1/MRE11/Rad50（NMR）复合体成分至双链断裂处，形成一个正反馈促进的过程，放大DNA双链断裂信号，从而开启DNA损伤修复过程。γ-H2AX可以被用来衡量DNA双链断裂损伤的程度，目前在放射性DNA损伤的检测中作为主要的测定指标之一[319]。

H2AX组蛋白占H2A组蛋白家族约2%～20%的量，其主要功能是在细胞受到双链DNA断裂损伤时，招募蛋白质，在染色质重建、信号扩大和转导方面起重要作用。

H2AX 基因位于 11 号染色体的 q23.2～q23.3 之间，H2AX 被磷酸化的过程中产生 γ-H2AX。而 γ-H2AX 可以通过免疫荧光技术在荧光显微镜下观察到清晰的斑点，被称为 γ-H2AX 焦点。电离辐射、化学因素以及生物诱导均可以导致 γ-H2AX 的形成[320]。

目前检测 γ-H2AX 的技术主要有免疫荧光法、流式细胞术以及免疫印记法[321]。免疫荧光法是目前最主流的 γ-H2AX 检测方法。免疫荧光法的主要操作流程与免疫组化的流程基本一致，需要先将用药组及对照组细胞固定，然后经过破膜、封闭、标一抗、标二抗等步骤，最终在荧光显微镜下观察，可以观察到的荧光小点即 γ-H2AX 爆发位置。由于 γ-H2AX 可以招募 BRCA1、Rad50、Rad51 等蛋白定位于双链 DNA 损伤位置，目前又发展出更加精确的双标记检测法。双标记检测法同时标记 γ-H2AX 和 BRCA1、Rad50、Rad51 中一个蛋白质，最终共定位的位置为双链 DNA 损伤处。免疫荧光法的优点是直观、简单、形象，缺点是影响荧光强度的因素很多，多次实验之间的荧光强度差距较大。

流式细胞技术是检测细胞内特异蛋白或者特殊 DNA 含量的技术手段，在生物学、基础和临床医学中有广泛的应用。流式细胞技术检测 γ-H2AX 的方法与普通流式分选方法基本一致：先收集处理组和对照组的细胞，乙醇固定，封闭，加一抗和二抗，最后分选。流式细胞术的优点是准确、客观、精确度也比较好，缺点是不能直观地观察 γ-H2AX 在细胞中的形成情况。流式细胞术的特点决定了其作为毒理学标志物检测手段有广阔的发展前景。

免疫印记技术即通过抗体结合及信号方法技术进行检测的一种方法。用于检测 γ-H2AX 的免疫印记方法与普通的免疫印记方法一致。具体操作为先处理细胞，然后收集细胞，裂解获取蛋白质，通过聚丙烯酰胺凝胶电泳，转印至蛋白结合的滤膜上，通过封闭、标记一抗、标记二抗等步骤，最终定量 γ-H2AX（分子质量为 15kDa）。免疫印记法的优点是作为常规实验技术，条件要求低，容易掌握和开展实验，但是缺点是定量的精度不如流式细胞术，直观性不如免疫荧光技术。

除了以上分子标志物外，DNA 甲基化也表现出成为遗传毒性分子标志物的潜质。

3. DNA 甲基化

DNA 甲基化是指 DNA 在甲基转移酶的作用下，DNA 碱基上加成甲基的过程。DNA 甲基化属于表观遗传学研究范畴，DNA 甲基化可以调控基因的转录，在发育、代谢以及疾病发生，尤其是癌症的发生过程中，起到非常重要的作用。DNA 甲基化最主要的功能是抑制转录，但是在一些情况下可以促进基因的转录。一些致癌物可以改变相应癌症发生组织的 DNA 甲基化水平，例如三氯乙烯、二氯乙酸等肝致癌物可以明显降低肝细胞内原癌基因的甲基化水平；自来水消毒副产物二氯乙酸和三氯乙酸可以降低小鼠肾脏细胞的甲基化水平。另外重金属离子也可以改变 DNA 甲基化的水平，在重金属离子促进癌症发展的过程中，重金属离子镍离子、镉离子等可以改变癌症相关基因的甲基化。而意大利和美国科学家已经利用 DNA 甲基化水平作为衡量道路污染空气的遗传毒性水平的检测标志物。但是目前 DNA 甲基化还没有建立完全的遗传毒性评价体系，例如剂量-反应曲线等，而规范的遗传毒性DNA甲基化评价体系有待研究者进一步深入探索[322]。

四、研究进展

（一）生物标志物在砷暴露问题中的研究[323]

砷暴露在全世界范围内是一个很严重的问题，每年有超过1亿人受到暴露的砷的危害，这些砷主要来自污染的地下水。长期暴露于砷可引发人类的健康疾患如癌症、心血管疾病、神经系统疾病、糖尿病等，而且导致的发病率和死亡率令人担忧。那么砷到底对细胞造成了怎样的遗传毒性呢？一个可能的机制是砷诱导了强力的氧化应激并在细胞中产生了许多自由基。事实上，越来越多的证据表明产生的活性氧（reactive oxygen species，ROS）在砷中毒中扮演着重要角色。许多研究表明人们长期暴露于砷可产生显著的氧化应激进而导致DNA损伤以及脂质过氧化物的增多并降低谷胱甘肽水平。近期研究表明长期暴露于砷还可加速细胞凋亡。此外，胎儿暴露于砷可造成胸腺发育不全，提示砷在婴幼儿发育过程中的免疫抑制危害。

因此生物标志物可用来预测暴露的砷对健康造成的损害并有利于发展预防性和治疗性的策略。据报道，砷可以导致DNA改变如非整倍性、微核形成、染色体异常、删除突变、姐妹染色单体交换和DNA-蛋白质交联等。

8-氧鸟嘌呤（8-OHdG）是一种很常见的造成DNA碱基改变的生物标志物，经常运用于流行病学中的氧化应激研究。它可以导致G∶C到T∶A的易位突变。最近有报道，砷暴露人群尿液中8-OHdG的水平可用来评估砷诱导肾细胞癌的风险。

1. 染色单体、染色体和端粒损伤

砷是一种已知的可以引起染色体和染色单体变异的诱导剂，如致畸变、非整倍性等。近年来染色体畸变（CA）实验、微核（MN）实验和姐妹染色单体（SCE）实验被应用于砷暴露人群的遗传毒性检测。研究观察到，砷暴露人群的CA发生率增加，与对照人群相比，砷暴露人群边缘淋巴细胞、口腔和尿道上皮细胞的MN形成频率增加。近年来，许多研究表明外周血淋巴细胞中染色体DNA的损伤可以早期预测癌症和心血管疾病。砷也对端粒的表达和长度有影响，已观察到低浓度的砷可诱导端粒酶活性增加，尤其在雌性细胞。相反，当浓度达到1μmol/L，会降低端粒酶活性、减短端粒长度、诱导凋亡、坏疽和ROS的产生。另外，一项人群实验表明，尿液中的砷与端粒逆转录酶和端粒长度相关。因此，染色体生物标志物可以是流行病学中用于监测砷暴露人群诱发的健康损害的有用指标。

2. DNA修复抑制

DNA修复抑制被认为是砷暴露基因毒性的主要机制之一。核苷酸切除修复（NER）和碱基切除修复（BER）是砷暴露导致DNA碱基损伤涉及的主要修复。NER机制主要

修复 DNA 双链大的损伤，BER 机制主要涉及单链的修复。一些研究表明，接触了暴露砷的成纤维细胞显示降低的 DNA 修复活性。还有研究报道，砷也可以抑制 NER 和 BER 过程，与 BER 和 NER 过程相关的基因也会发生相应的改变。

生物标志物应用在分子流行病学研究中成为一个可能的新策略，用于理解和治疗砷暴露对人类健康造成的损害。生物标志物作为生物效应的早期信号预测疾病的发生发展。

（二）地表水生物标志物的研究[324]

随着快速工业化、农业手段的进步和都市化进程的加快以及人类对自然资源不加考虑的开采导致了一系列地表水资源问题。地表水中的污染物确认和评估需要一系列的遗传毒性检测，这些检测需要尽可能的简单、灵敏、有效。另外，污染物之间也会相互反应而使风险评估这个问题更加复杂。在地表水污染物的风险评估中，可以用到的遗传毒性检测方法有埃姆斯平板参入实验（Ames plate incorporation test）、埃姆斯波动实验，大肠杆菌存活实验，洋葱毒性/基因毒性实验，彗星实验和质粒刻痕实验等，在地表水污染物的研究中，还可以将这些方法进行比较，以便更好地改进这些方法。另外，地表水污染相关的遗传毒性生物标志物也在地表水的污染评估中起着重要的作用。研究者发现在大鼠模型中一些抗氧化酶（SOD 和 GR）和组织损伤标志酶（AST 和 ALT）都可作为毒性生物标志物。EROD（CYP1A1）和 PROD（CYP2B1/2）可以作为酚醛塑料导致的地表水污染物的生物标志物。一项在鲶鱼中的研究表明，超氧化物歧化酶（SOD）、黄嘌呤氧化酶（XOD）、谷胱甘肽还原酶（GR）、脂质过氧化物（LPO）都可以作为河水污染的生物标志物。给大鼠喂食被污染的河水，可发现血清中 LPO、肌氨酸酐、葡萄糖、丙氨酸转氨酶和淀粉酶水平不同程度的升高。因此结合生物标志物和遗传毒性检测方法是评估地表水污染物的有效方法。

（三）暴露于道路空气污染物的遗传毒性生物标志物的研究[325]

柴油和汽油能对人的健康造成一定的影响，如气喘、肺功能减退、心血管系统疾病、过敏等，并且是可能的致癌物，为了更好地理解其中的机制，研究人员通过对交通被试者的研究，提出了一些可能的生物标志物及实验方法。如细胞末端、染色体畸变、微核、姐妹染色单体交换、^{32}P 后标记 DNA 损伤后的分子末端、8-OHdG 分析和彗星检测。

研究人员将被试人员分为对照组和交通暴露组，结果发现，与对照组相比，交通暴露组上述几项指标均有显著性差别。另外三项生物标志物基因表达、白细胞端粒长度和 DNA 甲基化交通暴露组与对照组相比也有明显的差别。

DNA 损伤后，^{32}P 后标记的 DNA 复合物可以被准确地检测出来，所以 ^{32}P 后标记的 DNA 复合物分析已经成为测量大片段 DNA 复合物的一个灵敏的方法。尽管这种方法比较昂贵，方法比较复杂，但还是应用比较广泛。通过对 21 例受试者外周血检测发现，17 例 ^{32}P 后标记的 DNA 复合物增高。热内亚的一项相关研究也表明，与室内工作人员相比，交通警察体内的因污染导致的 DNA 复合物明显增高。同样，公交车司机、出租车司机、汽油修理站、加油站等工作人员也面临同样的风险。

① 彗星检测（comet assay） 彗星实验可以检测许多DNA损伤，包括单链DNA、双链DNA、非嘌呤或非嘧啶位点、氧化的和断裂的碱基，还有一些特殊的损伤。研究人员用彗星实验检测交通暴露组相关的DNA损伤，研究人员把被试人员分为10组，9组检测血细胞，1组检测口腔细胞，结果发现，与对照人群相比，交通暴露组显示更高的DNA损伤水平。

② 8-OHdG分析 8-OHdG是一种常见的DNA氧化损伤生物标志物。研究人员发现，交通暴露组尿液中的8-OHdG均高于对照组，所以8-OHdG可以成为一个检测空气污染导致DNA损伤的生物标志物。

③ 染色体畸变（chromosome aberrations，CA） 外周血淋巴细胞中染色体的变异可以预测罹患癌症的风险，这是一种自1960年发展起来的较早期的遗传毒性生物标志物，现在也被应用于交通污染的课题研究中。该生物标志物有相对标准的染色方法和评分方法。这些方法中三分之二以上在2000年以前就比较成熟了，但在过去十几年里，CA检测被MN检测取代而逐渐减少，然而，CA实验可以非常可靠地区分对照组和交通暴露组并且它是一个最常用的预测癌症的生物标志物。

④ 微核（micronucleus，MN） 研究表明外周血淋巴细胞中微核的增加可以预测癌症的风险，虽然这种方法的预测性不及CA，但是分析起来要比CA简单得多，而且这也是第二个常用于遗传毒性和交通暴露人群的生物标志物。MN实验可以检测两种类型的染色体损伤、染色体破损和非整倍性，将受试人群分为12组，与对照组相比，9组空气污染物的交通暴露组均表现出高水平的MN检测结果。

⑤ 姐妹染色单体交换（sister chromatid exchanges，SCE） SCE作为生物标志物被广泛地应用于遗传毒性检测，SCE虽然不像CA和MN一样可以预测癌症，但它也是一个广泛地应用于各种遗传毒性检测的标志物。在一个对10组人群的研究中发现，交通暴露人群中淋巴细胞SCE水平明显增高。

（四）有关生物标志物和遗传多态性的研究[326]

细胞生物标志物很久以来被用于监测人的遗传毒性损害和早期的遗传毒性致癌物。目前有关外周血淋巴细胞中高水平的生物标志物可预测癌症风险的研究在全世界范围内已经展开。CA预测的癌症风险与时间、癌症的种类、是否吸烟和是否暴露于高危环境不相关，它也可以在非吸烟被试者体内检测到。这说明个体的感受性是一个很重要的因素。异生物质代谢酶的遗传多态性，会影响致癌物质的代谢活性，这与癌症的发生也很相关，其中的一些酶被认为是细胞生物标记物。谷胱甘肽S-转移酶M1（glutathione S-transferase M1，GSTM1）与吸烟者的易感性和遗传毒性相关，缺少GSTM1也表现出CAs和SCEs的增加。*N*-乙酰转移酶（*N*-acetyltransferase，NAT2）缓慢乙酰化和谷胱甘肽S-转移酶T1（glutathione S-transferase T1，GSTT1）缺失可提高CAs和SCEs的水平，可能是因为降低了广谱的或内源性基因毒性的活力。苯乙烯或硫醇尿酸诱导的

SCE 被 GSTM1 和 GSTT1 调控，DNA 修复的多态性和叶酸代谢也被认为对基因毒性的调节起重要作用。

（五）有关遗传毒性生物标志物相关试验的设计与合作[327]

外周血淋巴细胞中的微核和染色体变异受到一些因素的影响，包括一些内源性因素和一些方法学的影响。一些自身因素，如年龄、性别、是否抽烟、维生素 B_{12} 水平和叶酸水平，都被认为可以强有力地影响遗传毒性标记物的水平。这些因素也应该被正规地纳入遗传毒性标记物的研究中。尽管人们对吸烟是否对遗传毒性标志物有影响存在争论，因为吸烟本身就和癌症与 DNA 损伤相关，但是吸烟仍被认为是和遗传毒性生物标志物水平相关的高风险因素。另外一些影响因素如酒精摄入、疾病状况、感染、生理状况和基因型等能够较弱地影响遗传毒性生物标志物的水平。研究人员指出，遗传毒性生物标志物的研究和评价体系比较复杂，非常需要发展和设计新的研究方法收集数据，恰当地分类，运用合适的运算方法和生物信息学手段来评估遗传毒性标记物和相关的危险因素。同时，开展和其他机构的广泛合作也是非常必要的，如果完备的系统能够建立起来，那么利用收集的数据进行遗传毒性标记的检测和风险评估是非常有利的。

（六）癌症相关生物标志物的研究[328]

化学物质导致的癌症风险的评估需要多种类型数据的整合，包括细胞和组织层面。DNA 加合物就是其中的一类数据。DNA 加合物不能单独地用来预测癌症风险而必须和其他方法数据结合起来预测。随着 DNA 加合物的检测技术越来越灵敏，检测出来的 DNA 加合物与其他技术所得的数据成了预测癌症的重要手段。DNA 加合物的种类、频率、持久性和修复过程结合其他相关的数据，如放射量测定、毒性、诱变性、基因毒性以及肿瘤发生率共同预测癌症的发生模式。和基因突变、染色体变异一样，DNA 加合物也是一种遗传毒性生物标志物。

那么 DNA 加合物是如何形成的呢？目前的假说分为以下几步：①化学物质与 DNA 相互作用；②形成稳定的加合物；③细胞复制或修复酶识别加合物；④在 DNA 复制前错误识别或错误修复加合物；⑤DNA 复制包含未修复或错误修复信息；⑥导致有害突变。

虽然遗传特性的改变是癌症发生发展中的一个重要事件，但是并不能直接导致癌症。所以化合物导致的 DNA 加合物的形成虽然是致癌程序中的一个关键步骤，但是 DNA 加合物不足以形成突变或癌症。而且，DNA 加合物和突变的报告基因与癌症的量化关系也不清楚。如果只有高剂量化合物诱导的数据而没有低剂量化合物诱导的数据的话，也不能严格地应用于癌症风险的评估。

（七）抗癌药相关的生物标志物的研究[329]

大多数抗癌药都有 DNA 损伤的特性，它们不只作用于癌细胞也作用于非癌细胞。化学疗法后，实验室模型和对肿瘤病人的检测都可以发现抗肿瘤药的遗传毒性。参与化疗的相关医务人员也会受到相关的健康损害，引文有研究表明医疗环境中特别是工作间和器材许多都被抗癌药污染。通过对尿液中抗癌药物的检测和遗传毒性生物标志物的检测，发现遵守安全的操作流程和运用合适的防护措施不足以预防抗癌药的吸入。所以，对于工作过程中暴露于抗癌药物的工作人员，需要用一系列生物标志物来检测和评估。

生物标记物一般分为三种。

① 暴露生物标志物 暴露生物标志物是指检测外在物质（杀虫剂、药物、致癌物等）与靶分子或靶细胞相互作用产生的代谢产物。一般在尿液标本中，常用的暴露生物标志物有：尿环磷酰胺、异环磷酰胺、尿铂（暴露于铂化合物）、尿甲氨蝶呤等。

② 效应生物标志物 效应生物标志物是指机体可测得的生化、生理、行为或其他改变，根据改变量的不同可以导致健康损害和疾病。常见的有染色体变异、姐妹染色单体交换、微核实验、体内彗星实验、单细胞凝胶电泳（SCGE）、突变实验。

③ 感受性生物标志物 感受性生物标志物是指检测机体内在的或外在的回应药物、杀虫剂、抗癌药等异生型物质的能力。常见的生物标志物有 GSTs 多态性和 DNA 修复酶多态性。

（八）γ-H2AX 作为生物标志物在遗传毒性中的研究[319]

测试 DNA 损伤导致的蛋白质变化可以间接地预测 DNA 损伤。一旦 DNA 双链发生损伤，γ-H2AX 组蛋白变异就会出现，所以 γ-H2AX 检测可以用来评估环境污染包括细胞生长抑制药物所导致的基因毒性。传统的方法可能不能灵敏地检测低浓度的环境污染物和药物导致的 DNA 损伤，这些污染物和药物持续地释放到环境中，可能会对水质、生态系统，最终，对人的健康造成威胁。所以 γ-H2AX 检测可以被用于生物检测和评估工业废水、生活用水和处理的细胞生长抑制药物所造成的风险。

（九）空气污染相关生物标志物的研究[330]

大量研究表明空气污染会增加肺癌风险。生物标志物可以用来研究其机制和分析高风险人群。研究表明，空气污染物和 DNA 加合物的产生具有剂量相关性，体内和体外实验都有清晰的证据表明基因毒性和空气污染的相关性。另外，颗粒物质的有机提取物，特别是各种多环芳香烃（polycyclic aromatic hydrocarbon，PAH）化合物。颗粒空气污染物容易引发 DNA 的氧化损伤。研究数据表明，暴露于城市污染环境下的人们的外周血淋巴细胞中的 DNA 损伤频率尤其与 8-羟基-2-脱氧鸟苷相关。肺癌是呼吸道上皮经过一系列病理改变生成的。分子层面的改变如杂合体缺失、基因突变和异常基因启动子甲基化都可成为肺癌发生的分子标志物。虽然并不能说肺癌的发生与室外空气污染直接相关，但分子标志物有利于揭示空气污染相关癌症潜在的机制。

（十）丁二烯相关生物标志物的研究[331]

在动物、人体的体外实验中有很多丁二烯（butadiene）暴露生物标志物的研究，从这些数据可以推测人类罹患癌症的可能性。通过研究丁二烯暴露产生的DNA和血红素加合物的代谢和基因毒性，可以为研究人员评估生物遗传损伤风险提供证据。首先，DNA和血红素加合物的研究数据表明3,4-环氧丁烷-1,2-二醇是可以结合到它们之上的主要亲电子试剂。另外，生物标志物研究也发现一类*GSTT1*基因型缺失的人群，这类人群在暴露于1,2,3,4-二环氧丁烷的情况下更容易被诱发姐妹染色单体交换。球蛋白加合物数据表明丁二烯的代谢在人与人之间有几乎十倍的个体差异。所以，生物标志物分析可以为得到结论提供有效的手段。另外，生物标志物的研究为我们在丁二烯的风险精确评估中提供关键信息。只是现在在小鼠、大鼠和人类中还缺少双环氧化合物特异的生物标志物。

（十一）柏油相关生物标志物的研究[332]

柏油能散发出难闻的气味，其含有多环芳香族化合物（polycyclic aromatic compounds，PAC），长期吸入柏油气味和肌肤受到柏油污染的柏油路修路工人面临长期的健康威胁。流行病学和实验室研究发现可能诱发癌症的是杂环多芳香化合物。在机体基因毒性和机制的研究中表明沥青烟雾冷凝物（bitumen fume condensates，BFC）可以导致基因突变，而且一些研究表明多环芳香烃不是沥青烟雾冷凝物的主要基因毒性成分。其他化合物如氮化、硫化或氧化的PAH或它的烷基取代物，可能在BFC中起基因毒性作用。在实验动物的皮肤接触了BFC之后，它们的皮肤、肺和淋巴细胞中都能发现DNA加合物。研究人员需要对此种化合物进行进一步的研究以确定其能否成为沥青暴露工人淋巴细胞DNA的生物标志物。一些实验数据表明噻吩（thiophene）是沥青烟雾中的基因毒性物质。在沥青中硫化的PAH比PAH高，在一项皮肤致癌性研究中发现，很多活性反应是多种硫化的PAH参与的。研究人员正致力于确定BFC导致的DNA加合物的主要成分以确定它们可以作为生物标志物。

（十二）苯乙烯相关生物标志物的研究[333]

苯乙烯是一种重要的工业化合物，很多毒理学实验证明它具有遗传毒性，目前研究认为苯乙烯的一种主要代谢产物苯乙烯-7,8-氧化物（styrene-7,8-oxide，SO）具有DNA结合活性。目前研究人员正致力于研究苯乙烯如何造成DNA损伤以及相关的生物标记物在风险评估中的作用，DNA加合物的形成，与其他因素一起造成的遗传毒性等。在外周血淋巴细胞中，用SO 400～600μmol/L处理24h，可以观察到剂量依赖性的细胞生存率的下降和HPRT突变率的增加，用更高的浓度诱导后，可以观察到明显的细胞毒性，如生成DNA加合物、DNA链损坏等。另外，研究人员也希望建立规范的人群实验，以便于人们更好地理解药物、杀虫剂、致癌物等异生物质导致的遗传毒性。

（十三）杀虫剂相关生物标志物的研究[334]

杀虫剂是由多种化合物构成，主要用来控制害虫和植物疾病。杀虫剂也被认为是一种潜在的突变剂。实验室数据表明多种农用化学品具有基因突变潜质包括基因变异、染色体改变或DNA损伤。生物检测为评估暴露于农药所造成的风险提供了有意义的工具。研究发现农业化学品的暴露和检测到的染色体变异、姐妹染色单体交换以及微核呈正相关。对于人群中的遗传毒性的研究主要集中在高水平暴露或集中接触或错误控制的情况。在这些研究中生物标志物的数据表明农业化合物具有剂量依赖效应。农药所导致的染色体的损伤可以被急性或不连续的暴露诱导，但可以在持续暴露中产生累积效应。目前对于农业化合物感受性的遗传多态性的研究尚没有明确的结论。

五、展望

自从发现化学物质可以导致基因突变后，研究者就开始了关于化学物质对生物体遗传突变影响的研究。遗传毒性生物标志物的研究已经蓬勃发展，能够揭示在亚毒性剂量水平上化学物质对机体遗传物质造成的损害或者改变，并对人体潜在的遗传毒性风险评估和预防有一定作用。

对机体造成损伤的遗传物质有很多，以化学制剂为主，这些化学物质导致的DNA的碱基突变，DNA链内、DNA链间以及DNA与蛋白质的交联，DNA断裂，DNA二级构象紊乱，DNA复制和导致染色体异常等现象越来越多地威胁着人类的健康。

遗传毒性对人体健康的影响不仅有对身体的器官和组织造成不良影响，而且如果对生殖细胞有遗传毒性影响，就会影响下一代的健康，因此，遗传毒性生物标志物的研究是现代生物学研究中必不可少的一个重要领域。在过去的研究中，发展出一系列遗传毒性的检测方法，这些方法主要是通过检测遗传学终点或者导致某一终点的DNA损伤伴随现象。现在主要的检测方法涉及基因突变、染色体畸变、原发性DNA损伤以及非整倍体等。检测的范围也非常广泛，包括病毒，细菌，真菌，昆虫、植物和哺乳动物的细胞，哺乳动物，等。

在机体受到损伤时，从分子、细胞、个体和种群水平上都会出现异常变化的信号指标，这些生物标志物有染色体畸变、微核、姐妹染色体交换、染色体裂解等，另外，分子水平的生物标志物也被越来越多地发现。非分子类生物标志物以观察遗传物质的形态变化为主，分子标志物可以通过测定体液和组织中特定的化学物质或其代谢物来确定，其可以作为体内剂量或体内有效剂量标志物。如DNA加合物，是在分子水平上发生的重要遗传毒性效应，许多致突变或者致癌化合物均可诱导形成相对应的DNA加合物。不同的化学污染物可以攻击DNA不同的亲核位点，与DNA形成不同的加合物。由于DNA加合物可以导致DNA产生损伤，诱导突变产生，所以DNA加合物被认为与癌症的发生相关，这种潜在的遗传毒性也被认为是与人类器官的功能退化等衰老现象相关。

因为DNA加合物在体内的含量非常低，检测DNA加合物的技术方法必须足够灵敏，所以，遗传毒性相关生物标志物的相关检测技术也得到了长足的发展。目前DNA加合物的检测方法已经有^{32}P后标记法、免疫分析法、毛细管电泳激光诱导荧光法、气质-液质联用质谱法、毛细管电泳质谱串联法等。

另外，8-羟基-2-脱氧鸟苷是DNA氧化损伤后形成的碱基修饰产物，也被认为是最能代表DNA氧化损伤的分子标志物。DNA损伤后，会发生碱基的切除修复或核苷酸切除修复、错配修复等DNA修复行为。DNA修复过程可能会产生突变，最终可能导致癌症等病症。发展的相关检测技术是通过测定血液和尿液中的8-羟基-2-脱氧鸟苷含量来确定DNA氧化损伤水平，有气相色谱质谱联用法、酶联免疫吸附法、毛细管电泳法、高效液相色谱-电化学检测器联用法等。

组蛋白γ-H2AX是DNA双链损伤侦测系统中的重要组成部分，可以被用来衡量DNA双链断裂损伤的程度，目前在放射性DNA损伤的检测中作为主要的测定指标之一。相关的检测技术主要有免疫荧光法、流式细胞技术以及免疫印记法等。

DNA甲基化也表现出成为遗传毒性分子标志物的潜质，DNA甲基化属于表观遗传学，其对基因转录、发育、代谢以及疾病发生，尤其是癌症发生过程都起重要的作用，目前，规范的遗传毒性DNA甲基化评价体系有待研究者进一步的探索。

在过去几十年里，遗传毒性生物标志物的研究涉及生产、工作、生活的方方面面，例如生物标志物在砷暴露问题中的研究，因为砷暴露在全世界范围内是一个很严重的问题，长期暴露于砷可引发人类的健康疾患如癌症、心血管疾病、神经系统疾病、糖尿病等一系列疾病，研究人员建议通过生物标志物的研究预测暴露的砷对健康造成的损害并积极发展预防性和治疗性的策略。所以生物标志物的应用对于理解和治疗砷暴露对人类健康造成的损害，对于作为生物效应的早期信号预测疾病的发生发展起着积极的作用。在地表水生物标志物的研究中，研究人员发现一系列地表水资源问题愈演愈烈。地表水中的污染物需要凭借遗传毒性检测手段得以确认和评估，因此科研人员发展出了结合生物标志物和遗传毒性检测方法评估地表水污染物的有效方法。在快节奏生活的今天，我们饱受空气污染的困扰，尤其是户外工作者，暴露于道路空气污染物的遗传毒性生物标志物的研究就显得非常有必要，空气中弥散的柴油和汽油等有害气体能对人的健康造成一定的影响，诱发气喘、肺功能减退、心血管系统疾病、过敏、癌症等。为了更好地理解其中的机制，研究人员也提出了一些可能的生物标志物，如颗粒空气污染物容易引发DNA的氧化损伤，暴露于城市污染环境下的人们的外周血淋巴细胞中的DNA损伤频率也与8-羟基-2-脱氧鸟苷相关，因此分子标志物有利于揭示空气污染相关癌症潜在的机制。我们常见的柏油路其实也是健康杀手，柏油能散发出难闻的气味，其含有毒化合物，对长期吸入柏油气味和肌肤受到柏油污染的柏油路修路工人造成长期的健康威胁。因此，研究人员也正致力于相关生物标志物的开发和遗传毒性风险的评估。细胞生物标志物很久以来被用于监测人的遗传毒性损害和早期的遗传毒性致癌物，目前有关外周血淋巴细胞中高水平的生物标志物可可预测癌症风险的研究在全世界范围内已经展开。大多数抗癌药都有DNA损伤的特性，对于工作过程中暴露于抗癌药物的工作人员，也需要用一系列生物标志物来检测和评估。丁二烯、苯乙烯都是重要的工业化合物，很多毒理学实验证明它具有遗传毒性，目前研究人员正致力于研究有毒工业化合物如何造成DNA损伤以及相关的生物标志物在风险评估中的作用。和我们生活密切相关的杀虫剂也是一种潜在的突变剂，多种农用化学品都具有基因突变潜质包括基因变异、染色体改变或DNA损伤，而相关生物标志物的检测可以为评估暴露于农药所造成的风险提供有意义的参考。

遗传毒性生物标志物的研究和评价体系比较复杂，非常需要开展和其他机构的广泛合作，发展和设计新的研究方法，建立完备的系统，只有以上这些不断完善，利用遗传毒性生物标志物来进行检测和风险评估才是可靠而有意义的。对于人群中的遗传毒性的研究主要集中在高水平暴露或集中接触或错误控制的情况，研究人员也希望建立规范的人群实验，以便于人们更好地理解有毒工业化合物、污染物、药物、杀虫剂、致癌物等异生物质导致的遗传毒性。

（魏宁、冯晓燕、冯英）

参考文献

[1] Marver H S，R. Schmid. The porphyrias：In The Metabolic Basis of Inherited Disease. 3rd . McGraw-Hill Book Company，1972.

[2] Keppler J K，Maxfield M E，Moss W D，et al. Interlaboratory evaluation of the reliability of blood lead analyses. American Industrial Hygiene Association Journal，1970，31（4）：412-429.

[3] Chisolm J J，Mellits E D，Keil J E，et al. Variations in hematologic responses to increased lead absorption in young children. Environ Health Persp，1974，7：7-12.

[4] Granick S，Sassa S，Granick J L，et al. Assays for porphyrins，delta-aminolevulinic-acid dehydratase，and porphyrinogen synthetase in microliter samples of whole blood：applications to metabolic defects involving the heme pathway. Proceedings of the National Academy of Sciences of the United States of America，1972，69（9）：2381-2385.

[5] Buttery J E，Chamberlain B R，Gee D，et al. Total porphyrin and coproporphyrin and uroporphyrin fractions in urine measured by second-derivative spectroscopy. Clinical Chemistry，1995，41（1）：103-106.

[6] Piomelli S. Free erythrocyte porphyrins in the detection of undue absorption of Pb and of Fe deficiency. Clinical Chemistry，1977，23（1）：264-269.

[7] Hindmarsh J T，Oliveras L，Greenway D C. Plasma porphyrins in the porphyrias. Clinical Chemistry，1999，45（7）：1070-1076.

[8] Danton M，Lim C K. Porphyrin profiles in blood，urine and faeces by HPLC/electrospray ionization tandem mass spectrometry. Biomedical Chromatography，2006，20（6-7）：612-621.

[9] Lamola A A，Joselow M，Yamane T. Zinc protoporphyrin（ZPP）：a simple，sensitive fluorometric screening test for lead poisoning. Clinical Chemistry，1975，21（1）：93-97.

[10] Lamola A A，Yamane T. Zinc protoporphyrin in the erythrocytes of patients with lead intoxication and iron deficiency anemia. Science，1975，186（4167）：936-938.

[11] Kayyali U S，Moore T B，Randall J C，et al. Neurotoxic esterase（NTE）assay：optimized conditions based on detergent-induced shifts in the phenol/4-aminoantipyrine chromophore spectrum. Journal of Analytical Toxicology，1991，15（2）：86-89.

[12] 孟继武，谷怀民，郑荣儿，等．无创人皮肤浅表组织血液中卟啉的荧光光谱分析．光谱学与光谱分析，2003，23（2）：325-327.

[13] 乔东宇，尹先清，黄小溪．δ-氨基乙酰丙酸．精细与专用化学品，2006，14（16）：10-12，16.

[14] Chang H L，Kim S H，Kwon D H，et al. Two cases of methemoglobinemia induced by the exposure to nitrobenzene and aniline. Annals of Occupational and Environmental Medicine，2013，25（1）：1-7.

[15] 戴冬梅．苯胺与硝基苯中毒的救护体会．中国临床研究，2012，25（10）：1036-1037.

[16] Gupta A，Jain N，Agrawal A，et al. A fatal case of severe methaemoglobinemia due to nitrobenzene poisoning. Emergency Medicine Journal，2012，29（1）：70-71.

[17] Canning J，Levine M. Case files of the medical toxicology fellowship at banner good samaritan medical center in phoenix，AZ：methemoglobinemia following dapsone exposure. Journal of Medical Toxicology，2011，7（2）：139-146.

[18] 宋平平，李西西，闫永建．急性苯的氨基硝基化合物中毒病例的文献分析．中华劳动卫生职业病杂志，2014，32（5）：366-369.

[19] Käfferlein H U，Broding H C，Bünger J，et al. Human exposure to airborne aniline and formation of methemoglobin：a contribution to occupational exposure limits. Archives of Toxicology，2014，88（7）：1419-1426.

[20] 沈永杰，刘国玲，李宜川．苯的氨基和硝基化合物中毒机制和防治．社区医学杂志，2008，6（24）：44-45.

[21] 马德元，马文彦，王适兴．苯的氨基、硝基化合物急性中毒290例临床分析．中华劳动卫生职业病杂志，1999（2）：53-54.

[22] 万继英．苯胺急性中毒血液中变性珠蛋白小体的检测及防治措施．医学信息旬刊，2010，23（6）：15.

[23] Turesky R J，Marchand L L. Metabolism and biomarkers of heterocyclic aromatic amines in molecular epidemiology studies：lessons learned from aromatic amines. Chemical Research in Toxicology，2011，24（8）：1169-1214.

[24] Hanley K W，Viet S M，Hein M J，et al. Exposure to o-toluidine，aniline，and nitrobenzene in a rubber chemical manufacturing plant：a retrospective exposure assessment update. Journal of Occupational and Environmental Hygiene，2012，9（8）：478-490.

[25] Sabbioni G，Jones C R. Biomonitoring of arylamines and nitroarenes. Biomarkers，2002，7（5）：347-421.

[26] 李西西，牟志春，宋平平，等．苯的氨基硝基化合物生物标志物研究进展．中国职业医学，2014，41（4）：462-464，469.

[27] Aroonvilairat S，Tangjarukij C，Sornprachum T，et al. Effects of topical exposure to a mixture of chlorpyrifos，cypermethrin and captan on the hematological and immunological systems in male Wistar rats. Environmental Toxicology and Pharmacology，2018，59：53-60.

[28] 夏世钧．分子毒理学基础：武汉：湖北科学技术出版社，2001.

[29] 张雪梅，杨文敏，张志．大气颗粒有机提取物所致小鼠DNA加合物与微核的相关关系研究．中国公共卫生，2001，17（1）：15-16.

[30] 秦涛，赵立新，徐晓白，等．环境致癌物风险评价和生物标记物研究．化学进展，1997，9（1）：24-37.

[31] Ahsan H，Chen Y，Kibriya M G，et al. Susceptibility to arsenic-induced hyperkeratosis and oxidative stress genes myeloperoxidase and catalase. Cancer Letters，2003，201（1）：57-65.

[32] 吴顺华，郑玉建．地方性砷中毒生物标志物的研究概况及展望．新疆医科大学学报，2006，29（1）：12-14.

[33] 许建宁，吴春玲，陈艳，等．髓过氧化物酶基因多态性与苯中毒危险性的关系．中华劳动卫生职业病杂志，2003，21（2）：9-12.

[34] 赵扬，谢继，杨志洲，等．血清髓过氧化物酶、丙二醛和超氧化物歧化酶水平对百草枯中毒患者的预后价值研究．临床急诊杂志，2016，17（1）：22-25.

[35] 朱玉娇，刘永，胡成钰．Pb^{2+}胁迫对草鱼过氧化氢酶和髓过氧化物酶的影响．南昌大学学报（理科版），2012，36（2）：176-179.

[36] 范月蕾，陈大明，于建荣．生物标志物研究进展与应用趋势．生命的化学，2013，33（3）：344-351.

[37] Wu Y N，Liu P，Chen J S. Food safety risk assessment in China：past，present and future. Food Control，2018，90：212-221.

[38] Duramad P，Holland N T. Biomarkers of immunotoxicity for environmental and public health research. International Journal of Environmental Research and Public Health，2011，8（5）：1388-1401.

[39] Luster M I，Germolec D R，Parks C G，et al. Associating changes in the immune system with clinical diseases for interpretation in risk assessment. Current Protocols in Toxicology，2004，20（1）：1-20.

[40] Xu H，Wang X，Burchiel S W. Toxicity of environmentally-relevant concentrations of arsenic on developing T lymphocyte. Environmental Toxicology and Pharmacology，2018，62：107-113.

[41] Burleson G R, Burleson F G, Dietert R R. Evaluation of cell-mediated immune function using the cytotoxic T-lymphocyte assay. Methods in Molecular Biology, 2018, 1803: 199-208.

[42] Burleson G R, Burleson F G, Dietert R R. The cytotoxic T lymphocyte assay for evaluating cell-mediated immune function. Methods in Molecular Biology, 2010, 598: 195-205.

[43] Markovic T, Gobec M, Gurwitz D, et al. Characterization of human lymphoblastoid cell lines as a novel in vitro test system to predict the immunotoxicity of xenobiotics. Toxicol Lett, 2015, 233 (1): 8-15.

[44] Franko J, McCall J L, Barnett J B. Evaluating macrophages in immunotoxicity testing. Methods in Molecular Biology, 2018, 1803: 255-296.

[45] Hammer Q, Ruckert T, Romagnani C. Natural killer cell specificity for viral infections. Nature Immunology, 2018, 19 (8): 800-808.

[46] Sala T P, Crave J C, Duracinsky M, et al. Efficacy and patient satisfaction in the use of subcutaneous immunoglobulin immunotherapy for the treatment of auto-immune neuromuscular diseases. Autoimmunity Reviews, 2018, 17 (9): 873-881.

[47] Chen Y, Li R, Wu A M, et al. The complement and immunoglobulin levels in NMO patients. Neurol Sci, 2014, 35 (2): 215-220.

[48] Holers V M, Banda N K. Complement in the initiation and evolution of rheumatoid arthritis. Front Immunol. 2018, 9: 1057.

[49] Corsini E, House R V. Evaluating cytokines in immunotoxicity testing. Methods in Molecular Biology, 2018, 1803: 297-314.

[50] Byrd-Bredbenner C, Cohn M N, Farber J M, et al. Food safety considerations for innovative nutrition solutions. Annals of the New York academy of sciences, 2015, 1347: 29-44.

[51] Boccia F, Covino D, Sarnacchiaro P. Genetically modified food versus knowledge and fear: a noumenic approach for consumer behaviour. Food Research International, 2018, 111: 682-688.

[52] Germolec D, Luebke R, Rooney A, et al. Immunotoxicology: a brief history, current status and strategies for future immunotoxicity assessment. Current Opinion in Toxicology, 2017, 5: 55-59.

[53] Pitt J I, Miller J D. A concise history of mycotoxin research. J Agr Food Chem, 2017, 65 (33): 7021-7033.

[54] Liao Y X, Peng Z, Chen L K, et al. Deoxynivalenol, gut microbiota and immunotoxicity: a potential approach? Food Chem Toxicol, 2018, 112: 342-354.

[55] Amuzie C J, Shinozuka J, Pestka J J. Induction of suppressors of cytokine signaling by the trichothecene deoxynivalenol in the mouse. Toxicol Sci, 2009, 111 (2): 277-287.

[56] Pestka J J, Moorman M A, Warner R L. Dysregulation of Iga production and Iga nephropathy induced by the trichothecene vomitoxin. Food Chem Toxicol, 1989, 27 (6): 361-368.

[57] Pestka J J. Deoxynivalenol-induced IgA production and IgA nephropathy-aberrant mucosal immune response with systemic repercussions. Toxicol Lett, 2003, 140 (s1): 287-295.

[58] Tulinska J, Adel-Patient K, Bernard H, et al. Humoral and cellular immune response in Wistar Han RCC rats fed two genetically modified maize MON810 varieties for 90 days (EU 7th Framework Programme project GRACE). Archives of Toxicology, 2018, 92 (7): 2385-2399.

[59] Finamore A, Roselli M, Britti S, et al. Intestinal and peripheral immune response to MON810 maize ingestion in weaning and old mice. J Agr Food Chem, 2008, 56 (23): 11533-11539.

[60] Kroghsbo S, Madsen C, Poulsen M, et al. Immunotoxicological studies of genetically modified rice expressing PHA-E lectin or Bt toxin in Wistar rats. Toxicology, 2008, 245 (1-2): 24-34.

[61] Abrams M T, Koser M L, Seitzer J, et al. Evaluation of efficacy, biodistribution, and inflammation for a potent siRNA nanoparticle: effect of dexamethasone co-treatment. Mol Ther, 2010, 18 (1): 171-180.

[62] Cho W S, Duffin R, Poland C A, et al. Differential pro-inflammatory effects of metal oxide nanoparticles and their soluble ions in vitro and in vivo; zinc and copper nanoparticles, but not their ions, recruit eosinophils to the

lungs. Nanotoxicology，2012，6（1）：22-35.

[63] Elsabahy M，Wooley K L. Cytokines as biomarkers of nanoparticle immunotoxicity. Chem Soc Rev，2013，42（12）：5552-5576.

[64] Dusinska M，Tulinska J，El Yamani N，et al. Immunotoxicity，genotoxicity and epigenetic toxicity of nanomaterials：new strategies for toxicity testing? Food Chem Toxicol，2017，109：797-811.

[65] Shao J，Berger L F，Hendriksen P J M，et al. Transcriptome-based functional classifiers for direct immunotoxicity. Archives of Toxicology，2014，88（3）：673-689.

[66] Schrey A K，Nickel-Seeber J，Drwal M N，et al. Computational prediction of immune cell cytotoxicity. Food Chem Toxicol，2017，107：150-166.

[67] VonderEmbse A N，DeWitt J C. Developmental immunotoxicity（DIT）testing：current recommendations and the future of DIT testing. Methods in Molecular Biology，2018，1803：47-56.

[68] Lotti M. The pathogenesis of organophosphate polyneuropathy. Critical Reviews in Toxicology. 1992，21（6）：465-487.

[69] Lotti M，Moretto A. Organophosphate-induced delayed polyneuropathy. Toxicological Reviews，2005，24（1）：37-49.

[70] Hargreaves A J. Neurodegenerations induced by organophosphorous compounds. Advances in Experimental Medicine and Biology，2012，724：189-204.

[71] Pope C N，Chakraborti T K. Dose-related inhibition of brain and plasma cholinesterase in neonatal and adult rats following sublethal organophosphate exposures. Toxicology，1992，73（1）：35-43.

[72] Padilla S，Wilson V Z，Bushnell P J. Studies on the correlation between blood cholinesterase inhibition and "target tissue" inhibition in pesticide-treated rats. Toxicology，1994，92（1-3）：11-25.

[73] Fitzgerald B B，Costa L G. Modulation of muscarinic receptors and acetylcholinesterase activity in lymphocytes and in brain areas following repeated organophosphate exposure in rats. Fundamental and Applied Toxicology：Official Journal of the Society of Toxicology，1993，20（2）：210-216.

[74] Chatonnet A，Lockridge O. Comparison of butyrylcholinesterase and acetylcholinesterase. The Biochemical Journal，1989，260（3）：625-634.

[75] Genc S，Gurdol F，Guvenc S，et al. Variations in serum cholinesterase activity in different age and sex groups. European Journal of Clinical Chemistry and Clinical Biochemistry：Journal of the Forum of European Clinical Chemistry Societies，1997，35（3）：239-240.

[76] Whittaker M. Plasma cholinesterase variants and the anaesthetist. Anaesthesia，1980，35（2）：174-197.

[77] Rosenman K D，Guss P S. Prevalence of congenital deficiency in serum cholinesterase. Archives of Environmental Health，1997，52（1）：42-44.

[78] Bajgar J. Organophosphates/nerve agent poisoning：mechanism of action，diagnosis，prophylaxis，and treatment. Advances in Clinical Chemistry，2004，38：151-216.

[79] Pope C N，Tanaka D，Padilla S. The role of neurotoxic esterase（NTE）in the prevention and potentiation of organophosphorus-induced delayed neurotoxicity（OPIDN）. Chemico-Biological Interactions，1993，87（1-3）：395-406.

[80] Schwab B W，Richardson R J. Lymphocyte and brain neurotoxic esterase：dose and time dependence of inhibition in the hen examined with three organophosphorus esters. Toxicology and Applied Pharmacology，1986，83（1）：1-9.

[81] Makhaeva G F，Malygin V V，Strakhova N N，et al. Biosensor assay of neuropathy target esterase in whole blood as a new approach to OPIDN risk assessment：review of progress. Human & Experimental Toxicology，2007，26（4）：273-282.

[82] Lotti M，Moretto A，Zoppellari R，et al. Inhibition of lymphocytic neuropathy target esterase predicts the development of organophosphate-induced delayed polyneuropathy. Archives of Toxicology，1986，59（3）：176-179.

[83] Miao Y Q，He N，Zhu J J. History and new developments of assays for cholinesterase activity and inhibition. Chemical Reviews，2010，110（9）：5216-5234.

[84] Ellman G L，Courtney K D，Andres V，et al. A new and rapid colorimetric determination of acetylcholinesterase

activity. Biochemical Pharmacology. 1961，7（2）：88-95.

[85] Worek F，Mast U，Kiderlen D，et al. Improved determination of acetylcholinesterase activity in human whole blood. Clinica Chimica Acta，1999，288（1-2）：73-90.

[86] Bonting S L，Featherstone R M. Ultramicro assay of the cholinesterases. Archives of Biochemistry and Biophysics，1956，61（1）：89-98.

[87] Pickering C E，Pickering R G. Methods for the estimation of acetylcholinesterase activity in the plasma and brain of laboratory animals given carbamates or organophosphorus compounds. Archiv Fur Toxikologie，1971，27（3）：292-310.

[88] Wolfsie J H，Winter G D. Bromothymol blue screening test；value for determination of blood cholinesterase activity. AMA Archives of Industrial Hygiene and Occupational Medicine，1954，9（5）：396-401.

[89] Silva E S D，Midio A F，Garcia E G. A field method for the determination of whole blood cholinesterase. La Medicina Del Lavoro，1994，85（3）：249-254.

[90] Winteringham F P，Disney R W. Radiometric assay of acetylcholinesterase. Nature，1962，195（4848）：1303.

[91] Johnson M K. Improved assay of neurotoxic esterase for screening organophosphates for delayed neurotoxicity potential. Archives of Toxicology，1977，37（2）：113-115.

[92] Sigolaeva L V，Eremenko A V，Makower A，et al. A new approach for determination of neuropathy target esterase activity. Chemico-Biological Interactions，1999，119-120：559-565.

[93] Sigolaeva L V，Makower A，Eremenko A V，et al. Bioelectrochemical analysis of neuropathy target esterase activity in blood. Analytical Biochemistry，2001，290（1）：1-9.

[94] Sokolovskaya L G，Sigolaeva L V，Eremenko A V，et al. Improved electrochemical analysis of neuropathy target esterase activity by a tyrosinase carbon paste electrode modified by 1-methoxyphenazine methosulfate. Biotechnology Letters，2005，27（16）：1211-1218.

[95] Kohli N，Srivastava D，Sun J，et al. Nanostructured biosensor for measuring neuropathy target esterase activity. Analytical Chemistry，2007，79（14）：5196-5203.

[96] Hagmar L，Törnqvist M，Nordander C，et al. Health effects of occupational exposure to acrylamide using hemoglobin adducts as biomarkers of internal dose. Scandinavian Journal of Work，Environment & Health，2000，27（4）：219-226.

[97] 尚波，傅恩惠．职业性丙烯酰胺中毒49例临床分析．工业卫生与职业病，2009，35（1）：43-44.

[98] 王朝霞，张锦丽，石昕，等．丙烯酰胺中毒对周围神经和血管的损害．中国康复理论与实践，2005，11（5）：400-402.

[99] Yi C，Xie K Q，Song F Y，et al. The changes of cytoskeletal proteins in plasma of acrylamide-induced rats. Neurochemical Research，2006，31（6）：751-757.

[100] Tabb M M，Blumberg B. New modes of action for endocrine-disrupting chemicals. Molecular Endocrinology，2006，20（3）：475-482.

[101] Vandenberg L N，Hauser R，Marcus M，et al. Human exposure to bisphenol A（BPA）. Reprod Toxicol，2007，24（2）：139-177.

[102] Staples C A，Dome P B，Klecka G M，et al. A review of the environmental fate，effects，and exposures of bisphenol A. Chemosphere，1998，36（10）：2149-2173.

[103] Le H H，Carlson E M，Chua J P，et al. Bisphenol A is released from polycarbonate drinking bottles and mimics the neurotoxic actions of estrogen in developing cerebellar neurons. Toxicol Lett，2008，176（2）：149-156.

[104] Lu S Y，Chang W J，Sojinu S O，et al. Bisphenol A in supermarket receipts and its exposure to human in Shenzhen，China. Chemosphere，2013，92（9）：1190-1194.

[105] Geens T，Goeyens L，Covaci A. Are potential sources for human exposure to bisphenol-A overlooked? Int J Hyg Envir Heal，2011，214（5）：339-347.

[106] Kang J H，Kondo F，Katayama Y. Human exposure to bisphenol A. Toxicology，2006，226（2-3）：79-89.

[107] Morrisey R E, George J D, Price C J, et al. The developmental toxicity of bisphenol-a in rats and mice. Fund Appl Toxicol, 1987, 8 (4): 571-582.

[108] Li D K, Miao M H, Zhou Z J, et al. Urine bisphenol-A level in relation to obesity and overweight in school-age children. PloS one. 2013, 8 (6): e65399.

[109] Bhandari R, Xiao J, Shankar A. Urinary bisphenol A and obesity in US children. Am J Epidemiol, 2013, 177 (11): 1263-1270.

[110] Trasande L, Attina T M, Blustein J. Association between urinary bisphenol A concentration and obesity prevalence in children and adolescents. Jama-J Am Med Assoc, 2012, 308 (11): 1113-1121.

[111] Carwile J L, Michels K B. Urinary bisphenol A and obesity: NHANES 2003-2006. Environ Res, 2011, 111 (6): 825-830.

[112] Wang T G, Li M A, Chen B, et al. Urinary bisphenol A (BPA) concentration associates with obesity and insulin resistance. J Clin Endocr Metab, 2012, 97 (2): 223-227.

[113] Lee H A, Kim Y J, Lee H, et al. Effect of urinary bisphenol A on androgenic hormones and insulin resistance in preadolescent girls: a pilot study from the ewha birth & growth cohort. International Journal of Environmental Research and Public Health, 2013, 10 (11): 5737-5749.

[114] Yi B R, Jeung E B, Choi K C. Altered gene expression following exposure to bisphenol a in human ovarian cancer cells expressing estrogen receptors by microarray. Reprod Fert Develop, 2011, 23 (1): 201.

[115] Moriyama K, Tagami T, Akamizu T, et al. Thyroid hormone action is disrupted by bisphenol A as an antagonist. J Clin Endocr Metab, 2002, 87 (11): 5185-5190.

[116] Zoeller R T, Bansal R, Parris C. Bisphenol-A, an environmental contaminant that acts as a thyroid hormone receptor antagonist in vitro, increases serum thyroxine, and alters RC3/neurogranin expression in the developing rat brain. Endocrinology, 2005, 146 (2): 607-612.

[117] Sheng Z G, Tang Y, Liu Y X, et al. Low concentrations of bisphenol a suppress thyroid hormone receptor transcription through a nongenomic mechanism. Toxicology and Applied Pharmacology, 2012, 259 (1): 133-142.

[118] Wang N, Zhao H Y, Ji X P, et al. Gold nanoparticles-enhanced bisphenol A electrochemical biosensor based on tyrosinase immobilized onto self-assembled monolayers-modified gold electrode. Chinese Chem Lett, 2014, 25 (5): 720-722.

[119] Qu Y, Liao N N, Chen J P, et al. A sensitive biosensor for bisphenol A based on a graphene-poly-l-lysine/tyrosinase biocomposite film electrode. Nanosci Nanotech Let, 2014, 6 (4): 319-325.

[120] Mei Z L, Qu W, Deng Y, et al. One-step signal amplified lateral flow strip biosensor for ultrasensitive and on-site detection of bisphenol A (BPA) in aqueous samples. Biosens Bioelectron, 2013, 49: 457-461.

[121] Portaccio M, Di Tuoro D, Arduini F, et al. Laccase biosensor based on screen-printed electrode modified with thionine-carbon black nanocomposite, for bisphenol A detection. Electrochim Acta, 2013, 109: 340-347.

[122] Han M, Qu Y, Chen S Q, et al. Amperometric biosensor for bisphenol A based on a glassy carbon electrode modified with a nanocomposite made from polylysine, single walled carbon nanotubes and tyrosinase. Microchim Acta, 2013, 180 (11-12): 989-996.

[123] Jiang X H, Ding W J, Luan C L, et al. Biosensor for bisphenol A leaching from baby bottles using a glassy carbon electrode modified with DNA and single walled carbon nanotubes. Microchim Acta, 2013, 180 (11-12): 1021-1028.

[124] Sun P Y, Wu Y H. An amperometric biosensor based on human cytochrome P450 2C9 in polyacrylamide hydrogel films for bisphenol A determination. Sensor Actuat B-Chem, 2013, 178: 113-118.

[125] Moreman J, Lee O, Kudoh T, et al. Application of ERE-transgenic biosensor zebrafish to identify target tissues and effect mechanisms of the environmental estrogen, bisphenol A. Comp Biochem Phys A, 2012, 163 (1): S48-S49.

[126] Wu L D, Deng D H, Jin J, et al. Nano-graphene-based tyrosinase biosensor for rapid detection of bisphenol

A. Biosens Bioelectron，2012，35（1）：193-199.

[127] Hegnerová K，Piliarik M，Steinbachova M，et al. Detection of bisphenol A using a novel surface plasmon resonance biosensor. Anal Bioanal Chem，2010，398（5）：1963-1966.

[128] Portaccio M，Tuoro D D，Arduini F，et al. A thionine-modified carbon paste amperometric biosensor for catechol and bisphenol A determination. Biosens Bioelectron，2010，25（9）：2003-2008.

[129] Yin H S，Zhou Y L，Xu J，et al. Amperometric biosensor based on tyrosinase immobilized onto multiwalled carbon nanotubes-cobalt phthalocyanine-silk fibroin film and its application to determine bisphenol A. Anal Chim Acta，2010，659（1-2）：144-150.

[130] Marchesini G R，Meulenberg E，Haasnoot W，et al. Biosensor immunoassays for the detection of bisphenol A. Anal Chim Acta，2005，528（1）：37-45.

[131] Müllerová D，Kopecký J. White adipose tissue：storage and effector site for environmental pollutants. Physiol Res，2007，56（4）：375-381.

[132] Yoshizawa K，Walker N J，Nyska A，et al. Thyroid follicular lesions induced by oral treatment for 2 years with 2，3，7，8-tetrachlorodibenzo-p-dioxin and dioxin-like compounds in female harlan sprague-dawley rats. Toxicol Pathol，2010，38（7）：1037-1050.

[133] Calvert G M，Sweeney M H，Deddens J，et al. Evaluation of diabetes mellitus，serum glucose，and thyroid function among United States workers exposed to 2，3，7，8-tetrachlorodibenzo-p-dioxin. Occup Environ Med，1999，56（4）：270-276.

[134] Nishimura N，Yonemoto J，Miyabara Y，et al. Rat thyroid hyperplasia induced by gestational and lactational exposure to 2，3，7，8-tetrachlorodibenzo-p-dioxin. Endocrinology，2003，144（5）：2075-2083.

[135] Baccarelli A，Giacomini S M，Corbetta C，et al. Neonatal thyroid function in seveso 25 years after maternal exposure to dioxin. Plos Med，2008，5（7）：1133-1142.

[136] Ten Tusscher G W，Guchelaar H J，Koch J，et al. Perinatal dioxin exposure，cytochrome P-450 activity，liver functions and thyroid hormones at follow-up after 7-12 years. Chemosphere，2008，70（10）：1865-1872.

[137] Wilhelm M，Wittsiepe J，Lemm F，et al. The duisburg birth cohort study：influence of the prenatal exposure to PCDD/Fs and dioxin-like PCBs on thyroid hormone status in newborns and neurodevelopment of infants until the age of 24 months. Mutat Res-Rev Mutat，2008，659（1-2）：83-92.

[138] Chevrier J，Warner M，Gunier R B，et al. Serum dioxin concentrations and thyroid hormone levels in the seveso women's health study. Am J Epidemiol，2014，180（5）：490-498.

[139] Chang J W，Chen H L，Su H J，et al. Dioxin exposure and insulin resistance in taiwanese living near a highly contaminated area. Epidemiology，2010，21（1）：56-61.

[140] Kern P A，Said S，Jackson W G，et al. Insulin sensitivity following agent orange exposure in vietnam veterans with high blood levels of 2，3，7，8-tetrachlorodibenzo-p-dioxin. J Clin Endocr Metab. 2004，89（9）：4665-4672.

[141] Cranmer M，Louie S，Kennedy R H，et al. Exposure to 2，3，7，8-tetrachlorodibenzo-p-dioxin（TCDD）is associated with hyperinsulinemia and insulin resistance. Toxicol Sci，2000，56（2）：431-436.

[142] Fujiyoshi P T，Michalek J E，Matsumura F. Molecular epidemiologic evidence for diabetogenic effects of dioxin exposure in US air force veterans of the Vietnam War. Environ Health Persp，2006，114（11）：1677-1683.

[143] Novelli M，Piaggi S，De Tata V. 2，3，7，8-Tetrachlorodibenzo-p-dioxin-induced impairment of glucose-stimulated insulin secretion in isolated rat pancreatic islets. Toxicol Lett，2005，156（2）：307-314.

[144] Piaggi S，Novelli M，Martino L，et al. Cell death and impairment of glucose-stimulated insulin secretion induced by 2，3，7，8-tetrachlorodibenzo-beta-dioxin（TCDD）in the beta-cell line INS-1E. Toxicology and Applied Pharmacology，2007，220（3）：333-340.

[145] Hsu H F，Tsou T C，Chao H R，et al. Effects of 2，3，7，8-tetrachlorodibenzo-p-dioxin on adipogenic differentiation and insulin-induced glucose uptake in 3T3-L1 cells. J Hazard Mater，2010，182（1-3）：649-655.

[146] Roszko M，Szymczyk K. Determination of marker and dioxin-like polychlorinated biphenyls in grains of selected cereals and

cereal products. Roczniki Panstwowego Zakladu Higieny，2010，61（4）：355-360.

[147] Malavia J，Santos F J，Galceran M T. Comparison of gas chromatography-ion-trap tandem mass spectrometry systems for the determination of polychlorinated dibenzo-p-dioxins，dibenzofurans and dioxin-like polychlorinated biphenyls. Journal of Chromatography A，2008，1186（1-2）：302-311.

[148] Diletti G，Ceci R，De Benedictis A，et al. Determination of dioxin-like polychlorinated biphenyls in feed and foods of animal origin by gas chromatography and high resolution mass spectrometry. Veterinaria Italiana，2007，43（1）：129-140.

[149] Minomo K，Ohtsuka N，Nojiri K，et al. A simplified determination method of dioxin toxic equivalent（TEQ）by single GC/MS measurement of five indicative congeners. Analytical Sciences，2011，27（4）：421.

[150] Kojima H，Takeuchi S，Tsutsumi T，et al. Determination of dioxin concentrations in fish and seafood samples using a highly sensitive reporter cell line，DR-EcoScreen cells. Chemosphere，2011，83（6）：753-759.

[151] Croes K，Colles A，Koppen G，et al. Determination of PCDD/Fs，PBDD/Fs and dioxin-like PCBs in human milk from mothers residing in the rural areas in Flanders，using the CALUX bioassay and GC-HRMS. Talanta，2013，113：99-105.

[152] Desaulniers D，Poon R，Phan W，et al. Reproductive and thyroid hormone levels in rats following 90-day dietary exposure to PCB 28（2,4,4′-trichlorobiphenyl）or PCB 77（3,3′,4,4′-tetrachlorobiphenyl）. Toxicol Ind Health，1997，13（5）：627-638.

[153] Vansell N R，Muppidi J R，Habeebu S M，et al. Promotion of thyroid tumors in rats by pregnenolone-16 alpha-carbonitrile（PCN）and polychlorinated biphenyl（PCB）. Toxicol Sci，2004，81（1）：50-59.

[154] Khan M A，Lichtensteiger C A，Faroon O，et al. The hypothalamo-pituitary-thyroid（HPT）axis：A target of nonpersistent ortho-substituted PCB congeners. Toxicol Sci，2002，65（1）：52-61.

[155] Fisher J W，Campbell J，Muralidhara S，et al. Effect of PCB 126 on hepatic metabolism of thyroxine and perturbations in the hypothalamic-pituitary-thyroid axis in the rat. Toxicol Sci，2006，90（1）：87-95.

[156] Longnecker M P，Gladen B C，Patterson D G，et al. Polychlorinated biphenyl（PCB）exposure in relation to thyroid hormone levels in neonates. Epidemiology，2000，11（3）：249-254.

[157] Selden A I，Lundholm C，Johansson N，et al. Polychlorinated biphenyls（PCB），thyroid hormones and cytokines in construction workers removing old elastic sealants. Int Arch Occ Env Hea，2008，82（1）：99-106.

[158] Otake T，Yoshinaga J，Enomoto T，et al. Thyroid hormone status of newborns in relation to in utero exposure to PCBs and hydroxylated PCB metabolites. Environ Res，2007，105（2）：240-246.

[159] Herbstman J B，Sjodin A，Apelberg B J，et al. Birth delivery mode modifies the associations between prenatal polychlorinated biphenyl（PCB）and polybrominated diphenyl ether（PBDE）and neonatal thyroid hormone levels. Environ Health Persp，2008，116（10）：1376-1382.

[160] Giera S，Bansal R，Ortiz-Toro T M，et al. Individual polychlorinated biphenyl（PCB）congeners produce tissue-and gene-specific effects on thyroid hormone signaling during development. Endocrinology，2011，152（7）：2909-2919.

[161] Cave M，Appana S，Patel M，et al. Polychlorinated biphenyls，lead，and mercury are associated with liver disease in American adults：NHANES 2003-2004. Environmental Health Perspectives，2010，118（12）：1735-1742.

[162] Chen J W，Wang S L，Liao P C，et al. Relationship between insulin sensitivity and exposure to dioxins and polychlorinated biphenyls in pregnant women. Environmental Research，2008，107（2）：245-253.

[163] Dirinck E，Jorens P G，Covaci A，et al. Obesity and persistent organic pollutants：possible obesogenic effect of organochlorine pesticides and polychlorinated biphenyls. Obesity，2011，19（4）：709-714.

[164] Lee D H，Steffes M W，Sjodin A，et al. Low dose organochlorine pesticides and polychlorinated biphenyls predict obesity，dyslipidemia，and insulin resistance among people free of diabetes. PloS one，2011，6（1）：e15977.

[165] Boll M，Weber L W，Messner B，et al. Polychlorinated biphenyls affect the activities of gluconeogenic and lipogenic enzymes in rat liver：Is there an interference with regulatory hormone actions? Xenobiotica，1998，28（5）：

479-492.

[166] Quinete N，Schettgen T，Bertram J，et al. Analytical approaches for the determination of PCB metabolites in blood：a review. Anal Bioanal Chem，2014，406 (25)：6151-6164.

[167] Quinete N，Schettgen T，Bertram J，et al. Occurrence and distribution of PCB metabolites in blood and their potential health effects in humans：a review. Environ Sci Pollut R，2014，21 (20)：11951-11972.

[168] Dmitrovic J，Chan S C. Determination of polychlorinated biphenyl congeners in human milk by gas chromatography-negative chemical ionization mass spectrometry after sample clean-up by solid-phase extraction. J Chromatogr B，2002，778 (1-2)：147-155.

[169] Yang G X，Zhuang H S，Chen H Y，et al. An indirect competitive enzyme-linked immunosorbent assay for the determination of 3，4-dichlorobiphenyl in sediment using a specific polyclonal antibody. Anal Methods，2014，6 (3)：893-899.

[170] Chen H Y，Zhuang H S，Yang G X. Determination of multi-residue PCBs in air by real-time fluorescent quantitative immuno-PCR assay. Anal Methods，2014，6 (17)：6925-6930.

[171] Zura I，Babic D，Steinberg M D，et al. Low-cost conductometric transducers for use in thin polymer film chemical sensors. Sensor Actuat B-Chem，2014，193：128-135.

[172] Pilehvar S，Rather J A，Dardenne F，et al. Carbon nanotubes based electrochemical aptasensing platform for the detection of hydroxylated polychlorinated biphenyl in human blood serum. Biosens Bioelectron，2014，54：78-84.

[173] Date Y，Aota A，Sasaki K，et al. Label-Free impedimetric immunoassay for trace levels of polychlorinated biphenyls in insulating oil. Analytical Chemistry，2014，86 (6)：2989-2996.

[174] Chen W K，Qi F，Li C X，et al. Functionalized polysilsesquioxane film fluorescent sensors for sensitive detection of polychlorinated biphenyls. J Organomet Chem，2014，749：296-301.

[175] Darnerud P O，Eriksen G S，Johannesson T，et al. Polybrominated diphenyl ethers：occurrence，dietary exposure，and toxicology. Environ Health Persp，2001，109：49-68.

[176] Domingo J L. Human exposure to polybrominated diphenyl ethers through the diet. J Chromatogr A，2004，1054 (1-2)：321-326.

[177] Sjodin A，Patterson D G，Bergman A. A review on human exposure to brominated flame retardants -particularly polybrominated diphenyl ethers. Environ Int，2003，29 (6)：829-839.

[178] Hites R A. Polybrominated diphenyl ethers in the environment and in people：a meta-analysis of concentrations. Environ Sci Technol，2004，38 (4)：945-956.

[179] Huang F F，Wen S，Li J G，et al. The human body burden of polybrominated diphenyl ethers and their relationships with thyroid hormones in the general population in Northern China. Sci Total Environ，2014，466：609-615.

[180] Abdelouahab N，Langlois M F，Lavoie L，et al. Maternal and cord-blood thyroid hormone levels and exposure to polybrominated diphenyl ethers and polychlorinated biphenyls during early pregnancy. Am J Epidemiol，2013，178 (5)：701-713.

[181] Ren X M，Guo L H. Assessment of the binding of hydroxylated polybrominated diphenyl ethers to thyroid hormone transport proteins using a site-specific fluorescence probe. Environ Sci Technol，2012，46 (8)：4633-4640.

[182] Hallgren S，Darnerud P O. Polybrominated diphenyl ethers (PBDEs)，polychlorinated biphenyls (PCBs) and chlorinated paraffins (CPs) in rats-testing interactions and mechanisms for thyroid hormone effects. Toxicology，2002，177 (2-3)：227-243.

[183] Zhang Z，Sun Z Z，Xiao X，et al. Mechanism of BDE209-induced impaired glucose homeostasis based on gene microarray analysis of adult rat liver. Archives of Toxicology，2013，87 (8)：1557-1567.

[184] Hoppe A A，Carey G B. Polybrominated diphenyl ethers as endocrine disruptors of adipocyte metabolism. Obesity，2007，15 (12)：2942-2950.

[185] Wang C X，Xu S Q，Lv Z Q，et al. Exposure to persistent organic pollutants as potential risk factors for developing diabetes. Sci China Chem，2010，53 (5)：980-994.

[186] Turyk M，Anderson H A，Knobeloch L，et al. Prevalence of diabetes and body burdens of polychlorinated biphenyls，polybrominated diphenyl ethers，and p，p'-diphenyldichloroethene in Great Lakes sport fish consumers. Chemosphere，2009，75（5）：674-679.

[187] Iparraguirre A，Rodil R，Quintana J B，et al. Matrix solid-phase dispersion of polybrominated diphenyl ethers and their hydroxylated and methoxylated analogues in lettuce，carrot and soil. J Chromatogr A，2014，1360：57-65.

[188] Binici B，Bilsel M，Karakas M，et al. An efficient GC-IDMS method for determination of PBDEs and PBB in plastic materials. Talanta，2013，116：417-426.

[189] Feng H Y，Zhou L P，Shi L，et al. Development of enzyme-linked immunosorbent assay for determination of polybrominated diphenyl ether BDE-121. Analytical Biochemistry，2014，447：49-54.

[190] Trasande L，Sathyanarayana S，Jo Messito M，et al. Phthalates and the diets of U. S. children and adolescents. Environmental Research，2013，126：84-90.

[191] Trasande L，Attina T M，Sathyanarayana S，et al. Race/ethnicity-specific associations of urinary phthalates with childhood body mass in a nationally representative sample. Environmental Health Perspectives，2013，121（4）：501-506.

[192] Buser M C，Murray H E，Scinicariello F. Age and sex differences in childhood and adulthood obesity association with phthalates：analyses of NHANES 2007-2010. International Journal of Hygiene and Environmental Health，2014，217（6）：687-694.

[193] Stahlhut R W，van Wijngaarden E，Dye T D，et al. Concentrations of urinary phthalate metabolites are associated with increased waist circumference and insulin resistance in adult U. S. males. Environmental Health Perspectives，2007，115（6）：876-882.

[194] Chen G R，Dong L，Ge R S，et al. Relationship between phthalates and testicular dysgenesis syndrome. National Journal of Andrology，2007，13（3）：195-200.

[195] James-Todd T，Stahlhut R，Meeker J D，et al. Urinary phthalate metabolite concentrations and diabetes among women in the National Health and Nutrition Examination Survey（NHANES）2001-2008. Environmental Health Perspectives，2012，120（9）：1307-1313.

[196] Kim J H，Park H Y，Bae S，et al. Diethylhexyl phthalates is associated with insulin resistance via oxidative stress in the elderly：a panel study. PloS one，2013，8（8）：e71392.

[197] Desvergne B，Feige J N，Casals-Casas C. PPAR-mediated activity of phthalates：a link to the obesity epidemic? Molecular and Cellular Endocrinology，2009，304（1-2）：43-48.

[198] Ji L，Liao Q，Wu L，et al. Migration of 16 phthalic acid esters from plastic drug packaging to drugs by GC-MS. Anal Methods，2013，5（11）：2827-2834.

[199] Morales-Trejo F，Vega-y L S，Escobar-Medina A，et al. Application of high-performance liquid chromatography-UV detection to quantification of clenbuterol in bovine liver samples. J Food Drug Anal，2013，21（4）：414-420.

[200] Yang F，Liu Z C，Lin Y H，et al. Development an UHPLC-MS/MS method for detection of beta-agonist residues in milk. Food Anal Method，2012，5（1）：138-147.

[201] Vulic A，Pleadin J，Persi N，et al. UPLC-MS/MS determination of ractopamine residues in retinal tissue of treated food-producing pigs. J Chromatogr B，2012，895：102-107.

[202] Fan S，Miao H，Zhao Y F，et al. Simultaneous detection of residues of 25 beta（2）-agonists and 23 beta-blockers in animal foods by high-performance liquid chromatography coupled with linear ion trap mass spectrometry. J Agr Food Chem，2012，60（8）：1898-1905.

[203] Shi Y，Sun C J，Gao B，et al. Development of a liquid chromatography tandem mass spectrometry method for simultaneous determination of eight adulterants in slimming functional foods. J Chromatogr A，2011，1218（42）：7655-7662.

[204] Pleadin J，Bratos I，Vulic A，et al. Analysis of clenbuterol residues in pig liver using liquid chromatography electrospray ionization tandem mass spectrometry. Rev Anal Chem，2011，30（1）：5-9.

[205] Liu C, Ling W T, Xu W D, et al. Simultaneous determination of 20 beta-agonists in pig muscle and liver by high-performance liquid chromatography/tandem mass spectrometry. J Aoac Int, 2011, 94 (2): 420-427.

[206] Melwanki M B, Huang S D, Fuh M R. Three-phase solvent bar microextraction and determination of trace amounts of clenbuterol in human urine by liquid chromatography and electrospray tandem mass spectrometry. Talanta, 2007, 72 (2): 373-377.

[207] Lai W H, Fung D Y C, Xu Y, et al. Screening procedures for clenbuterol residue determination in raw swine livers using lateral-flow assay and enzyme-linked immunosorbent assay. J Food Protect, 2008, 71 (4): 865-869.

[208] Zhan P, Du X W, Gan N, et al. Amperometric immunosensor for clenbuterol based on enzyme-antibody coimmobilized ZrO_2 nano probes as signal tag. Chinese J Anal Chem, 2013, 41 (6): 828-834.

[209] Regiart M, Pereira S V, Spotorno V G, et al. Nanostructured voltammetric sensor for ultra-trace anabolic drug determination in food safety field. Sensor Actuat B-Chem, 2013, 188: 1241-1249.

[210] Bo B, Zhu X J, Miao P, et al. An electrochemical biosensor for clenbuterol detection and pharmacokinetics investigation. Talanta, 2013, 113: 36-40.

[211] Lu X, Zheng H, Li X Q, et al. Detection of ractopamine residues in pork by surface plasmon resonance-based biosensor inhibition immunoassay. Food Chem, 2012, 130 (4): 1061-1065.

[212] Li Z Y, Wang Y H, Kong W J, et al. Ultrasensitive detection of trace amount of clenbuterol residue in swine urine utilizing an electrochemiluminescent immunosensor. Sensor Actuat B-Chem, 2012, 174: 355-358.

[213] Uguz C, Togan I, Eroglu Y, et al. Alkylphenol concentrations in two rivers of Turkey. Environmental Toxicology and Pharmacology, 2003, 14 (1-2): 87-88.

[214] Selvaraj K K, Shanmugam G, Sampath S, et al. GC-MS determination of bisphenol A and alkylphenol ethoxylates in river water from India and their ecotoxicological risk assessment. Ecotoxicology and Environmental Safety, 2014, 99: 13-20.

[215] Gross B, Montgomery-Brown J, Naumann A, et al. Occurrence and fate of pharmaceuticals and alkylphenol ethoxylate metabolites in an effluent-dominated river and wetland. Environmental Toxicology and Chemistry, 2004, 23 (9): 2074-2083.

[216] Xuereb B, Bezin L, Chaumot A, et al. Vitellogenin-like gene expression in freshwater amphipod Gammarus fossarum (koch, 1835): functional characterization in females and potential for use as an endocrine disruption biomarker in males. Ecotoxicology, 2011, 20 (6): 1286-1299.

[217] Ebrahimi M. Vitellogenin assay by enzyme-linked immunosorbant assay as a biomarker of endocrine disruptor chemicals pollution. Pakistan Journal of Biological Sciences, 2007, 10 (18): 3109-3114.

[218] Muncke J, Eggen R I. Vitellogenin 1 mRNA as an early molecular biomarker for endocrine disruption in developing *zebrafish* (Danio rerio). Environmental Toxicology and Chemistry, 2006, 25 (10): 2734-2741.

[219] Puinean A M, Rotchell J M. Vitellogenin gene expression as a biomarker of endocrine disruption in the invertebrate, Mytilus edulis. Marine Environmental Research, 2006, 62 (1): 211-214.

[220] Srivastava S K, Shalabney A, Khalaila I, et al. SERS biosensor using metallic nano-sculptured thin films for the detection of endocrine disrupting compound biomarker vitellogenin. Small (Weinhein an der Bergstrasse, Germany), 2014, 10 (17): 3579-3587.

[221] Garcia-Reyero N, Raldua D, Quiros L, et al. Use of vitellogenin mRNA as a biomarker for endocrine disruption in feral and cultured fish. Analytical and Bioanalytical Chemistry, 2004, 378 (3): 670-675.

[222] Wan Q, Whang I, Lee J. Molecular characterization of mu class glutathione-S-transferase from disk abalone (Haliotis discus discus), a potential biomarker of endocrine-disrupting chemicals. Comparative Biochemistry and Physiology Part B, Biochemistry and Molecular Biology, 2008, 150 (2): 187-199.

[223] Lee C, Na J G, Lee K C, et al. Choriogenin mRNA induction in male medaka, *Oryzias latipes* as a biomarker of endocrine disruption. Aquatic Toxicology, 2002, 61 (3-4): 233-241.

[224] Levy G, Lutz I, Kruger A, et al. Retinol-binding protein as a biomarker to assess endocrine-disrupting compounds

in the environment. Analytical and Bioanalytical Chemistry, 2004, 378 (3): 676-683.

[225] Kumar R, Wieben E, Beecher S J. The molecular cloning of the complementary deoxyribonucleic acid for bovine vitamin D-dependent calcium-binding protein: structure of the full-length protein and evidence for homologies with other calcium-binding proteins of the troponin-C superfamily of proteins. Molecular Endocrinology, 1989, 3 (2): 427-432.

[226] Nguyen T H, Lee G S, Ji Y K, et al. A calcium binding protein, calbindin-D9k, is mainly regulated by estrogen in the pituitary gland of rats during estrous cycle. Brain Research Molecular Brain Research, 2005, 141 (2): 166-173.

[227] Dupret J M, L'Horset F, Perret C, et al. Calbindin-D9K gene expression in the lung of the rat. Absence of regulation by 1,25-dihydroxyvitamin D3 and estrogen. Endocrinology, 1992, 131 (6): 2643-2648.

[228] Armbrecht H J, Boltz M, Strong R, et al. Expression of calbindin-D decreases with age in intestine and kidney. Endocrinology, 1989, 125 (6): 2950-2956.

[229] Delorme AC , Danan J L, Mathieu H. Biochemical evidence for the presence of two vitamin D-dependent calcium-binding proteins in mouse kidney. The Journal of Biological Chemistry, 1983, 258 (3): 1878-1884.

[230] Mathieu C L, Mills S E, Burnett S H, et al. The presence and estrogen control of immunoreactive calbindin-D9k in the fallopian tube of the rat. Endocrinology, 1989, 125 (5): 2745-2750.

[231] Seifert M F, Gray R W, Bruns M E. Elevated levels of vitamin D-dependent calcium-binding protein (calbindin-D9k) in the osteosclerotic (oc) mouse. Endocrinology, 1988, 122 (3): 1067-1073.

[232] Dang V H, Choi K C, Jeung E B. Tetrabromodiphenyl ether (BDE 47) evokes estrogenicity and calbindin-D9k expression through an estrogen receptor-mediated pathway in the uterus of immature rats. Toxicological Sciences: An Official Journal of the Society of Toxicology, 2007, 97 (2): 504-511.

[233] Jung Y W, Hong E J, Choi K C, et al. Novel progestogenic activity of environmental endocrine disruptors in the upregulation of calbindin-D9k in an immature mouse model. Toxicological Sciences, 2005, 83 (1): 78-88.

[234] Jung E M, An B S, Yang H, et al. Biomarker genes for detecting estrogenic activity of endocrine disruptors via estrogen receptors. International Journal of Environmental Research and Public Health, 2012, 9 (3): 698-711.

[235] Yamano Y, Ohyama K, Ohta M, et al. A novel spermatogenesis related factor-2 (SRF-2) gene expression affected by TCDD treatment. Endocrine Journal, 2005, 52 (1): 75-81.

[236] Seo J S, Park T J, Lee Y M, et al. Small heat shock protein 20 gene (Hsp20) of the intertidal copepod Tigriopus japonicus as a possible biomarker for exposure to endocrine disruptors. Bulletin of Environmental Contamination and Toxicology, 2006, 76 (4): 566-572.

[237] Turyk M E, Persky V W, Imm P, et al. Hormone disruption by PBDEs in adult male sport fish consumers. Environ Health Persp, 2008, 116 (12): 1635-1641.

[238] Dallaire R, Dewailly E, Pereg D, et al. Thyroid function and plasma concentrations of polyhalogenated compounds in inuit adults. Environ Health Persp. 2009, 117 (9): 1380-1386.

[239] Kim T H, Lee Y J, Lee E, et al. Exposure assessment of polybrominated diphenyl ethers (PBDE) in umbilical cord blood of korean infants. J Toxicol Env Heal A, 2009, 72 (21-22): 1318-1326.

[240] Darnerud P O, Aune M, Larsson L, et al. Plasma PBDE and thyroxine levels in rats exposed to Bromkal or BDE-47. Chemosphere, 2007, 67 (9): 386-392.

[241] Yum S, Woo S, Kagami Y, et al. Changes in gene expression profile of medaka with acute toxicity of Arochlor 1260, a polychlorinated biphenyl mixture. Comparative Biochemistry and Physiology Part C: Toxicology & Pharmacology, 2010, 151 (1): 51-56.

[242] Laldinsangi C, Vijayaprasadarao K, Rajakumar A, et al. Two-dimensional proteomic analysis of gonads of air-breathing catfish, Clarias batrachus after the exposure of endosulfan and malathion. Environmental Toxicology and Pharmacology, 2014, 37 (3): 1006-1014.

[243] Kapka-Skrzypczak L, Cyranka M, Skrzypczak M, et al. Biomonitoring and biomarkers of organophosphate pesticides

exposure -state of the art. Annals of Agricultural and Environmental Medicine：AAEM，2011，18（2）：294-303.

[244] Hughes C，Waters M，Allen D，et al. Translational toxicology：a developmental focus for integrated research strategies. BMC Pharmacology & Toxicology，2013，14：51-70.

[245] Mattison D R. An overview on biological markers in reproductive and developmental toxicology：concepts，definitions and use in risk assessment. Biomedical and Environmental Sciences，1991，4（1-2）：8-34.

[246] Rockett J C，Lynch C D，Buck G M. Biomarkers for assessing reproductive development and health：Part 1：Pubertal development. Environmental Health Perspectives，2004，112（1）：105-112.

[247] Jurewicz J，Radwan M，Sobala W，et al. Association between a biomarker of exposure to polycyclic aromatic hydrocarbons and semen quality. International Journal of Occupational Medicine and Environmental Health，2013，26（5）：790-801.

[248] Hassold T，Abruzzo M，Adkins K，et al. Human aneuploidy：incidence，origin，and etiology. Environmental and Molecular Mutagenesis，1996，28（3）：167-175.

[249] Robbins W A，Vine M F，Truong K Y，et al. Use of fluorescence in situ hybridization（FISH）to assess effects of smoking，caffeine，and alcohol on aneuploidy load in sperm of healthy men. Environmental and Molecular Mutagenesis，1997，30（2）：175-183.

[250] Rubio C，Gil-Salom M，Simon C，et al. Incidence of sperm chromosomal abnormalities in a risk population：relationship with sperm quality and ICSI outcome. Human Reproduction，2001，16（10）：2084-2092.

[251] Egozcue S，Blanco J，Vendrell J M，et al. Human male infertility：chromosome anomalies，meiotic disorders，abnormal spermatozoa and recurrent abortion. Human Reproduction Update，2000，6（1）：93-105.

[252] Blanco J，Egozcue J，Vidal F. Meiotic behaviour of the sex chromosomes in three patients with sex chromosome anomalies（47，XXY，mosaic 46，XY/47，XXY and 47，XYY）assessed by fluorescence in-situ hybridization. Human Reproduction，2001，16（5）：887-892.

[253] Mroz K，Hassold T J，Hunt P A. Meiotic aneuploidy in the XXY mouse：evidence that a compromised testicular environment increases the incidence of meiotic errors. Human Reproduction，1999，14（5）：1151-1156.

[254] DuTeaux S B，Berger T，Hess R A，et al. Male reproductive toxicity of trichloroethylene：sperm protein oxidation and decreased fertilizing ability. Biology of Reproduction，2004，70（5）：1518-1526.

[255] Loft S，Kold-Jensen T，Hjollund N H，et al. Oxidative DNA damage in human sperm influences time to pregnancy. Human Reproduction，2003，18（6）：1265-1272.

[256] Aitken R J，Sawyer D. The Human Spermatozoon—Not Waving but Drowning. Adv Exp Med Bid. 2003，85-98.

[257] Miglio G，Varsaldi F，Francioli E，et al. Cabergoline protects SH-SY5Y neuronal cells in an in vitro model of ischemia. European Journal of Pharmacology，2004，489（3）：157-165.

[258] 农清清，张志勇，何敏，等．微囊藻毒素-LR 对 HL60 细胞遗传毒作用的研究．中国热带医学，2008，8（6）：898-905.

[259] 魏荣慧，黄燕萍，李琳，等．光动力过程中线粒体膜表面电位和细胞存活关系．生物物理学报，2005，21（3）：182-186.

[260] Castedo M，Ferri K，Roumier T，et al. Quantitation of mitochondrial alterations associated with apoptosis. Journal of Immunological Methods，2002，265（12）：39-47.

[261] 杨萍，吴迪，敖杰男．心脉通抗氧化应激所致心肌细胞凋亡的机制探讨．中药新药与临床药理，2007，18（4）：279-282.

[262] Yi J，Gao F，Shi G，et al. The inherent cellular level of reactive oxygen species：one of the mechanisms determining apoptotic susceptibility of leukemic cells to arsenic trioxide. Apoptosis，2002，7（3）：209-215.

[263] 廖伟，钱桂生，雷撼，等．脂多糖诱导人气道上皮细胞 hBD-2 表达及核转录因子 κB 活性的变化．中国病理生理杂志，2007，23（1）：71-75.

[264] Donato A J，Eskurza I，Silver A E，et al. Direct evidence of endothelial oxidative stress with aging in humans：relation to impaired endothelium-dependent dilation and upregulation of nuclear factor-kappaB. Circulation Research，

2007, 100 (11): 1659-1666.

[265] 刘娟．精子ROS研究进展．中国男科学杂志，2011，25（7）：71-72.

[266] 孙静波，姜宏．精子DNA完整性研究及其临床意义．生殖医学杂志，2010，19（3）：285-288.

[267] Rockett J C, Kim S J. Biomarkers of reproductive toxicity. Cancer Biomarkers: Section A of Disease Markers, 2005, 1 (1): 93-108.

[268] Rawcliffe L, Creasy D, Timbrell J A. Urinary creatine as a possible marker for testicular damage: studies with the testicular toxic compound 2-methoxyethanol. Reprod Toxicol, 1989, 3 (4): 269-274.

[269] Moore N P, Creasy D M, Gray T J, et al. Urinary creatine profiles after administration of cell-specific testicular toxicants to the rat. Archives of Toxicology, 1992, 66 (6): 435-442.

[270] Klinefelter G R, Laskey J W, Perreault S D, et al. The ethane dimethanesulfonate-induced decrease in the fertilizing ability of cauda epididymal sperm is independent of the testis. Journal of Andrology, 1994, 15 (4): 318-327.

[271] Klinefelter G R, Welch J E, Perreault S D, et al. Localization of the sperm protein SP22 and inhibition of fertility in vivo and in vitro. Journal of Andrology, 2002, 23 (1): 48-63.

[272] Guillette L J Jr, Gross T S, Masson G R, et al. Developmental abnormalities of the gonad and abnormal sex hormone concentrations in juvenile alligators from contaminated and control lakes in Florida. Environmental Health Perspectives, 1994, 102 (8): 680-688.

[273] Guillette L J Jr, Pickford D B, Crain D A, et al. Reduction in penis size and plasma testosterone concentrations in juvenile alligators living in a contaminated environment. General and Comparative Endocrinology, 1996, 101 (1): 32-42.

[274] Sumpter J P, Jobling S. Vitellogenesis as a biomarker for estrogenic contamination of the aquatic environment. Environmental Health Perspectives, 1995, 103 (Suppl 7): 173-178.

[275] 马玉花，黄冬群，张瑞，等．高效液相色谱法同时测定尿液中4种非蛋白氮的含量．色谱，2013，31（11）：1102-1105.

[276] 孔宇，郑凝，张智超，等．高效毛细管电泳测定尿液中非蛋白氮代谢产物．分析试验室，2003（6）：53-56.

[277] 代发文，黄升科，左建军，等．苦味酸法检测猪骨骼肌肌酸和肌酐的含量．畜牧与兽医，2010，42（4）：55-58.

[278] Copeland P A, Sumpter J P, Walker T K, et al. Vitellogenin levels in male and female rainbow trout (Salmo gairdneri Richardson) at various stages of the reproductive cycle. Comparative Biochemistry and Physiology B, Comparative Biochemistry, 1986, 83 (2): 487-493.

[279] W KWJ. Principles and Technigues of Practical. BiochemistryCambridge: Cambridge University Press, 1994.

[280] Parks L G, Cheek A O, Denslow N D, et al. Fathead minnow (Pimephales promelas) vitellogenin: purification, characterization and quantitative immunoassay for the detection of estrogenic compounds. Comparative Biochemistry and Physiology Part C, Pharmacology, Toxicology and Endocrinology, 1999, 123 (2): 113-125.

[281] Melo A C, Valle D, Machado E A, et al. Synthesis of vitellogenin by the follicle cells of *Rhodnius prolixus*. Insect Biochemistry and Molecular Biology, 2000, 30 (7): 549-557.

[282] Lomax D P, Roubal W T, Moore J D, et al. An enzyme-linked immunosorbent assay (ELISA) for measuring vitellogenin in English sole (*Pleuronectes vetulus*): development, validation and cross-reactivity with other pleuronectids. Comparative Biochemistry and Physiology Part B: Biochemistry and Molecular Biology, 1998, 121 (4): 425-436.

[283] Bessho H, Iwakami S, Hiramatsu N, et al. Development of a sensitive luminometric immunoassay for determining baseline seasonal changes in serum vitellogenin levels in male flounder (*Pleuronectes Yokohamae*). International Journal of Environmental Analytical Chemistry, 2000, 76 (3): 155-166.

[284] Brion F, Rogerieux F, Noury P, et al. Two-step purification method of vitellogenin from three teleost fish species: rainbow trout (*Oncorhynchus mykiss*), gudgeon (*Gobio gobio*) and chub (*Leuciscus cephalus*). Journal of Chromatography B, Biomedical Sciences and Applications, 2000, 737 (1-2): 3-12.

[285] Akihiko H, Kazunorl T, Hidematsu H. Immunochemical identification of female-specific serum protein, vitellogenin, in

the medaka, *oryzias latipes* (teleosts). Comparative Biochemistry and Physiology Part A: Physiology, 1983, 76 (1): 135-141.

[286] Michele D. Occurrence of plasma proteins in ovary and egg extracts fromAstacus leptodactylus. Comparative Biochemistry and Physiology Part B: Comparative Biochemistry, 1984, 78 (3): 745-753.

[287] Keith N, Bruce H, Eric J, et al. Photoperiod-induced changes in hemolymph vitellogenins in female lobsters (*Homarus americanus*). Comparative Biochemistry and Physiology Part B: Comparative Biochemistry, 1988, 90 (4): 809-821.

[288] 陈祥塔，赖月波．补充肌酸对运动能力的作用．中国临床康复，2006，10 (44)：164-166.

[289] Welch J E, Barbee R R, Roberts N L, et al. SP22: a novel fertility protein from a highly conserved gene family. Journal of Andrology, 1998, 19 (4): 385-393.

[290] Le Naour F, Misek D E, Krause M C, et al. Proteomics-based identification of RS/DJ-1 as a novel circulating tumor antigen in breast cancer. Clinical Cancer Research: An Official Journal of the American Association for Cancer Research, 2001, 7 (11): 3328-3335.

[291] Nagakubo D, Taira T, Kitaura H, et al. DJ-1, a novel oncogene which transforms mouse NIH3T3 cells in cooperation with ras. Biochemical and Biophysical Research Communications, 1997, 231 (2): 509-513.

[292] 宛传丹，黄宇烽，许晓风．精子蛋白 SP22 研究进展．中华男科学杂志．2005，11 (1)：1-4.

[293] Davis B J, Maronpot R R, Heindel J J. Di- (2-ethylhexyl) phthalate suppresses estradiol and ovulation in cycling rats. Toxicology and Applied Pharmacology, 1994, 128 (2): 216-223.

[294] Goldman J M, Murr A S. Dibromoacetic acid-induced elevations in circulating estradiol: effects in both cycling and ovariectomized/steroid-primed female rats. Reprod Toxicol, 2003, 17 (5): 585-592.

[295] Birken S, Kovalevskaya G, O'Connor J. Immunochemical measurement of early pregnancy isoforms of HCG: potential applications to fertility research, prenatal diagnosis, and cancer. Archives of Medical Research, 2001, 32 (6): 635-643.

[296] Kovalevskaya G, Birken S, Kakuma T, et al. Differential expression of human chorionic gonadotropin (hCG) glycosylation isoforms in failing and continuing pregnancies: preliminary characterization of the hyperglycosylated hCG epitope. The Journal of Endocrinology, 2002, 172 (3): 497-506.

[297] Guo Y, Hendrickx A G, Overstreet J W, et al. Endocrine biomarkers of early fetal loss in cynomolgus macaques (Macaca fascicularis) following exposure to dioxin. Biology of Reproduction, 1999, 60 (3): 707-713.

[298] 郁倩，王洪新，安可．水中 5 种雌激素的固相萃取高效液相色谱测定法．环境与健康杂志，2008，25 (5)：438-441.

[299] 毛丽莎，孙成均，李永新，等．柱前荧光衍生-高效液相色谱法测定尿和血清中的环境雌激素．分析化学，2005，33 (1)：33-36.

[300] Kim S B, Ozawa T, Umezawa Y. A screening method for estrogens using an array-type DNA glass slide. Analytical Sciences: the International Journal of the Japan Society for Analytical Chemistry, 2003, 19 (4): 499-504.

[301] Khan I A, Thomas P. Disruption of neuroendocrine control of luteinizing hormone secretion by aroclor 1254 involves inhibition of hypothalamic tryptophan hydroxylase activity. Biology of Reproduction, 2001, 64 (3): 955-964.

[302] McGarvey C, Cates P A, Brooks A, et al. Phytoestrogens and gonadotropin-releasing hormone pulse generator activity and pituitary luteinizing hormone release in the rat. Endocrinology, 2001, 142 (3): 1202-1208.

[303] Chen H, Wang X, Xu L. Effects of exposure to low-level benzene and its analogues on reproductive hormone secretion in female workers. Chinese Journal of Preventive Medicine, 2001, 35 (2): 83-86.

[304] 程宾，杨化新，梁成罡，等．RP-HPLC 测定重组人促卵泡激素中唾液酸含量．药物分析杂志，2007 (9)：1416-1419.

[305] 林冠峰，董志宁，贺安，等．人促卵泡激素光激化学发光免疫分析法的建立及性能评价．检验医学，2012，27 (9)：736-740.

[306] 吴英松，董志宁，汤永平，等．人促卵泡激素时间分辨荧光免疫分析检测试剂的研制．现代检验医学杂志，

2006，21（6）：36-38.

［307］ Bartosiewicz M，Penn S，Buckpitt A. Applications of gene arrays in environmental toxicology：fingerprints of gene regulation associated with cadmium chloride，benzo（a）pyrene，and trichloroethylene. Environmental Health Perspectives，2001，109（1）：71-74.

［308］ Hamadeh H K，Bushel P R，Jayadev S，et al. Prediction of compound signature using high density gene expression profiling. Toxicological Sciences，2002，67（2）：232-240.

［309］ Thomas R S，Rank D R，Penn S G，et al. Identification of toxicologically predictive gene sets using cDNA microarrays. Molecular Pharmacology，2001，60（6）：1189-1194.

［310］ Ginger M R，Gonzalez-Rimbau M F，Gay J P，et al. Persistent changes in gene expression induced by estrogen and progesterone in the rat mammary gland. Molecular Endocrinology，2001，15（11）：1993-2009.

［311］ Hannas B R，Lambright C S，Furr J，et al. Genomic biomarkers of phthalate-induced male reproductive developmental toxicity：a targeted RT-PCR array approach for defining relative potency. Toxicological Sciences，2012，125（2）：544-557.

［312］ 吴晓薇，黄国城．生物标志物的研究进展．广东畜牧兽医科技，2008，33（2）：14-18.

［313］ 姜薇，陈士杰．HPRT基因突变试验在环境卫生中的应用进展．浙江预防医学，2007，19（10）：52-54.

［314］ 王美娥，周启星．DNA加合物的形成、诊断与污染暴露指标研究进展．应用生态学报，2004，15（10）：1983-1987.

［315］ La D K，Swenberg J A. DNA adducts：biological markers of exposure and potential applications to risk assessment. Mutation Research，1996，365（1-3）：129-146.

［316］ 方清明，刘淑芬．DNA加合物的研究进展及其应用．国外医学（卫生学分册），1997，24（6）：329-331，365.

［317］ 冯峰，王超，吕美玲，等．DNA加合物检测．化学进展，2009，21（Z1）：504-513.

［318］ 赵燕，郝卫东．8-羟基-2′-脱氧鸟苷的生物学意义及其尿中含量的测定方法．癌变·畸变·突变，2007，19（5）：0418-0420.

［319］ Geric M，Gajski G，Garaj-Vrhovac V. Gamma-H2AX as a biomarker for DNA double-strand breaks in ecotoxicology. Ecotoxicology and Environmental Safety，2014，105（1）：13-21.

［320］ 宾萍，郑玉新．γ-H2AX与DNA双链断裂关系的研究进展．卫生研究，2007，36（4）：520-522.

［321］ 余艳柯，朱心强，杨军．γH2AX的检测方法简介．毒理学杂志，2006，20（6）：408-410.

［322］ 杨建平，朱志良，袁建辉，等．DNA甲基化在毒理学中的应用前景．环境与职业医学，2007，24（5）：546-549.

［323］ Faita F，Cori L，Bianchi F，et al. Arsenic-induced genotoxicity and genetic susceptibility to arsenic-related pathologies. International Journal of Environmental Research and Public Health，2013，10（4）：1527-1546.

［324］ Tabrez S，Shakil S，Urooj M，et al. Genotoxicity testing and biomarker studies on surface waters：an overview of the techniques and their efficacies. Journal of Environmental Science and Health Part C，2011，29（3）：250-275.

［325］ DeMarini D M. Genotoxicity biomarkers associated with exposure to traffic and near-road atmospheres：a review. Mutagenesis，2013，28（5）：485-505.

［326］ Norppa H. Cytogenetic biomarkers and genetic polymorphisms. Toxicol Lett，2004，149（1-3）：309-334.

［327］ Battershill J M，Burnett K，Bull S. Factors affecting the incidence of genotoxicity biomarkers in peripheral blood lymphocytes：impact on design of biomonitoring studies. Mutagenesis，2008，23（6）：423-437.

［328］ Jarabek A M，Pottenger L H，Andrews L S，et al. Creating context for the use of DNA adduct data in cancer risk assessment：I. Data organization. Critical Reviews in Toxicology，2009，39（8）：659-678.

［329］ Suspiro A，Prista J. Biomarkers of occupational exposure do anticancer agents：a minireview. Toxicol Lett，2011，207（1）：42-52.

［330］ Vineis P，Husgafvel-Pursiainen K. Air pollution and cancer：biomarker studies in human populations. Carcinogenesis，2005，26（11）：1846-1855.

［331］ Swenberg J A，Koc H，Upton P B，et al. Using DNA and hemoglobin adducts to improve the risk assessment of butadiene. Chemico-Biological Interactions，2001，135-136：387-403.

[332] Binet S，Pfohl-Leszkowicz A，Brandt H，et al. Bitumen fumes：review of work on the potential risk to workers and the present knowledge on its origin. Sci Total Environ，2002，300 (1-3)：37-49.

[333] Vodicka P，Koskinen M，Arand M，et al. Spectrum of styrene-induced DNA adducts：the relationship to other biomarkers and prospects in human biomonitoring. Mutation Research，2002，511 (3)：239-254.

[334] Bolognesi C. Genotoxicity of pesticides：a review of human biomonitoring studies. Mutation Research，2003，543 (3)：251-272.

Chapter 06

第六章 食品安全风险评估中的易感性生物标志物

美国国家科学院（NAS）1989年按照外源化学物作用于机体的表现形式及反映暴露至效应（疾病）各个阶段的连续变化关系，将生物标志物分为三类，即暴露生物标志物、效应生物标志物和易感性生物标志物。其中，易感性生物标志物（biomarker of susceptibility）是指个体易于受外源性化学、物理、生物等有害因素影响的一些改变，是生物易感性的指标，即反映机体先天具有或后天获得的对接触外源性物质产生反应能力的指标。易感性生物标志物虽然不包括在暴露效应（疾病）关系链中，但在暴露效应关系中的每一步都起到重要的作用，是决定效应（疾病）是否发生的重要因素。这类生物标志物是在暴露之前就已存在的遗传性或获得性的可测量指标，决定着因暴露而容易导致效应（疾病）发生的可能性。易感性生物标志物可用以筛检易感人群，保护高危人群。

近期FDA和NIH联合建立了“生物标志物-终点和工具”的网络资源，其中根据应用目的（如疾患护理、临床研究或药物研发等）对生物标志物进行了新的定义[1]。就新发展的预测毒理学和系统药理学而言，传统的易感性生物标志物在此资源框架中，更接近于其中的安全性/风险生物标志物。如从饮食和营养学角度来分类，早在2001年，Crews等[2]提出维生素A和维生素B_{12}作为饮食摄入的重要评价标志物。近年来，易感性生物标志物被认为是机体的“健康背景状态”，如可以是低水平的血浆维生素C（对坏血病易感）、高血清胆固醇（易引发心肌梗死）或低密度的骨矿质（易骨折）[3]。食品安全风险评估中的易感性生物标志物近些年来也陆续有少量报道。如Grenier等[4]发现，亚临床剂量的脱氧雪腐镰刀菌烯醇（deoxynivalenol，DON）和伏马菌素（fumonisin，FB）能够通过扰动代谢和免疫功能进一步导致肉用仔鸡更易感球虫病。

个体对环境因素所致有害效应（疾病）的易感性受遗传因素和非遗传因素影响。因而易感性生物标志物可以分为遗传性和非遗传性。遗传性易感因素标志物通过编码特异性蛋白的DNA的变异，增加效应（疾病）发生的频率。与正常人相比，遗传性易感个体的机体可能产生结构变异的蛋白质，或者产生蛋白质的数量过高或过低。遗传决定的易感性因素大部分比较稳定，而获得性（非遗传性）易感因素，如年龄、健康/疾病、营养、生活方式等状况，则随环境与时间的变化导致机体易感程度的变化。多数情况下，易感性生物标志物指遗传易感性生物标志物。

基因多态性是目前研究中最重要的一种易感性生物标志物，也是食品安全风险评估中不同个体对同一外源化学物的毒性反应存在量和（或）质的差异的关键。基因多态性是指在一个生物群体中，同时和经常存在两种或多种不连续的变异型或基因型（genotype）或等位基因（allele），亦称遗传多态性（genetic polymorphism）。基因多态性的产生在于基因水平上的变异，一般发生在基因序列中不编码蛋白的区域和没有重要调节功能的区域。对于个体而言，基因多态性碱基顺序终生不变，并按孟德尔规律世代相传。人类基因多态性既来源于基因组中重复序列拷贝数的不同，也来源于单拷贝序列的变异，以及双等位基因的转换或替换，通常分为 3 类：DNA 片段长度多态性、DNA 重复序列多态性、单核苷酸多态性。近年来，美国农业部主导的为期五年的牛呼吸道疾病（BRD）协调农业项目，采用全基因组广泛关联研究（genome-wide association study，GWAS）分析方法识别出牛对 BRD 的非易感基因。研究表明，单核苷酸多态性（single nucleotide polymorphism，SNP）效应可解释 BRD 发生率中 20% 的变异性以及临床症候的 17%～20% 的变异性[5]。另外，沟鞭藻类引起的雪卡毒素鱼类中毒（ciguatoxin fish poisoning，CFP）是一个严重的公共卫生问题。Schoelinck 等[6]报道，通过 DNA 条形码方法进行种属的精确识别成为控制 CFP 的必要工具。Creppy 等[7]证实了在埃尔玛的突尼斯，四个农村家庭的 21 人因感染饮食中的赭曲霉毒素 A 而导致慢性肾小管肾病，并且具有 HLA haplotype *A3*、*B27/35*、*DR7* 基因的人更易感。

随着人类基因组计划和环境基因组计划的顺利开展，越来越多的基因及其多态形式被发现。通过研究，人们能够找到究竟是哪一个基因在环境导致疾病的发生环节链中出现了异常。这些发生变化的基因，大多行使机体的日常功能，基本都能够应用于易感性评估。在公共卫生领域，基因多态性的研究多集中于肿瘤遗传易感性和职业接触有害物质易感性评价。本章将主要从药物或毒物代谢酶基因多态性、DNA 修复酶基因多态性等几个方面进行介绍，相关资料很多都借鉴自职业接触有害物质易感性研究。

第一节 药物或毒物代谢酶基因多态性

药物或毒物代谢酶基因的多态性，可直接影响到外源化合物在体内的去向、结局，以及与细胞和大分子的相互作用。DNA 序列上有许多涉及Ⅰ相和Ⅱ相代谢反应酶的特定基因。这些 DNA 序列的多态性可影响化学物在体内的代谢增毒与减毒过程，进而影响到机体对它们的易感性和疾病的发生。一般来说，化学物在Ⅰ相代谢酶（如 CYPs）的作用下氧化成活性中间产物，而Ⅱ相代谢酶（如 GST，*N*-乙酰转移酶）通常介导体内物质与这些活性代谢物的结合反应，使它们灭活或者易于排出体外。未被灭活的活性代谢物可与 DNA 反应形成 DNA 加合物，如果这一加合物损伤未被修复，则有可能导致机体损伤或者突变的发生。对于基因决定的具有高Ⅰ相反应活性和低Ⅱ相反应活性的个体，其体内可产生较多的活性中间代谢物并出现较高水平的DNA损伤。相反，具有低Ⅰ相反应活性和高Ⅱ相反应活性的个体则可能出现较低水平的DNA损伤。对Ⅰ相和Ⅱ相代谢反应酶表达和调节的共同作用，以及这一过程在靶器官细胞内的平衡是影响个体对外源性化学物易感性的重要因素。细胞色素P450多态性、*N*-乙酰转移酶多态性和谷胱甘肽硫转移酶多态性与某些人类肿瘤的关系已得到证实。

一、Ⅰ相代谢酶代表——细胞色素P450

细胞色素P450（CYP450）是由Klingberg和Gorfinkle在1958年发现的，因它与CO的结合物在波长为450nm处有最大吸收峰而得名，是一类超基因家族酶系。自1982年Fujii-Kuriyama等首次报道CYP450异构酶的脱氧核糖核酸（cDNA）全序列以来，其他CYP450异构酶的DNA序列陆续被发现，目前已知CYP450有500多种基因，包括8个基因家族、13个亚基因家族的25个基因，其中主要有3个基因家族（*CYP1*、*CYP2*和*CYP3*）在体内参与外源物质的生物转化。*CYP450*超基因家族中许多基因具有遗传多态性，是引起个体间和种族间对同一底物代谢能力不同的原因之一。

（一）细胞色素P4501A1

细胞色素P4501A1（CYP1A1）是最早被分离和测序的CYP450，是外源性化学物质在体内代谢的重要相关酶之一，主要参与化学致癌物或前致癌物如多环芳烃类的氧化代谢，该基因的异常会引起酶功能异常，从而影响体内毒素的代谢而引起损伤。*CYP1A1*基因定位于15号染色体q22～q24，含有5934个碱基对，全长为6311bp，包括7个外显子和6个内含子，由512个氨基酸组成。目前在该基因上至少已发现8个位点具有多态性，以CYP1A1*2A、CYP1A1*2C、CYP1A1*3、CYP1A1*4研究较多。其中，最早发现的CYP1A1*2A多态性位点称Msp I多态性位点，是3′端非编码区多A信号下游第264个碱基T置换为C所致，基因型分为A、B、C，共3种。研究认为高诱导基因型（C型）CYP1A1酶具有较强的活化多环芳烃的能力，可能易于癌变；非诱导基因型（A型或B型）的人活化多环芳烃的能力相对较低，不易发生癌变。

Georgiadis等[8]观察了194名近期被动吸烟和暴露于空气PAHs的非吸烟者，发现被动吸烟和携带CYP1A1*2A等位基因者、携带CYP1A1*2A等位基因和GSTM1无效基因型的个体、联合CYP1A1*2A/GSTM1（Ile/Val）基因携带者均拥有较高的加合物水平。Georgiadis等[9]的另一项研究观察了体内CYP1A1基因型（*2A、*2B）对加合物水平的影响。与CYP1A1*1纯合子相比，携带至少1个CYP1A1*2A等位基因者体内加合物水平显著增高。尽管携带CYP1A1*2B基因型的人数较少，但也有相同趋势。说明携带这些基因型的被动吸烟者和环境PAHs暴露者有较高的易感性。

1979年我国台湾米糠油中毒事件中，受害者在9个月间平均摄入1g多氯联苯

(PCB)和3.8mg多氯二苯并呋喃(PCDF),出现了氯痤疮、指甲异常、角化过度症和皮肤过敏等症状。Tsai等的回顾性研究显示,携带*CYP1A1MspI*突变型基因合并*GSTM1*基因缺失型个体发生氯痤疮风险升高(OR=2.8,95%CI:1.1~7.6);*GSTM1*基因缺失会导致皮肤过敏风险升高(当CYP1A1为野生型或杂合子时,OR=2.7,95%CI:1.2~6.1;当CYP1A1为突变型时,OR=3.9,95%CI:1.2~12.6);*GSTT1*基因缺失与PCB/PCDF中毒的皮肤症状未见联系[10]。

(二)细胞色素P4502D6

细胞色素P4502D6(CYP2D6)代谢酶是细胞色素P450家族中的成员之一,是参与Ⅰ相代谢和众多内源性物质和不同药物消除的酶。虽然它在肝脏中的含量大约只占肝脏总量的2%,但在临床上却参与了25%以上的常用药物的代谢活动。控制CYP2D6的等位基因定位于人类第22号染色体长臂的2D基因座,正常的*CYP2D6*由9个外显子和8个内含子构成,长度约7kb。随着对*CYP2D6*基因多态性研究的不断深入,目前将人群分为超快速代谢者(UM)、快代谢者(EM)、中间代谢者(IM)和慢代谢者(PM)。其中,把携带两个以上活性等位基因(*CYP2D6* * *1*或*CYP2D6* * *2*)者称为UM,携带一个正常有活性等位基因者称EM,携带两个导致酶活性降低的等位基因(*CYP2D6* * *10*)者为IM,携带两个无活性等位基因(*CYP2D6* * *3*,*CYP2D6* * *4*)或基因缺失(*CYP2D6* * *5*)者为PM。

很多研究显示CYP2D6*2对锰中毒有保护作用。印度在锰暴露人群和非暴露人群的调查中发现,基因型为CYP2D6*2A/*2A受试者的血锰浓度(21.4μg/L±8.9μg/L)显著低于杂合子个体(34.4μg/L±6.9μg/L)及野生型个体(36.3μg/L±8.5μg/L)[11]。在中国的调查中发现,突变型纯合子个体(CYP2D6*2A/*2A)发生锰中毒的危险度相对于野生型纯合子个体(CYP2D6*1A/*1A)低90%(OR=0.10,95%CI:0.01~0.82)[12]。上述两个研究还显示,CYP2D6基因多态性会影响慢性锰中毒的潜伏期,相同暴露条件下,基因型为突变型纯合子(CYP2D6*2A/*2A)或杂合子(CYP2D6*1A/*2A)的个体出现锰中毒症状的时间比基因型为CYP2D6*1A/*1A的个体要晚10年,统计学差异具有显著性。除了CYP2D6以外,近几年来报道PARK9和SLCA30A10[*SLC30A10* gene(solute carrier family 30 member 10)编码的蛋白质]等酶或转运体基因的遗传多态性在慢性锰中毒的研究中也是值得关注的[13]。

(三)细胞色素P4502E1

细胞色素P4502E1(CYP2E1)属*CYP450*超基因家族中的最大家族CYP2中的一员,在哺乳动物CYP2家族中,CYP2E1同工酶最为保守。该基因定位于人类第10号染色体q24.3~qter,由9个外显子和8个内含子组成,长度为11413bp,编码由493个氨基酸组成的功能蛋白质,分子质量为56.9kDa。主要参与乙醇、亚硝胺、卤代烃和苯等许多小分子外源性物质的代谢激活。*CYP2E1*存在多个多态性位点,其中位于该基因上游区5′端 *Rsa* Ⅰ酶切位点，可影响该基因所表达的酶的活性，从而导致化学物在体内代谢的个体差异。

王静雯等[14]在探讨 *CYP2E1* 5′侧翼区基因多态性与职业性慢性锰中毒易感性的关系中发现，*CYP2E1* 基因 Rsa Ⅰ位点基因型及等位基因的分布在病例组和对照组之间差异没有统计学意义。而 *CYP2E1* Dra Ⅰ位点基因型分布在病例组和对照组有显著性差异（$\chi^2=7.70$，$P<0.01$），*CYP2E1* 基因 Dra Ⅰ位点野生型纯合子（DD）在病例组的分布明显高于对照组，突变型纯合子（CC）在病例组的分布明显低于对照组。*CYP2E1* Dra Ⅰ位点等位基因分布频率两组间差异有统计学意义（$\chi^2=5.61$，$P<0.05$）。OR 值为 2.14（95%CI：1.13～4.05）。推测 *CYP2E1* 基因的多态性可能与锰中毒的易感性有关。

CYP2E1 是丙烯酰胺转化为环氧丙酰胺的关键酶，Ghanayem 等发现，*CYP2E1* 缺失基因型的小鼠体内环氧丙酰胺及其加合物的含量明显高于其他野生型个体，*CYP2E1* 的多态性可影响丙烯酰胺转化为环氧丙酰胺的水平[15]。

二、Ⅱ相代谢酶代表——谷胱甘肽硫转移酶

谷胱甘肽硫转移酶（GST）是体内生物转化最重要的Ⅱ相代谢酶之一，同时也是一个含有多种功能酶的大基因家族，可以催化谷胱甘肽与亲电子物质结合，是细胞抗损伤、抗癌变的主要解毒系统。有研究表明，*GST* 基因的多态性与烟草咀嚼者罹患口腔黏膜白斑病的危险度相关联[16]。GST 主要包括 α、μ、π 和 θ 等亚型，其基因多态性的存在可引起其表达的相应酶的活性不同，导致解毒功能发生改变，并与很多疾病和特定肿瘤的发生有关。GST 中 *GSTM1*、*GSTT1* 是最重要的两种，分别位于 1p13.3，22q11.23，均存在缺失基因型，表现为基因部分和全部缺失。这两种基因缺失型个体产生 GST 的数量和活性大小存在差异，使个体拥有不同的解毒能力。

GSTM1 家族包括 5 个基因（*GSTM1*～*M5*），均定位于人类染色体 1p13，能催化还原型的谷胱甘肽（GSH）的巯基（—SH）结合到疏水的化合物上，使亲电子的化合物变成亲水的物质，易于从胆汁或尿液中排泄，通过这种方式将体内各种致癌物和断裂剂产生的亲电子试剂、有潜在毒性的物质及亲脂性化合物降解排出。其中 *GSTM1* 缺失基因型是研究最多的一种缺陷 GSTM 酶，有 3 种等位基因：GSTM1（+/+）、（+/−）、（−/−）基因型。其中 GSTM1（+/+）、（+/−）基因型分别编码蛋白单体，蛋白单体间进一步形成同源或异源二聚体，这些酶的催化活性相似。*GSTM1* 基因缺失型的个体体内不能产生有活性的酶蛋白，从而使机体对化学致癌物的解毒功能下降甚至丧失，因此可认为 *GSTM1* 基因缺失可导致个体对许多疾病的易感性增加。

GSTT1 属于谷胱甘肽硫转移酶超基因家族中的 θ 家族，与 GSTM1 互为同工酶。*GSTT1* 基因定位于人类 22 号染色体 q11.23，在人群中具有基因缺失多态性，可分为存在型 GSTT1（+）和缺失型 GSTT1（−），即一些人不具有 *GSTT1* 基因。有研究表明，不同种族、不同地域的群体，*GSTT1* 基因缺失型的频率差异很大，*GSTT1* 基因缺失型在非洲、亚洲、欧洲人群中分布频率分别为 15%～26%、16%～64%和 10%～

21%。不具有 *GSTT1* 基因的个体，由于体内 *GSTT1* 基因的缺失，导致机体不能产生有活性的 GST-θ 同工酶，进而不能有效去除体内亲电子致癌物，这可能增加了体细胞突变的风险并最终导致肿瘤的形成。

在我国 150 例住院肺癌患者和 150 例健康体检者的病例对照调查中，病例组 *GSTM1* 基因缺失率为 64.0%，对照组为 45.3%，*GSTM1* 基因缺失型发生肺癌的风险 OR 值为 2.14（95%CI：1.35～3.41），吸烟因素发生肺癌的风险 OR 值为 2.53（95%CI：1.57～4.06），*GSTM1* 基因缺失型联合吸烟的 OR 值为 5.58（95%CI：2.71～11.49），大于吸烟因素及 *GSTM1* 基因缺失型的风险 OR 值[17]。

在我国贵州省燃煤型砷中毒地区所做的病理对照研究结果显示，病例组的 GSTT1（－）基因型的频率高于对照组，差异具有统计学意义，同时发现携带有 *GSTT1* 空白型个体发生砷中毒的风险是携带 *GSTT1* 非空白基因型个体的 2.18 倍，95%CI 为 1.183～4.018，从而提出 GSTT1（－）基因型可能是燃煤型砷中毒发生的重要危险内因之一[18]。而与此相反的是，中国疾病预防控制中心苏丽琴等在研究 *GSTT1*、*GSTM1* 基因多态性与砷中毒易感性的相关性时发现，*GSTM1* 和 *GSTT1* 非空白型基因不论是单独存在还是同时存在，发生砷中毒的危险性都明显高于空白组，认为 *GSTT1*、*GSTM1* 基因多态性和砷中毒的发生可能有关，*GSTT1* 和 *GSTM1* 空白型个体在相同的砷暴露环境下，患地方性砷中毒的危险性可能较低[19]。

在职业有害因素中，已证实 *GSTM1*、*SOD1* 和 *SOD2* 等基因与噪声性听力损失易感性相关联，并首次在中国汉族职业性噪声听力损失人群中确认 miR-183 家族及靶基因 SNP 位点，并应用到职业性噪声暴露人群易感性筛查。另外，在 6000 人的汉族噪声暴露人群中发现了 *GSTM1* 基因缺失型，PON2rs7493（CG＋GG）、rs7785846（CT＋TT）、rs12026（CG＋GG）、rs7786401（GT＋TT）和 hOGG1 Cys/Cys 基因型是噪声性听力损失的易感性标志。

有研究发现，在长期低剂量接触有机磷酸酯类农药的高暴露组人群中，GSTT1（＋）人群总蛋白、球蛋白低于 GSTT1（－）人群（$P<0.01$），GSTT1（＋）人群白蛋白/球蛋白（A/G）高于 GSTT1（－）人群（$P<0.05$），GSTT1（＋）人群 IgG 低于 GSTT1（－）人群（$P<0.05$）、GSTT1（＋）人群 IgA 高于 GSTT1（－）人群（$P<0.05$），GSTT1（＋）人群谷草转氨酶低于 GSTT1（－）人群（$P<0.05$），提示 *GSTT1* 不同基因型对农药接触的反应不同，GSTT1 可能是农药免疫、内分泌毒性的易感性生物标志物之一[20]。

Duale 等[21]对丙烯酰胺（acrylamide，AA）暴露状况的人群调查发现，对于 *GSTM1* 与 *GSTT1* 缺失的基因型个体，其环氧丙酰胺血红蛋白加合物（GA-Hb）与丙烯酰胺血红蛋白加合物（AA-Hb）比值明显高于其他基因型个体。表明丙烯酰胺接触的个体易感性与 *GSTM1* 及 *GSTT1* 的基因多态性显著相关。

李砚[22]在微囊藻毒素（microcystin，MC）病例对照研究中发现，病例组和对照组人群 *GSTM1* 基因缺失的频率分别为 43.2%和 47.8%，两组间没有统计学差异；而病例组中 GSTT1（－）的频率为 60.5%，显著高于对照组的 39.1%，且差异具有统计学意义（$P=0.006$）。病例组中 GSTM1（－）/GSTT1（－）频率为 29.6%，高于对照组

16.3%，而且 GSTM1（－）/GSTT1（－）的个体发生肝损伤的危险度分别比 GSTM1（＋）/GSTT1（＋）和 GSTM1（－）/GSTT1（＋）高 3.01 倍和 2.54 倍。该研究认为在 MC 暴露儿童中，GSTT1（－）可能是肝损伤的易感基因型，但未发现两组间 GSTM1（－）的差异；GSTM1（－）/GSTT1（－）交互作用会增加发生肝损伤的危险性，导致暴露人群对 MC 致肝损伤的易感性增强。

Mazzaron Barcelos G R 等[23]对巴西亚马逊区域甲基汞与 *GSTM1*、*GSTT1* 基因多态性研究显示，该地区 144 名志愿者 GSTM1/T1、GSTM1/GSTT1*0、GSTM1*0/T1 和 GSTM1*0/GSTT1*0 基因型分布分别为 35.4%、22.2%、25.0%和 17.4%。其中携带 *GSTT1* 基因人群血汞浓度和发汞浓度低于其他基因型人群；*GSTM1*、*GSTT1* 基因型均为缺失型的人群血汞浓度和发汞浓度高于其他基因型人群。研究组认为 GSTT1 基因在汞的代谢过程中起着重要作用，缺失者的酶活性降低、通过 Hg-GSH 结合通路排出的汞减少从而导致汞在人体内的蓄积。澳大利亚的研究结果与上述研究具有一致性，192 名学生中，携带 GSTT1（－/－）及 GSTM1（－/－）双缺陷型个体的发汞浓度高于其他组别；GSTT1（＋/＋）及 GSTM1（＋/＋）双野生型个体金属硫蛋白 MT-1X 表达能力较强。两个研究组均认为 *GSTM1*、*GSTT1* 基因的缺失可能导致汞中毒的易感性升高。

第二节　DNA 修复酶基因多态性

广泛存在于环境和食物中的有害物质，在经过代谢后形成的终产物，仍可能对 DNA 造成直接的氧化损伤，并形成化学性和内源性的 DNA 加合物。人体内存在复杂的 DNA 修复系统，可在 DNA 复制把这些改变永久固定下来之前纠正 DNA 加合物、碱基损伤或者其他致突变的损伤。DNA 修复系统通过减少损伤或者减少重排的 DNA 模板的复制错误以及移除损伤的 DNA 片段来维持基因编码的完整性，在保护基因组不发生突变方面具有重要作用。DNA 损伤修复包括碱基切除修复（BER）、核苷酸切除修复（NER）、错配修复（MMR）、重组修复和双链断裂修复等。大量研究发现人群中不同个体间的 DNA 损伤修复基因存在差异或者多态性，这种多态性可进一步影响到机体对化学物毒作用的易感性，与很多疾病的发生发展都有着密切的联系。已经克隆的人类 DNA 修复基因有切除修复交错互补（ERCC）基因、X 线修复交错互补（XRCC）基因、多聚腺苷二磷酸核糖转移酶（PARP）基因、着色干皮病剪切修复（XPAC）基因、franconi 贫血修复（FACC）基因、O^6-甲基鸟嘌呤甲基转移酶（MGMT）基因、DNA 连接酶基因和 DNA 聚合酶基因等 10 余种。这些 DNA 修复酶的先天性遗传缺陷与一些人类疾病相关联，如：运动失调性毛细血管扩张症、着色干皮病、先天性全血细胞减少症和 Cockayne 综合征等。这类先天性遗传缺陷的病人对某些理化因素诱发的肿瘤敏感性较高[16]。

一、X线修复交错互补基因1

X线修复交错互补基因1（X-ray repair cross complementing 1，XRCC1）是重要的DNA损伤修复基因，位于人类染色体19q13.2，长约32kb，由17个外显子组成。该基因编码的蛋白质主要参与碱基切除修复（BER）途经，与DNA连接酶Ⅲ相互作用，在DNA单链修复中起重要作用。目前已发现*XRCC1*基因编码区有3个单核苷酸多态位点，分别为rs1799782（Arg194Trp）、rs25489（Arg280His）和rs25487（Arg399Gln），这些多态性的存在可影响个体对化学物或致癌物的易感性。

陆春花等[24]在*XRCC1*基因多态性与铅中毒易感性关系的研究中发现，XRCC1 A194W的CT+TT在病例组和内对照组的分布频率差异有统计学意义（$P<0.05$），CT+TT基因型能增加铅中毒的易感性（OR=2.46，95%CI：1.16～5.21）；XRCC1 A399Q的GA+AA在病例组和外对照组的分布频率差异有统计学意义（$P<0.05$），携带GA+AA基因型的个体发生铅中毒的危险性降低（OR=0.31，95%CI：0.15～0.65）。张忠等[25]的XRCC1基因多态性与铅毒性遗传性易感性研究与此一致，高铅组XRCC1-194 CT+TT基因型的比例大于低铅组（$P<0.05$），XRCC1-194 CT+TT基因型组工人较XRCC1-194CC基因型组工人高血铅发生率的风险明显增高（OR=2.78，95%CI：1.49～5.28）。上述研究均认为*XRCC1*基因单核苷酸多态性与铅毒性易感性有一定关联，可考虑作为铅中毒的重要易感性生物学标志。

高琳等[26]的慢性苯中毒发病风险与*XRCC1*基因多态性关联的病例对照研究发现，XRCC1 rs25487 CT基因型（$OR_{adj}=5.146$，95%CI：2.441～10.852，$\chi^2=21.098$，$P<0.05$）或TT基因型（$OR_{adj}=13.985$，95%CI：6.440～30.371，$\chi^2=56.316$，$P<0.05$）、rs1799782 AA基因型（$OR_{adj}=2.012$，95%CI：0.926～4.372，$\chi^2=5.100$，$P<0.05$）可使慢性苯中毒发生风险增高，提示XRCC1 rs25487 CT或TT基因型、rs1799782 AA基因型多态性可能作为慢性苯中毒发病危险性增加的生物学标志之一。

二、X线修复交错互补基因3

X线修复交错互补基因3（X-ray repair cross complementing 3，*XRCC3*）位于14q32.3，该基因编码的蛋白质是Rad51相关蛋白家族的一员，参与DNA双链断裂修复和同源重组修复，维持染色体的稳定性。目前已有的研究结果显示，*XRCC3*第7号外显子18067位点的核苷酸的C突变为T，使241位点的密码子由苏氨酸残基（Thr）变为甲硫氨酸残基（Met），破坏了蛋白质的正常构象，从而影响DNA损伤修复功能，故认为该基因C18067位点的多态性可能导致DNA损伤修复能力的个体差异。

刘祥铨等[27]的职业性慢性铅中毒病例对照研究发现，XRCC3 Thr241Met的CT和TT基因型均可增加职业性慢性铅中毒的易感性，校正OR值分别为2.44、3.37，95%

CI 分别为（1.17～5.09）、（1.09～11.14），提示携带 XRCC3 Thr241Met 的 CT 或 TT 基因型的铅作业工人易发生职业性慢性铅中毒。

黄永秩等[28]的 *XRCC3* 基因多态性对黄曲霉毒素 B_1-DNA 加合物水平的影响研究发现，广西 AFB_1 高污染区人群中，XRCC3 CT、TT 基因型与高 AFB_1-DNA 加合物水平相关，其风险值分别为 1.43（95%CI：1.08～1.89）和 2.42（95%CI：1.13～5.22），且 *XRCC3* 多态性与长时间 AFB_1 暴露在 AFB_1-DNA 加合物形成过程中存在协同作用（OR＝11.00，$P<0.01$），提示携带 XRCC3 Thr241Met 的 CT 或 TT 基因型的人群更易诱导产生 DNA 损伤（AFB_1-DNA 加合物）。

三、核苷酸切除修复交叉互补基因 1

核苷酸切除修复交叉互补基因 1（excision repair cross-completion group 1，*ERCC1*）是一种高度保守的单链 DNA 核酸内切酶，该基因定位于染色体 19q13.2，可与着色性干皮病互补因子 F（XPF）形成紧密的异源二聚体（ERCC1-XPF），具有损伤识别和切除庞大 DNA 加合物的双重作用，并且在 NER 中起到限速作用[29]。*ERCC1* 基因存在着 2 个常见的 SNP，一个位于第 4 号外显子的第 118 密码子（Asn118Asn、T19007C、dbSNPno. rs11615），另外一个位于 *ERCC1* 3′非编码区（C8092A、dbSNPno. rs3212986）。其中最常见且有意义的是位于第 4 号外显子的第 118 号密码子 C→T，依此将 ERCC1-118 基因型分为 3 种：AAT 纯合（TT），AAC 纯合（CC），AAT/AAC 杂合（CT）。尽管 AAC 及 AAT 的转变前后均编码天冬酰胺（Asn），但研究认为 ERCC1-118（C→T）能降低细胞中 *ERCC1* 的转录效率及蛋白表达水平，从而减弱 ERCC1 的 DNA 修复能力。

陈绯等[30]的慢性苯中毒遗传易感与 *ERCC1* 基因多态性的病例对照研究显示，ERCC1 Asn118Asn（rs11615）TT 基因型可使慢性苯中毒发生风险增高（OR_{adj} = 3.251，95%CI：1.365～7.743，$\chi^2=6.718$，$P=0.010$），未发现 ERCC1 C8092A（rs3212986）等位点与慢性苯中毒发生的关联，认为 ERCC1 Asn118Asn（rs11615）多态性可能作为慢性苯中毒发病危险性增加的生物学标志之一。

魏绍峰等[31]的 *ERCC1* 与烟煤污染型地方性砷中毒关系研究显示，病例组 ERCC1 C8092A 位点 CA/AA 基因型分布频率（CA：29.78%，AA：10.67%）显著高于对照组（CA：23.08%，AA：5.13%，$P<0.05$）；携带 ERCC18092CA＋AA 基因型个体较携带 ERCC18092CC 基因型个体发生砷中毒的风险升高 1.780 倍（$P<0.05$）。提示 ERCC1 C8092A 位点基因多态性与燃煤污染型砷中毒的发病风险有关。

四、核苷酸切除修复交叉互补基因 2/人类着色性干皮病基因 D

NER 修复系统包含多种蛋白，包括 XPA、XPB、XPC、XPD、XPE、XPG，其中

着色性干皮病基因 D（*XPD*）在核苷酸切除修复途径中起主要作用。该基因定位于染色体 19q13.3，长约 20kb，由 23 个外显子组成。*XPD* 基因产物是由 761 个氨基酸组成的转录修复因子 TFⅡH 复合物中一种高度保守的 ATP 依赖性解旋酶，在 NER 及转录过程中发挥双重作用。*XPD* 基因拥有 2 种常见多态性：第 312 密码子 G→A 多态和 751 密码子 A→C 多态分别导致 Asp312→Asn312 和 Lys751→Gln751 氨基酸替代，从而改变机体 DNA 损伤修复的能力。

肖莎等[32]的 *ERCC2/XPD* 在苯并芘所诱导的细胞 DNA 损伤与修复过程中的作用研究中，应用了中国仓鼠卵巢细胞系 CHO 野生型 AA8 和 ERCC2 表达缺失型 UV 细胞系进行了 MTT 试验、彗星试验和 Rad51 免疫荧光试验。结果显示，MTT 法 UV5 细胞对苯并芘所致损伤更加敏感，细胞存活率降低；彗星试验和 Rad51 免疫荧光试验中，UV5 细胞由于缺失 *ERCC2/XPD* 基因，修复苯并芘所致 DNA 损伤能力降低，提示 ERCC2/XPD 蛋白在核苷酸切除修复中发挥解旋作用，对苯并芘所致 DNA 损伤修复至关重要。

魏绍峰等[31]等的燃煤污染型砷中毒病例对照研究显示，携带 XPD 751 Lys/Gln + Gln/ Gln 基因型个体较携带 XPD 751 Lys/Lys 基因型个体发生砷中毒的风险升高 1.681 倍（OR_{adj}=1.681，95%CI：1.081～2.615）；携带 XPD 312 Asp/Asn + Asn/Asn 基因型个体较携带 XPD 312 Asp/Asp 基因型个体发生砷中毒的风险升高 1.790 倍（OR_{adj}=1.790，95%CI：1.014～3.158），提示 *XPD* 基因 Lys751Gln 和 Asp312Asn 位点的多态性与燃煤污染型砷中毒的发病风险有关。

黄慧隆等[33]的 *XPD* 基因多态性与慢性苯中毒遗传易感性研究显示，携带 XPD 751 Gln 变异等位基因的个体发生慢性苯中毒的危险性升高（OR_{adj}=2.903，95%CI：1.054～7.959，$P<0.05$），*XPD* 基因密码子 156 及 312 位点的多态性未见明显差异。提示在相同苯作业暴露环境下，携带 XPD 751 Gln 变异等位基因的个体发生慢性苯中毒的危险性升高。另外，有研究揭示苯代谢酶基因 *NQ10* 和 DNA 损伤修复基因的多态性与苯中毒的易感性相关。携带 TDG 199Gly/Ser 基因型的个体是氯乙烯接触致染色体损伤的易感人群。

由上可见，通过对易感性生物标志物的研究，可为早期发现易感人群，开展更为全面的健康风险评估，保护易感人群健康提供科学依据。

第三节　其他遗传易感性生物标志物

一、金属硫蛋白

金属硫蛋白（MT）是一类富含巯基的低分子量蛋白质，由 61 个氨基酸组成，分子量为 6000～7000。MT 是富含半胱氨酸的金属结合蛋白，分子中所含的巯基可以和亲电性有毒金属（如铅、镉、铜）、自由基团以及某些代谢产物等结合，从而参与体内微量元素代谢和解除重金属的毒性。MT 是遗传多态性家族，哺乳动物的 *MT* 基因位于一条染色体上，人类 MT 由位于 16 号染色体的多基因家族编码组成，是一个至少由 17 个紧密相关的基因产物构成的家族；鼠 *MT* 基因位于 8 号染色体。一般来说，哺乳动物 MT 分子肽链的 *N* 端为乙酰化的甲硫氨酸，*C* 端为丙氨酸；两个结构域通过第 30 和 31 位的赖氨酸残基（Lys2Lys）相连，Cys2Xaa2Cys 三肽序列是所有 MT 的特征序列，数量为 7 个，并与结合的金属含量一致。在所有的哺乳动物组织中，MT-1 和 MT-2 协同表达，MT-3 是该家族中的脑部特异成员，能结合锌和铜，具有重要的神经生理和神经调节功能。MT 通过与重金属结合可以有效地减轻重金属对机体的毒害，是目前临床上最理想的生物螯合解毒剂。

MT-2A 是金属硫蛋白的一种亚型，是人体组织中分布最为广泛的金属硫蛋白。MT-2A rs28366003 位点位于 MT-2A 核心启动子区域。Kayaalti 等的研究表明，MT-2A 核心启动子区域的多态性会增加人体肾脏组织中的镉蓄积[34]。另有研究发现，携带 MT-2A rs28366003 杂合子基因型的人群相对于纯合子基因型的人群血液中镉浓度更高[35]。黄丽华等[36]的研究显示产妇、新生儿中 MT-2A rs28366003 位点杂合/突变型基因携带者的血镉浓度均高于野生型携带者（$P<0.05$），认为 MT-2A rs28366003 位点基因多态性会影响产妇、新生儿血镉的浓度，并进一步影响新生儿出生头围。

中国台湾研究组在对长期铅暴露工人的调查中发现，*MT-1A* 基因等位点（rs11640851 及 rs8052394）的多态性可能影响肾脏尿酸和 *N*-乙酰-*β*-氨基葡萄糖苷酶（NAG）的排出，特别是在基因型为 GG 的人群中，长期铅暴露会显著降低排出尿酸的能力[37]。田丽婷等的金属硫蛋白基因多态性对职业性铅接触致肾损伤的修饰作用的研究结果显示，在相同的职业外暴露环境下，MT-1A rs11076161 位点 AA 基因型携带者表现出铅吸收较其他基因型的人较低的趋势；铅接触量较低时 MT-2A rs28366003 位点 GG 基因型携带者体内铅吸收水平较高；研究对象总体中 MT-2A rs10636 GG 基因型和 MT-2A rs1610216 CC 基因型携带者肾小管损害程度较低。MT-2A rs10636 对研究总体不同性别的铅吸收、肾损伤均有不同程度的修饰作用，携带 CC+CG 基因型的人群与 GG 型相比，尿液中 *N*-乙酰-*β*-D-氨基葡萄糖苷酶（UNAG）水平明显较高，且两个人群的血铅 BMDL 分别为 300.88μg/L、378.68μg/L，说明前者对铅致肾损伤较为易感。而前者人群在总人群中占 45.05%，提示人群中有近一半的人对铅致肾损伤较为易感，因此 MT-2A rs10636 位点多态性有较大的实际意义[38]。

谢惠芳等[39]的 *MT-2A* 基因多态性与新疆饮水型地方型砷中毒的关联研究显示，rs10636 位点的 *C*、*G* 等位基因与砷中毒没有关联，但性别会影响 *MT-2A* 基因 rs10636 位点的多态性（$P<0.05$），说明性别是 *MT-2A* 基因 rs10636 位点多态的一个危险因素，女性携带 CG+GG（杂合型+突变纯合型）基因型的个体数是男性的 1.941 倍（95%CI：1.086～3.471），女性比男性更容易发 *MT-2A* 基因 rs10636 位点的变异，与 Loffredo 等在 2003 年发现的砷代谢性别差异相一致。

二、对氧磷酶

对氧磷酶（paraoxonase，PON）是一类能催化水解磷酸酯键的芳香酯酶，可降解有机磷酸酯、芳香羧酸酯及氨基甲酸酯等。其基因家族至少有三个成员，包括 *PON1*、*PON2* 和 *PON3*，定位于染色体 7q21.3～22.1。哺乳动物体内的 PON 广泛分布于肝脏、血液、肾脏、脾、脑等组织器官中，其中肝脏、血液中的 PON 活性最高，PON 是目前研究最多、应用最广泛的有机磷酸酯类农药易感性标志物。

人类 PON-1 基因具有多态性，主要表现于第 192 位点和第 55 位点。在第 192 个位点上，Q 同工酶为谷氨酰胺，即 Gln192（PON1192）；R 同工酶为精氨酸，即 Arg129（PON1129）。在第 55 个位点上，L 同工酶为亮氨酸，即 Leu55（PON155）；M 同工酶为甲硫氨酸，即 Met55（PON155）。经多元回归分析发现，PON 的活性与其第 192 位点多态性、第 55 位点多态性及血清中 PON-1 的浓度有关，三者决定 PON-1 活性的高低分别占 46%、13%和 16%，而未发现其他因素可明显影响 PON-1 活性。血浆 PON-1 能在活性有机磷代谢物进入组织前将之水解，其对有机磷水解作用的强弱是决定有机磷对人毒性作用大小的重要因素，而 PON-1 的此种保护作用又与 PON-1 的含量及多态性有关。

周宁等[40]的 *PON-1* 基因多态性对急性有机磷中毒患者病情的影响的研究结果显示，急性有机磷中毒的患者中 *PON-1* 基因型为 Q/Q 患者呼吸衰竭的发生率比 Q/R 及 R/R 型高，提示 Q/Q 型的急性有机磷中毒患者更容易发生呼吸衰竭；且 PON-1 基因型为 Q/Q 患者的胆碱酯酶比 Q/R 及 R/R 型低，住院时间也较 Q/R 及 R/R 型长，可认为 *PON-1* 基因型为 Q/Q 的急性有机磷中毒患者的病情及预后较差。因此可以通过检测 *PON-1* 的基因多态性及 PON-1 的活性来判断患者病情和预后，对临床抢救急性有机磷中毒患者提供新的诊断及病情评估的依据。

三、其他物质

α-1-抗胰蛋白酶缺陷的个体易发生肺气肿。葡萄糖-6-磷酸脱氢酶缺陷对氧化应激、芳香胺和硝基化合物的耐受能力下降，具有溶血倾向。镰刀细胞表型、地中海贫血表型及红细胞卟啉症患者对血液毒物易感性增加，易发生贫血[41]。

第四节　基因多态性检测方法

检测基因多态性通常是对一些遗传标记（genetic marker）进行检测；这些遗传标记一般为在染色体上定位明确的基因或者 DNA 片段，并与遗传易感性标志物基因的基因座紧密连锁，因此可作为遗传标记用于多态性的检测。常用遗传标记和检测方法有以下几种。

一、限制性片段长度多态性

DNA 的多态性致使 DNA 分子的限制酶切位点及数目发生改变，用限制酶切割基因组时，所产生的片段数目和每个片段的长度就不同，即所谓的限制性片段长度多态性（restriction fragment length polymorphism，RFLP），导致限制片段长度发生改变的酶切位点，又称为多态性位点。最早是用 DNA 印迹-RFLP 方法检测，后来采用聚合酶链式反应（polymerase chain reaction，PCR）与限制性酶切相结合的方法。现在多采用 PCR-RFLP 法进行研究基因的限制性片段长度多态性。

二、单链构象多态性

单链构象多态性（single strand conformation polymorphism，SSCP）是一种基于单链 DNA 构象差别的点突变检测方法。相同长度的单链 DNA 如果顺序不同，甚至单个碱基不同，就会形成不同的构象，在电泳时泳动的速度不同。PCR 产物经变性后，进行单链 DNA 凝胶电泳时，靶 DNA 中若发生单个碱基替换等改变时，就会出现泳动变位（mobility shift），多用于鉴定是否存在突变及诊断未知突变。

三、PCR-ASO 探针法

ASO（allele specific oligonucleotide）探针法，即等位基因特异性寡核苷酸探针法。在 PCR 扩增 DNA 片段后，直接与相应的寡核苷酸探针杂交，即可明确诊断是否有突变及突变是纯合子还是杂合子。其原理是：用 PCR 扩增后，产物进行斑点杂交或狭缝杂交，针对每种突变分别合成一对寡核苷酸片段作为探针，其中一个具有正常序列，另一个则具有突变碱基。突变碱基及对应的正常碱基均位于寡核苷酸片段的中央，严格控制杂交及洗脱条件，使只有与探针序列完全互补的等位基因片段才显示杂交信号，而与探针中央碱基不同的等位基因片段不显示杂交信号。如果正常和突变探针都可杂交，说明突变基因是杂合子；如只有突变探针可以杂交，说明突变基因为纯合子；若不能与含有突变序列的寡核苷酸探针杂交，但能与相应的正常的寡核苷酸探针杂交，则表示受检者不存在这种突变基因；若与已知的突变基因的寡核苷酸探针均不能杂交，提示可能为一种新的突变类型。

四、PCR-SSO 法

SSO（sequence-specific oligonucleotide）技术即序列特异寡核苷酸法。其原理是 PCR 基因片段扩增后利用序列特异性寡核苷酸探针，通过杂交的方法进行扩增片段的分析鉴定。探针与PCR产物在一定条件下杂交具有高度的特异性，严格遵循碱基互补的原则。探针可用放射性同位素标记，通过放射自显影的方法检测，也可以用非放射性标记如地高辛、生物素、过氧化物酶等进行相应的标记物检测。

五、PCR-SSP法

序列特异性引物分析即根据各等位基因的核苷酸序列，设计出一套针对每一等位基因特异性的（allele-specific）或组特异性（group-specific）的引物，此即为序列特异性引物（SSP）。SSP只能与某一等位基因特异性片段的碱基序列互补性结合，通过PCR特异性地扩增该基因片段，从而达到分析基因多态性的目的。

六、PCR-荧光法

用荧光标记PCR引物的5′端，荧光染料FAM和JOE呈绿色荧光，TAMRA呈红色荧光，COUM呈蓝色荧光，不同荧光标记的多种引物同时参加反应，PCR扩增待检测的DNA，合成的产物分别带有引物5′端的染料，很容易发现目的基因存在与否。

七、PCR-DNA测序

PCR-DNA测序是诊断未知突变基因最直接的方法。PCR技术的应用使得DNA测序技术从过去的分子克隆后测序进入PCR直接测序。PCR产物在自动测序仪上电泳后测序。常用方法有：Sanger双脱氧末端终止法，Maxam-Gilbert化学裂解法，DNA测序的自动化。目前DNA测序全自动激光测定法是最先进的方法。

八、PCR指纹图法

PCR指纹图法（PCR fingerprinting）适用于快速的同种异型DR/Dw配型。在DR/DW纯合子及杂合子个体中，每种DR单倍型及每种单倍型组合所产生的单链环状结构的大小、数目和位置各异。由于同质双链和异质双链之间的分子构象不同，因此，在非变性聚丙烯酰胺凝胶电泳时，它们的迁移率各不相同，从而获得单倍型特异的电泳带格局即PCR指纹。也有人用人工合成的短寡核苷酸片段作为探针，同经过酶切的人体DNA做DNA印迹，可以得出长度不等的杂交带。杂交带的数目和分子量的大小具有个体特异性，除非同卵双生，几乎没有两个人是完全相同的，就像人的指纹一样，人们把这种杂交带图形称为基因指纹（genetic finger print）。

九、基因芯片法

基因芯片法又称为DNA微探针阵列（micro probe array）。它是集成了大量密集排列的已知的序列探针，通过与被标记的若干靶核苷酸序列互补匹配，与芯片特定位点上的探针杂交，利用基因芯片杂交图像，确定杂交探针的位置，便可根据碱基互补匹配的原理确定靶基因的序列。这一技术已用于基因多态性的检测。对多态性和突变检测型基因芯片采用多色荧光探针杂交技术可以大大提高芯片的准确性、定量及检测范围。应用高密度基因芯片检测单碱基多态性，为分析SNP提供了便捷的方法。

十、扩增片段长度多态性法

扩增片段长度多态性（amplified fragment length polymorphism，AFLP）技术是一项新的分子标记技术，是基于PCR技术扩增基因组DNA限制性片段，基因组DNA先用限制性内切酶切割，然后将双链接头连接到DNA片段的末端，接头序列和相邻的限制性位点序列，作为引物结合位点。限制性片段用两种酶切割产生，一种是罕见切割酶，一种是常用切割酶。它结合了RFLP和PCR技术特点，具有RFLP技术的可靠性和PCR技术的高效性。由于AFLP扩增可使某一品种出现特定的DNA谱带，而在另一品种中可能无此谱带产生，因此，这种通过引物诱导及DNA扩增后得到的DNA多态性可作为一种分子标记。AFLP可在一次单个反应中检测到大量的片段。所以说AFLP技术是一种新的而且有很强功能的DNA指纹技术。

十一、变性梯度凝胶电泳法

变性梯度凝胶电泳法（denaturing gradinent gel electrophoresis，DGGE）分析PCR产物，如果突变发生在最先解链的DNA区域，检出率可达100%，检测片段可达1kb，最适范围为100～500bp。基本原理基于当双链DNA在变性梯度凝胶电泳中进行到与DNA变性温度一致的凝胶位置时，DNA发生部分解链，电泳迁移率下降，当解链的DNA链中有一个碱基改变时，会在不同的时间发生解链，因影响电泳速度变化的程度不同而被分离。由于本法是利用温度和梯度凝胶迁移率来检测，需要一套专用的电泳装置，合成的PCR引物最好在5′末端加一段40～50bp的GC Clamp（GC夹，是富含GC的一段DNA序列），以利于检测发生于高熔点区的突变。在DGGE的基础上，又发展了用温度梯度代替化学变性剂的TGGE法（温度梯度凝胶电泳，temperature gradient gel electrophoresis）。DGGE和TGGE均有商品化的电泳装置，该法一经建立，操作也较简便，适合于大样本的检测筛选。

十二、随机扩增多态性 DNA 法

运用随机引物扩增寻找多态性 DNA 片段可作为分子标记。这种方法即 RAPD（randomly amplified polymorphic DNA，随机扩增多态性 DNA）。尽管 RAPD 技术诞生的时间很短，但其独特的检测 DNA 多态性的方式以及快速、简便的特点，使这个技术已渗透于基因组研究的各个方面。该 RAPD 技术建立于 PCR 技术基础上，它是利用一系列（通常数百个）不同的随机排列碱基顺序的寡聚核苷酸单链（通常为十聚体）为引物，对所研究基因组 DNA 进行 PCR 扩增，通过聚丙烯酰胺或琼脂糖电泳分离，经 EB（荧光染料溴化乙锭）染色或放射性自显影来检测扩增产物 DNA 片段的多态性，这些扩增产物 DNA 片段的多态性反映了基因组相应区域的 DNA 多态性。RAPD 所用的一系列引物 DNA 序列各不相同，但对于任一特异的引物，它同基因组 DNA 序列有其特异的结合位点。这些特异的结合位点在基因组某些区域内的分布若符合 PCR 扩增反应的条件，即引物在模板的两条链上有互补位置，且引物 3′端相距在一定的长度范围之内，就可扩增出 DNA 片段。因此如果基因组在这些区域发生 DNA 片段插入、缺失或碱基突变就可能导致这些特定结合位点分布发生相应的变化，而使 PCR 产物增加、缺少或发生分子量的改变。通过对 PCR 产物检测即可检出基因组 DNA 的多态性。分析时可用的引物数很大，虽然对每一个引物而言其检测基因组 DNA 多态性的区域是有限的，但是利用一系列引物则可以使检测区域几乎覆盖整个基因组。因此 RAPD 可以对整个基因组 DNA 进行多态性检测。另外，RAPD 片段克隆后可作为 RFLP 的分子标记进行作图分析。

十三、第二代 DNA 测序技术

DNA 测序（DNA sequencing）作为一种重要的实验技术，在生物学研究中有着广泛的应用。早在 DNA 双螺旋结构被发现后不久就有人报道过 DNA 测序技术，但是当时的操作流程复杂，没能形成规模。随后在 1977 年 Sanger 发明了具有里程碑意义的末端终止测序法，同年 Maxam 和 Gilbert 发明了化学降解法。Sanger 法因为既简便又快速，并经过后续的不断改良，成为了迄今为止 DNA 测序的主流。然而随着科学的发展，传统的 Sanger 测序已经不能完全满足研究的需要，对模式生物进行基因组测序以及对一些非模式生物的基因组测序，都需要费用更低、通量更高、速度更快的测序技术，第二代测序技术（second generation sequencing techniques）应运而生。第二代 DNA 测序技术，又称下一代测序技术，相对于基于 Sanger 法的测序原理，结合荧光标记、毛细管电泳技术来实现测序的自动化的第一代测序技术而得名的。第二代 DNA 测序技术其核心思想是边合成边测序，即通过捕捉新合成的末端的标记来确定 DNA 的序列。第二代测序技术依据不同的测序原理，主要包括三个平台：Illumina 公司的 Solexa Genome

Analyzer测序平台，ABI公司的Solid平台，罗氏454公司的GXFLX测序平台。虽然它们测序原理不完全相同，但共同特点是：不需要传统的克隆步骤；实现更高通量；与第一代测序技术相比，保持更高的准确度，大大降低测序成本并极大提高了测序速度。

第二代DNA测序三个技术平台各有优点，GXFLX的测序片段比较长，高质量的读序（read）能达到400bp；Solexa Genome Analyzer测序性价比最高，不仅机器的售价比其他两种低，而且运行成本也低，在数据量相同的情况下，成本只有GXFLX测序的1/10；Solid测序的准确度高，原始碱基数据的准确度大于99.94%，而在15X覆盖率时的准确度可以达到99.999%，是目前第二代测序技术中准确度最高的。Solexa Genome Analyzer测序的基本原理是边合成边测序。在Sanger等测序方法的基础上，通过技术创新，用不同颜色的荧光标记四种不同的dNTP，当DNA聚合酶合成互补链时，每添加一种dNTP就会释放出不同的荧光，将捕捉的荧光信号经过特定的计算机软件处理，从而获得待测DNA的序列信息。

测序的基本流程为：

（1）测序文库的构建

首先准备基因组（虽然测序公司要求样品量要达到200ng，但是Solexa Genome Analyzer系统所需的样品量可低至100ng，能应用在很多样品有限的实验中），然后将DNA随机片段化成几百个碱基或更短的小片段，并在两头加上特定的接头。如果是转录组测序，则文库的构建要相对麻烦些，RNA片段化之后需反转录成cDNA，然后加上接头，或者先将RNA反转录成cDNA，然后再片段化并加上接头。片段的大小（fragment size）对后面的数据分析有影响，可根据需要来选择。对于基因组测序来说，通常会选择几种不同的片段的大小，以便在组装（assembly）的时候获得更多的信息。

（2）锚定桥接

Solexa Genome Analyzer测序的反应在叫做flow cell的玻璃管中进行，flow cell（流动池）又被细分成8个Lane（泳道），每个Lane的内表面有无数的被固定的单链接头。上述步骤得到的带接头的DNA片段变性成单链后与测序通道上的接头引物结合形成桥状结构，以供后续的预扩增使用。

（3）预扩增

添加未标记的dNTP和普通*Taq*酶进行固相桥式PCR扩增，单链桥型待测片段被扩增成为双链桥型片段。通过变性，释放出互补的单链，锚定到附近的固相表面。通过不断循环，将会在flow cell的固相表面上获得上百万条成簇分布的双链待测片段。

（4）单碱基延伸测序

在测序的flow cell中加入四种荧光标记的dNTP、DNA聚合酶以及接头引物进行扩增，在每一个测序簇延伸互补链时，每加入一个被荧光标记的dNTP就能释放出相对应的荧光，测序仪通过捕获荧光信号，并通过计算机软件将光信号转化为测序峰，从而获得待测片段的序列信息。从荧光信号获取待测片段的序列信息的过程叫做Base Calling（碱基判定），Illumina公司Base Calling所用的软件是Illumina's Genome Analyzer Sequencing Control Software and Pipeline Analysis Software（依诺米那公司的基因组测序控制软件和流水线分析软件）。读序会受到多个引起信号衰减的因素的影响，如荧光标记的不完全切割。随着读序的增加，错误率也会随之上升。

（5）数据分析

这一步严格来讲不能算作测序操作流程的一部分，但是只有通过这一步，前面的工作才显得有意义。测序得到的原始数据是长度只有几十个碱基的序列，要通过生物信息学工具将这些短的序列组装成长的 Contigs（重叠群）甚至是整个基因组的框架，或者把这些序列比对到已有的基因组或者相近物种基因组序列上，并进一步分析得到有生物学意义的结果。

总之，暴露、效应及易感性这三大类生物标志物，是一个相互关联的有机整体，在外源性化学物作用下机体接触剂量、作用模式和疾病病因的评估研究中具有重要的价值和意义，三者之间其实也存在着内部关联。其中，易感性生物标志物的研究探索有助于从潜在的敏感人群中鉴定出一些可供未来研究的靶分子。而对这三种生物标志物内在关联的认识有助于利用生物标志物来验证已出现的一些假说。但实现这一目标需要打破常规，使用全新的理念来设计实验，需要多学科知识的交叉。例如，在 U. S. EPA 出版的《致癌物质风险评估指导建议》（Guidelines for Carcinogen Risk Assessment）以及《化学物质安全国际计划》（International Programme for Chemical Safety）所提出的通用“风险评估体系”中都建立了一个类似的体系，以将各种不同的科学信息整合到风险评估中来。这一基本的框架体系适用于各种疾病，无论是肿瘤还是非肿瘤。该评估体系中，生物标志物可作为有效的关键事件，在证实作用模式假设是否成立时可发挥重要的作用。当然，目前大部分生物标志物还需要进一步通过平行实验和人体实验证实其用于风险评估的可靠性。过去十年里，FDA、欧洲药品管理局和日本 PMDA 等监管机构都在鼓励通过自愿探索性数据提交程序（VXDS）中的研究性生物标志物数据，来研究生物标志物鉴定的程序[42]。对于生物标志物的鉴定，要求明确其定义、预期用途、适用范围、证据特征、质量证据和每个真假结果的可能性，以便于进一步对于某个特定生物标志物的应用作出正确的决策。对于易感性生物标志物，目前对疾病易感性生物标志物的研究很多，这些往往只与疾病终点关联；相比之下，对特点暴露因素的（有害效应）致病易感性生物标志物的研究报道较少，后者则是食品安全风险评估中所需要的，值得今后加强这方面的研究。

（李国君、高珊、何立伟、李子南）

参考文献

[1] Califf R M. Biomarker definitions and their applications. Exp Biol Med (Maywood), 2018, 243 (3): 213-221.

[2] Crews H, Alink G, Andersen R, et al. A critical assessment of some biomarker approaches linked with dietary intake. Br J Nutr, 2001, 86 (Suppl 1): S5-35.

[3] Gao Q, Praticò G, Scalbert A, et al. A scheme for a flexible classification of dietary and health biomarkers. Genes Nutr, 2017, 12: 34.

[4] Grenier B, Dohnal I, Shanmugasundaram R, et al. Susceptibility of broiler chickens to coccidiosis when fed subclinical doses of deoxynivalenol and fumonisins-special emphasis on the immunological response and the mycotoxin interaction.

Toxins，2016，8（8）：231.

[5] Van Eenennaam A，Neibergs H，Seabury C，et al. Results of the BRD CAP project：progress toward identifying genetic markers associated with BRD susceptibility. Anim Health Res Rev，2014，15（2）：157-160.

[6] Schoelinck C，Hinsinger D D，Dettaï A，et al. A phylogenetic re-analysis of groupers with applications for ciguatera fish poisoning. PLoS One，2014，9（8）：e98198.

[7] Creppy E E，Moukha S，Bacha H，et al. How much should we involve genetic and environmental factors in the risk assessment of mycotoxins in humans? Int J Environ Res Public Health，2005，2（1）：186-193.

[8] Georgiadis P，Demopoulos N A，Topinka J，et al. Impact of phase I or phase II enzyme polymorphisms on lymphocyte DNA adducts in subjects exposed to urban air pollution and environmental tobacco smoke. Toxicol Lett，2004，149（1-3）：269-280.

[9] Georgiadis P，Topinka J，Vlachodimitropoulos D，et al. Interactions between CYP1A1 polymorphisms and exposure to environmental tobacco smoke in the modulation of lymphocyte bulky DNA adducts and chromosomal aberrations. Carcinogenesis，2005，26（1）：93-101.

[10] Tsai P C，Huang W，Lee Y C，et al. Genetic polymorphisms in CYP1A1 and GSTM1 predispose humans to PCBs/PCDFs-induced skinlesions. Chemosphere，2006，63（8）：1410-1418.

[11] Vinayagamoorthy N，Krishnamurthi K，Devi S S，et al. Genetic polymorphism of CYP2D6 * 2 C→T 2850，GSTM1，NQO1 genes and their correlation with biomarkers in manganese miners of Central India. Chemosphere，2010，81（10）：1286-1291.

[12] Zheng Y X，Chan P，Pan Z F，et al. Polymorphism of metabolic genes and susceptibility to occupational chronic manganism. Biomarkers，2002，7（4）：337-346.

[13] Kim G，Lee H S，Seok Bang J，et al. A current review for biological monitoring of manganese with exposure，susceptibility，and response biomarkers. J Environ Sci Health C Environ Carcinog Ecotoxicol Rev，2015，33（2）：229-254.

[14] 王静雯，张灏，周伟，等．CYP2E1 5′侧翼区基因多态性与职业性锰中毒易感性病例对照研究．预防医学论坛，2007，8：673-674+678.

[15] Ghanayem B I，McDaniel L P，Churchwell M I，et al. Role of CYP2E1 in the epoxidation of acrylamide to glycidamide and formation of DNA and hemoglobin adducts. Toxicol Sci，2005，88（2）：311-318.

[16] 李煌元，张文昌．毒理学中的生物标志//庄志雄，曹佳，张文昌．现代毒理学．北京：人民卫生出版社，2018，151-170.

[17] 姚志刚，鄂勇，王浩彦．GSTM1 基因多态性与吸烟因素交互作用影响肺癌发生的病例对照研究．中国医药导刊，2012，14（2）：185-186，188.

[18] 梁冰，张爱华，奚绪光，等．谷胱甘肽硫转移酶 M1 和 T1 基因多态性与燃煤型砷中毒发病的关系．中国地方病学杂志，2007，26（1）：6-8.

[19] 苏丽琴，刘清，李婷，等．Gstt1 和 gstm1 基因多态性与砷中毒易感性的相关性研究．环境与健康杂志，2007，24（11）：851-854.

[20] 杨泽云，杨森，杨自力．长期低剂量接触有机磷酸酯类农药易感性生物标志物研究进展．交通医学，2009，23（4）：355-356.

[21] Duale N，Bjellaas T，Alexander J，et al. Biomarkers of human exposure to acrylamide and relation to polymorphisms in metabolizing genes. Toxicol Sci，2009，108（1）：90-99.

[22] 李砚．微囊藻毒素暴露及谷胱甘肽基因多态性与儿童肝损伤关系．第三军医大学，2011.

[23] Mazzaron Barcelos G R，de Marco K C，Grotto D，et al. Evaluation of glutathione S-transferase GSTM1 and GSTT1 polymorphisms and methylmercurymetabolism in an exposed Amazon population. J Toxicol Environ Health A，2012，75（16-17）：960-970.

[24] 陆春花，何晓庆，杨泽云，等．XRCC1 基因多态性与铅中毒易感性关系的研究．交通医学，2006，20（4）：379-381.

[25] 张忠，刘祥铨，王志勇，等 . XRCC1 基因单核苷酸多态性与铅毒性遗传易感性的关系 . 中国工业医学杂志，2012，25（4）：247-250+307.

[26] 高琳，肖明扬，薛萍，等 . 慢性苯中毒发病风险与 XRCC1 基因多态性关联的病例对照研究 . 中国工业医学杂志，2015，28（3）：185-186.

[27] 刘祥铨，吴小南，吴京颖，等 . XRCC3、XPD 基因多态性与职业性慢性铅中毒易感性关系病例-对照研究 . 中国职业医学，2014，41（6）：656-659.

[28] 黄永秩，龙喜带，周远峰，等 . XRCC3 基因多态性对 AFB-1-DNA 加合物水平的影响 . 广东医学，2010，31（5）：588-590.

[29] Bentley D R，Balasubramanian S，Swerdlow H P，et al. Accurate whole human genome sequencing using reversible terminator chemistry. Nature，2008，456（7218）：53-59.

[30] 陈绯，高琳，陈洁，等 . 慢性苯中毒遗传易感与 ERCC1 基因多态性的病例对照研究 . 中国工业医学杂志，2014，（5）：323-325+352.

[31] 魏绍峰，张爱华，梁冰，等 . 核苷酸切除修复基因 ERCC1、XPD 和 XPC 多态性与燃煤污染型地方性砷中毒的关系研究 . 中国地方病学杂志，2011，30（6）：633-637.

[32] 肖莎，刘秋芳，徐韬钧，等 . ERCC2/XPD 基因缺失对苯并［a］芘所致 DNA 损伤修复的影响 . 癌变·畸变·突变，2012，24（6）：405-409.

[33] 黄慧隆，许建宁，王全凯，等 . XPD 基因多态性与慢性苯中毒遗传易感性的相关性 . 中华劳动卫生职业病杂志，2006（7）：390-393.

[34] Kayaalti Z，Mergen G，Söylemezoğlu T. Effect of metallothionein core promoter region polymorphism on cadmium，zinc and copperlevels in autopsy kidney tissues from a Turkish population. Toxicol Appl Pharmacol，2010，245（2）：252-255.

[35] Kayaalti Z，Aliyev V，Söylemezoğlu T. The potential effect of metallothionein 2A -5A/G single nucleotide polymorphism on blood cadmium，lead，zinc and copper levels. Toxicol Appl Pharmacol，2011，256（1）：1-7.

[36] 黄丽华，王君，张云，等 . 镉暴露与金属硫蛋白 MT-2A 基因多态性和新生儿出生头围的关系 . 环境卫生学杂志，2014，4（2）：105-109.

[37] Yang C C，Chen H I，Chiu Y W，et al. Metallothionein 1A polymorphisms may influence urine uric acid and N-acetyl-beta-D-glucosaminidase（NAG）excretion in chronic lead-exposed workers. Toxicology，2013，306：68-73.

[38] 田丽婷 . 金属硫蛋白基因多态性对职业性铅接触致肾损伤的修饰作用 . 复旦大学，2010.

[39] 谢惠芳，吴顺华，张杰，等 . MT2A 基因多态性与新疆饮水型地方型砷中毒的关联研究 . 环境与健康杂志，2011，28（2）：99-102.

[40] 周宁，姚为学，李志文，等 . *PON-1* 基因多态性对急性有机磷中毒患者病情的影响 . 广东医学，2015，36（11）：1673-1675.

[41] 中国毒理学会 . 2016-2017 毒理学学科发展报告 . 北京：中国科学技术出版社，2018.

[42] Goodsaid F，Mattes W B. 生物标志物：从研发到审评鉴定之路径 . 时占祥，曲恒燕，译 . 北京：科学出版社，2016.

附录　中英文名词对照

英文缩写	英文全名	中文译名
AAMA	*N*-Acetyl-*S*-(2-Carbamoyl-Ethyl)-L-Cysteine	*N*-乙酰基-*S*-(2-氨基甲酰乙基)-L-半胱氨酸
AAS	Atomic Absorption Spectrometry	原子吸收光谱法
AChE	Acetylcholinesterase	乙酰胆碱酯酶
AD	Activation Domain	激活域
ADI	Acceptable Daily Intake	每日允许摄入量
AE	Acridinium Esters	吖啶酯类化合物
AFT	Aflatoxin	黄曲霉毒素
AFLP	Amplified Fragment Length Polymorphism	扩增片段长度多态性
AIA	Aminoimidazoazaren	氨基咪唑并氮杂芳烃
ALP	Alkaline Phosphatase	碱性磷酸酶
APAAP	Alkaline Phosphatase-Anti-Alkaline Phosphatase Technique	碱性磷酸酶抗碱性磷酸酶法
ARD	Arraying and Replicating Device	合成工作用阵列复制器
ASO	Allele Specific Oligonucleotide	等位基因特异性寡核苷酸
ATA	Alimentary Toxic Aleukia	摄食性白细胞缺乏症
BaP	Benzo(a)Pyrene	苯并芘
BBP	Butylbenzyl Phthalate	邻苯二甲酸丁苄基酯
BChE	Butyrylcholine esterase	丁酰胆碱酯酶
BDE-47	2,2′,4,4′-Tetrabromodiphenyl Ether	2,2′,4,4′-四溴二苯醚
BfR	Bundesinstitut für Risikobewertung	德国联邦风险评估研究所
BMDL	Benchmark Dose Lower Confidence Limit	基准剂量下限值
BPA	Bisphenol A	双酚 A
Bt	Bacillus Thuringiensis	苏云金杆菌
CAC	Codex Alimentarius Commission	国际食品法典委员会
CD	Cluster of Differentiation	分化群
CEC	Capillary Electro Chromatography	毛细管电色谱法
CEM	Chloro Ethyl Methane Sulphonate	甲磺酸 2-氯乙酯
CFP	Ciguatera Fish Poisoning	雪卡毒素
CIC	Circulating Immune Complex	循环免疫复合物
CLEIA	Chemiluminescent Enzyme Immunoassay	化学发光酶免疫分析
CLIA	Chemiluminescence Immunoassay	化学发光免疫分析
Ct	Cycle Threshold Value	循环阈值
DBP	Dibutyl Phthalate	邻苯二甲酸二丁酯
1,3-DCP	1,3-Dichloroisopropyl Alcohol	1,3-二氯-2-丙醇

续表

英文缩写	英文全名	中文译名
DEHP	Di(2-Ethylhexyl)Phthalate	邻苯二甲酸二(2-乙基己基)
DEP	Dimethyl Phthalate	邻苯二甲酸二乙酯
DGGE	Denaturing Gradient Electrophoresis	变性梯度凝胶电泳
4,8-DiMeIQx	2-Amino-3,4,8-Trimethylimidazo[4,5-*f*]Quinoxaline	2-氨基-3,4,8-三甲基咪唑并[4,5-*f*]喹喔啉
7,8-DiMeIQx	2-Amino-3,7,8-Trimethylimidazo[4,5-*f*]Quinoxaline	2-氨基-3,7,8- 三甲基咪唑并[4,5-*f*]喹喔啉
DINP	Diisononyl Phthalate	邻苯二甲酸二异壬基酯
DMP	Dimethyl Phthalate	邻苯二甲酸二甲酯
DON	Deoxynicalenol	脱氧雪腐镰孢霉烯醇
DNOP	Dioctyl Phthalate	邻苯二甲酸二辛基酯
DTNA	Dithiodinicotinic Acid	二硫二烟酸
DTNB	5,5′-Dithiobis(2-Nitrobenzoic Acid)	5,5′-二硫双-(2-硝基苯甲酸)
EDS	Ethane1,2-Dimethane Sulphonate	1,2-二甲磺基乙烷
EEs	Environmental Estrogens	环境雌激素
EFSA	European Food Safety Authority	欧洲食品安全局
EIA	Enzyme Immunoassay	酶免疫分析
ELISA	Enzyme Linked Immunosorbent Assay	酶联免疫吸附法
EMBL	European Molecular Biology Laboratory	欧洲分子生物学实验室
EPA	US Environmental Protection Agency	美国环境保护署
EPI	Epichlorohydrin	环氧氯丙烷
ERCC1	Excision Repair Cross-Completion Group 1	切除修复交叉互补基因 1
ERCC2/XPD	Excision Repair Cross-Complementation Group 2/ Xeroderma Pigmentosum Group D	切除修复交叉互补基因 2/ 人类着色性干皮病基因 D
FAAS	Flame Atomic Absorption Spectrometry	火焰原子吸收光谱法
FAM	Carboxyfluorescein	羧基荧光素
FB	Fumonisin	伏马菌素
FCM	Flow Cytometry	流式细胞术
FDA	US Foodand Drug Administration	美国食品药品监督管理局
FIA	Fluorescence Immunoassay	荧光免疫分析技术
FIA	Flow Injection Analysis	流动注射分析
FIIA	Flow Injection Immunoassay	流动注射免疫分析法
FISH	Fluorescence in Situ Hybridization	荧光原位杂交
FITC	Fluorescein Isothiocyanate	异硫氰酸荧光素
FS	Forward Scatter	前向散射
FSANZ	Food Standards Australia New Zealand	澳新食品标准局
FSH	Follicle Stimulating Hormone	促卵泡激素
GAMA	*N*-Acetyl-*S*-(2-Carbamoyl-2- Hydroxy-Ethyl)-L-Cysteine	*N*-乙酰基-*S*-(2-氨基甲酰-2- 羟基乙基)-L-半胱氨酸

续表

英文缩写	英文全名	中文译名
GC-NCI-MS	Gas Chromatography Coupled to Negative Chemical Ionization-Mass Spectrometry	气相色谱联用负化学电离质谱法
GFAAS	Graphite Furnace Atomic Absorption Spectrometry	石墨炉原子吸收光谱法
GLC	Gas-Liquid Chromatography	气-液色谱
GM-CSF	Granulocyte-Macrophage Colony Stimulating Factor	粒细胞-巨噬细胞集落刺激因子
GMF	Genetically Modified Foods	转基因食品
GPC	Gel Permeation Chromatography	凝胶色谱
GRO	Growth-Regulated Oncogene	生长调节致癌基因
GSC	Gas-Solid Chromatography	气-固色谱
GST	Glutathione-S-Transferases	谷胱甘肽-S-转移酶
GWAS	Genome Wide Association Study	全基因组广泛关联研究
HAAs	Heterocyclic Aromatic Amines	杂环胺类化合物
HBGV	Health-Based Guidance Value	健康指导值
HEX	Hexachloro Fluorescein	六氯荧光素
HFLUT	Hydroxyflutamide	羟基氟他胺
HG-AFS	Hydride Generation Atomic Fluorescence Spectrometry	氢化物发生-原子荧光光谱法
HGP	Human Genome Project	人类基因组计划
HOMA-IR	Homeostasis Model Assessment Of Insulin Resistance	稳态模型胰岛素抵抗指数
HRP	Horseradish Peroxidase	辣根过氧化物酶
HSP	Heat Shock Protein	热激蛋白
IC	Immune Complex	免疫复合物
ICD	Immune Complex Disease	免疫复合物病
ICP-AES	Inductively Coupled Plasma Atomic Emission Spectrometry	电感耦合等离子体原子发射光谱法
ICP-MS	Inductively Coupled Plasma Mass Spectrometry	电感耦合等离子体质谱法
IFN	Interferon	干扰素
Ig	Immunoglobulin	免疫球蛋白
IL	Interleukin	白细胞介素
Immune-PCR	Immune-Polymerase Chain Reaction	免疫-PCR
INT	Iodonitrotetrazolium Chloride	碘硝基氯化氮唑蓝
IPCS	International Programmeon Chemical Safety	国际化学品安全规划署
IQ	2-Amino-3-Methyl-Imidazo[4,5-*f*]-Quinoline	2-氨基-3-甲基咪唑并[4,5-*f*]喹啉
IQX	2-Amino-3-Methyl-Imidazo[4,5-*f*]-Quinoxaline	2-氨基-3-甲基咪唑并[4,5-*f*]喹喔啉
IR	Infrared Spectra	红外光谱
IRMA	Immunoradiometric Assay	免疫放射测定法
JECFA	Joint FAO/WHO Expert Committee on Food Additives	粮农组织/世界卫生组织食品添加剂联合专家委员会
JEMRA	Joint FAO/WHO Expert Meetings on Microbiological Risk Assessment	粮农组织/世界卫生组织微生物风险评估专家联席会议

续表

英文缩写	英文全名	中文译名
JMPR	Joint FAO/WHO Expert Meeting on Pesticide Residues	粮农组织/世界卫生组织农药残留专家联席会议
LDH	Lactate Dehydrogenase	乳酸脱氢酶
LH	Luteinizing Hormone	黄体生成素
3-MCPD	3-Chloro-1,2-Propanediol	3-氯-1,2-丙二醇
MEHP	Mono-Ethyl-Hexyl-Phthalate	邻苯二甲酸单乙酯
MeIQ	2-Amino-3,4-Dimethyl-Imidazo[4,5-*f*]-Quinoline	2-氨基-3,4-二甲基咪唑并[4,5-*f*]喹啉
MeIQx	2-Amino-3,8-Dimethylimidazo[4,5-*f*]Quinoxaline	2-氨基-3,8-二甲基咪唑并[4,5-*f*]喹喔啉
MIA	Multi-Analyte Immunoassay	多组分分析物免疫分析
MIPs	Molecular Imprinting Polymers	分子印迹聚合物
MIT	Molecular Imprinting Technique	分子印迹技术
MOE	Marginof Exposure	有效性量度
MSPDE	Matrix Solid-Phase Dispersion	基质固相分散萃取法
MT	Metallothioneins	金属硫蛋白
MTT	3-(4,5)-Dimethylthiahiazo (-Z-Y1)-3,5- Di- Phenytetrazoliumromide	3-(4,5-二甲基噻唑-2)-2,5- 二苯基四氮唑溴盐
NAD	Nicotinamide Adenine Dinucleotide	酰胺腺嘌呤二核苷酸
NBT	Nitrotetrazolium Blue Chloride	硝基氯化四氮唑蓝
N-CoR	Nuclear Receptor Co-Repressor	核受体辅助抑制因子
NK	Natural Killer Cell	自然杀伤细胞
NMR	Nuclear Magnetic Resonance	核磁共振
NTE	Neuropathy Target Esterase	神经病靶酯酶
8-OhdG	8-Hydroxy-2 -Deoxyguanosine	8-羟基-2-脱氧鸟苷
1-OHP	1-Hydroxypyrene	1-羟基芘
OPIDN	Organophosphorus-Induced Delayed Neuropathy	有机磷诱导的迟发性神经病
Ops	Organophosphate Compounds	有机磷酸酯化合物
PAE	Phthalate	邻苯二甲酸
PAEs	Phthalate Acid Esters	邻苯二甲酸酯类物质
PAHs	Polycyclic Aromatic Hydrocarbons	多环芳烃
PBDEs	Polybrominated Diphenyl Ethers	多溴二苯醚
PCB	Polychlorodiphenyl	多氯联苯
PCDD	Polychlorinated Dibenzo-*p*-Dioxin	多氯二苯并对二噁英
PCDF	Polychlorinated Dibenzofuran	多氯二苯并呋喃
PCR	Polymerase Chain Reaction	聚合酶链式反应
PCR-DGGE	Denaturing Gradient Gel Electrophoresis PCR	变性梯度凝胶电泳 PCR
PEG	Polyethylene Glycol	聚乙二醇
PHA	Phytohemagglutinin	植物血凝素
PhIP	2-Amino-1-Methyl-6-Phenylimidazo[4,5-*b*]Pyridine	2-氨基-1-甲基-6-苯基-咪唑并[4,5-*b*]吡啶

续表

英文缩写	英文全名	中文译名
pI	Isoelectric Point	等电点
PMS	Phenazine Methosulphate	吩嗪二甲酯硫酸盐
POD	Peroxidase	过氧化物酶
PPARγ	Peroxisome Proliferator-Activated Receptor	过氧化物增殖因子活性受体
RAPD	Randomly Amplified Polymorphic DNA	随机扩增多态性 DNA
RBP	Retinol-Binding Protein	视黄醇结合蛋白
RESS	Rapid Expansionof Supercritical Solution	超临界流体快速膨胀
RFLP	Restriction Fragment Length Polymorphism	限制性片段长度多态性
RIA	Radioimmunoassay	放射免疫分析技术
RIB	Rhodamine	罗丹明
ROS	Reactive Oxygen Species	活性氧
SAS	Supercritical Fluid Anti-Solvent	超临界流体抗溶剂
SERS	Surface-Enhanced Raman Spectroscopy	表面增强拉曼光谱
SF	Supercritical Fluid	超临界流体
SFC	Supercritical Fluid Chromatography	超临界流体色谱
SFE	Supercritical Fluid Extraction	超临界流体萃取法
SFP	Supercritical Fluid Precipitation	超临界流体沉淀技术
SIM	Selected Ion Monitor	选择离子监测
SNP	Single Nucleotide Polymorphism	单核苷酸多态性
SP22	Sperm Protein 22	人精子蛋白 22
SPA	Staphylococal Protein A	葡萄球菌蛋白 A
SPE	Solid-Phase Extraction	固相萃取法
SRBC	Sheep Red Blood Cell	绵羊红细胞
SS	Side Scatter	侧向散射
SSCP	Single Strand Conformation Polymorphism	单链构象多态性
SSO	Sequence-Specific Oligonucleotide	序列特异寡核苷酸法
Tc	Cytotoxic T Cell	细胞毒性 T 细胞
TCDD	2,3,7,8-Tetrachlorodibenzo-*p*-Dioxin	2,3,7,8-四氯二苯并-对-二噁英
TCE	Trichloroethylene	三氯乙烯
TDI	Tolerable Daily Intake	每日耐受摄入量
Te	Effector T Cell	效应 T 细胞
TGGE	Temperature Gradient Gel Electrophoresis	温度梯度凝胶电泳
Th	Helper T Cell	辅助性 T 细胞
TLC	Thin Layer Chromatography	薄层色谱
T_m	Melting Temperature	解链温度
TNB	5-Thio-2-Nitrobenzoic Acid	5-硫-2-硝基苯甲酸
TNF	Tumor Necrosis Factor	肿瘤坏死因子

续表

英文缩写	英文全名	中文译名
TRITC	Tetramethyl Rhodamine Isothiocyanate	四甲基异硫氰酸罗丹明
Ts	Suppressor T Cell	抑制性 T 细胞
TSH	Thyroid Stimulating Hormone	促甲状腺激素
TTC	Thresholdof Toxicological Concern	毒理学关注阈值
VTG	Vitellogenin	卵黄原蛋白